KNAUR

Von der Autorin ist bei Knaur bereits erschienen:
EM kompakt
Darmbakterien als Schlüssel zur Gesundheit

Über die Autorin:
Dr. Anne Katharina Zschocke studierte Medizin und Naturheilverfahren in Freiburg und London. Nach klinischer Tätigkeit folgte sie ihrer Berufung und wandte sich dem praktischen Gartenbau zu, um sich fortan ganz der Natur, Kultur und Themen des Paradigmenwechsels zu widmen. Seit 2001 unterrichtet sie die praktische Anwendung von Effektiven Mikroorganismen. Sie gilt als Pionierin der Bakterienheilkunde und ist im deutschsprachigen Raum zu diesem Thema die führende Kapazität. Sie wird als Referentin weltweit zu Vorträgen und Seminaren eingeladen und ist beliebt in Funk und Fernsehen.

Dr. Anne Katharina Zschocke

Die erstaunlichen Kräfte der Effektiven Mikroorganismen EM

Gesundheit • Haushalt • Garten • Wasser

KNAUR

Besuchen Sie uns im Internet:
www.knaur.de

MIX
Papier | Fördert gute Waldnutzung
FSC® C014496

Aktualisierte Taschenbuchausgabe

Ein Imprint der Verlagsgruppe
Droemer Knaur GmbH & Co. KG, München

Redaktion: Ralf Lay
Covergestaltung: ZERO Werbeagentur, München
Coverabbildung: FinePic®, München
Satz: Adobe InDesign im Verlag
Druck und Bindung: GGP Media GmbH, Pößneck
ISBN 978-3-426-87564-3

6 8 9 7 5

Aus Liebe zur Erde

Inhalt

Vorwort zur Taschenbuchausgabe

Seit seinem ersten Erscheinen hat sich die erstaunliche Revolution, von der in diesem Buch die Rede ist, in einem Ausmaß entwickelt, wie ich es mir nicht hätte träumen lassen. Das Wissen über die große und lebenswichtige Bedeutung der Bakterien breitet sich verblüffend schnell aus, und in der Forschung werden dazu ständig spannende Zusammenhänge neu entdeckt.

Die Effektiven Mikroorganismen sind tatsächlich die Antwort auf die drängendsten Fragen der Gegenwart. Sie sind *die* einzigartige Mikrobenmischung für die Heilung oder Sanierung gestörter Verhältnisse in Boden, Pflanze, Tier und Mensch.

Diese etwas aktualisierte Taschenbuchausgabe bietet leicht verständlich alles, was man zu ihrem Hintergrund und der praktischen Anwendung braucht.

Nachdem mir zahlreiche Menschen zwischenzeitlich viele Fragen speziell zum eigenen »Mikrobiom«, also dem Zusammenwirken von Bakterien und menschlichem Körper, gestellt haben, wurden die weiterführenden Antworten dazu in den Büchern »Darmbakterien als Schlüssel zur Gesundheit« und »Natürlich heilen mit Bakterien« gegeben.

Lassen Sie sich überraschen von den erstaunlichen Kräften der Mikroben und möge dieses Buch Ihnen Begeisterung, Heilung und Zuversicht schenken!

Anne Katharina Zschocke
im Februar 2017

Effektive Mikroorganismen (EM) verändern die Welt

Als ich just nach der Jahrtausendwende die Effektiven Mikroorganismen kennenlernte, ahnte ich nicht, wie sehr sie mein Leben verändern würden. Ich dachte nicht, dass ich bald vor Hunderten von Menschen über EM reden und mit ihnen völlig neue Gedanken über Bakterien teilen würde: vor Bergbäuerinnen in Südtirol, vor Plantagenbesitzern in Brasilien, vor Eingeborenen in Westafrika und vor Mönchen in Wales, vor Menschen aus allen Bildungsformen und Gesellschaftsgruppen. Ich wusste noch nicht, dass wir Gedanken bewegen würden, die voller Zuversicht Lösungen der größten Probleme der derzeitigen Menschheit in Aussicht stellen. Inzwischen haben mich die EM rund um die Welt geschickt.

Hätte mir während meines Medizinstudiums jemand erzählt, dass man zu Bakterien ein persönliches Verhältnis entwickeln kann, hätte ich ihn oder sie möglicherweise ausgelacht. Und nicht nur ich. Auf der 38. Internationalen Mikrobiologischen Tagung 2003 in Polen brach während eines Vortrags von Prof. Higa über die weltweiten Erfahrungen mit EM eine Dame, die hinter mir saß, immer wieder in Gelächter aus. Sie war, wie sich später herausstellte, eine renommierte Professorin für Mikrobiologie an einer polnischen Universität. Als ich sie fragte, was sie denn so amüsiere, antwortete sie: »Was der Herr aus Japan da vorn erzählt, kann überhaupt nicht sein. Das wäre ja eine Revolution.«

Warum nicht? Das Wort »Revolution« stammt vom lateinischen Wort *revolvere* für »zurückrollen« oder »umwälzen« ab, und genau das ist mit EM möglich: Materie wird umgewandelt, und Milieus werden umgestimmt. Es wird wirklich etwas umgewendet, und zwar auf eine einfache, zuverlässige, preisgünstige und praktisch zu handhabende Art und Weise. Statt Fäulnis gibt es Gedeihen, statt Abfall neue Nahrung, statt Mangel gibt es die Fülle, und Krankes wird gesund. Das ist tatsächlich eine Art Revolution.

Die Effektiven Mikroorganismen haben die Welt seit ihrer Entdeckung verändert. In rund 160 der etwa 200 Staaten der Erde werden sie von zahllosen Menschen zur Verbesserung der Lebensqualität eingesetzt und haben an vielen Orten erstaunliche Wandlungen vollbracht.

Es ist ein großes Geschenk, der Welt angesichts unserer jetzigen Situation Hoffnung zu bringen. Durch die Arbeit mit EM durfte ich unzähligen Einzelpersonen und Initiativgruppen begegnen, die Ideen für eine bessere Zukunft auf unserem Planeten entwickeln und umsetzen. Immer wieder blicke ich in strahlende Augen von Menschen, die mir begeistert erzählen, welche Erfolge sie mit EM erfahren haben. Voller Freude berichten sie von gelungenen Lösungen schwieriger Probleme.
Effektive Mikroorganismen schenken einen hoffnungsvollen Blick auf die Erde. Wenn man EM kennengelernt hat, kann man sich ein Leben ohne sie kaum noch vorstellen.
Das erste und letzte Wort des Buchtextes lautet »Liebe«. Sie ist der Rahmen, in dem sich der gesamte Inhalt bewegt, Liebe zur Erde und Liebe zu allem Lebendigen.

Bewusst möchte ich den »Strom des Lebendigen«, für den die Mikroorganismen stehen, beim Lesen erfahrbar machen. Ich wünsche mir, dass das Fließen, das zur mikrobiellen Heilung mit den EM beiträgt, schon bei der Lektüre erlebbar wird.
Mit diesem Buch gebe ich vieles von dem weiter, was mich die EM in den vergangenen zehn Jahren gelehrt haben. Mikroorganismen sind lebendig und unerschöpflich. Täglich lerne ich Neues über sie hinzu. So ist dieses Buch wie ein momentanes Innehalten in einem lebendigen Fließen, von dem ich hoffe, dass es viele Menschen begeistert und dass es die Wandlungsprozesse der Erde unterstützt.

Anne Katharina Zschocke
im April 2011

I Rund um uns

1 Mit dem Leben Frieden schließen

Lieben Sie Bakterien? Heiß und innig und vorbehaltlos? Freuen Sie sich Ihrer Mini-Mitbewohner, ob auf der Fingerspitze, im Blumentopf oder im Darm? Dann können Sie gern im zweiten Kapitel weiterlesen. Wenn nicht, bleiben Sie eine Weile hier. Sie sind in guter Gesellschaft.

Es ist kein Wunder, wenn Sie Bakterien noch nicht lieben, Sie können nicht viel dafür. Sind sich nicht die meisten Menschen darin einig, Bakterien seien gefährlich und machten krank? Steht nicht in allen Lehrbüchern und Zeitungen, wir müssten uns vor ihren »Angriffen« hüten? Werden wir nicht dauernd vor ihren mörderischen Machenschaften gewarnt? Vor Salmonellen in Eiern, vor Legionellen im Wasser, vor Keimen im Atem und vor Pilzen im Darm? Haben wir nicht mühsam Wege entwickelt, sie von uns fernzuhalten? Desinfektionsmittel und Antibiotika, keimfreie Socken und bakterientötende Haarshampoos, sterilisierende UV-Lampen und silberionengetränkte Bettbezüge, antimikrobielle Kreationen ohne Name und Zahl? Und jetzt frage ich Sie, ob Sie Bakterien lieben?

Vielleicht werden Sie einwenden: »Es gibt ja auch gute. Manche Bakterien sind böse, und manche sind eben nützlich, man muss sie nur unterscheiden.« Und Sie denken möglicherweise an Joghurt und Sauerkraut, an Darmbakterien und Mikroben im Boden. Woher wissen Sie das? Woher haben wir das alles gelernt?

Fragen Sie sich einmal ganz ehrlich: Woher stammt mein Wissen über Bakterien? Woher kommt meine Meinung über sie? Aus der Schule? Aus Büchern? Aus der Zeitung? Aus dem Fernsehen, der Werbung, dem Nachbarschaftsplausch? Entspringt sie wirklich einer echten eigenen Erfahrung, oder habe ich sie von irgendjemandem übernommen? Woher haben diese Leute ihre Ansichten zu Bakterien gewonnen? Haben sie es auch von anderen gelernt? Und von wem wissen diese es?

Seit etwa vier Generationen sind wir einem Irrtum verfallen. Wir leben in dem Irrglauben, wir müssten uns vor Bakterien schützen und sie bekämpfen. Dabei müssen wir es gar nicht. Wir haben diese Ansicht nur unkritisch übernommen. Wir glauben etwas, was man uns jahrzehntelang weisgemacht hat und was einst aus einer Sichtweise entsprang, die von einem gewissen Zeitgeist geprägt war. Jetzt ist es Zeit, diese Kette zu durchbrechen. Bakterien sind nicht bedrohlich. Sie sind weder mörderisch noch heimtückisch, weder lebensgefährlich noch böse.

Gut oder böse zu sein ist eine Fähigkeit der Menschen, denn wir sind moralbegabte Wesen. Wir besitzen den Geist und die Freiheit dazu. Bakterien besitzen diese nicht, wir projizieren das höchstens auf sie. Bakterien können nicht bösartig sein. Sobald wir unseren Blickwinkel auf sie ändern, stellen wir fest: Bakterien sind das Beste, was uns das Leben zu bieten hat. Sie sind unser Ursprung, unsere Ernährer, unsere Vorfahren, Wegbegleiter und Mitarbeiter, unsere Umweltretter und unsere Heiler. Sie sind in Wirklichkeit ein Teil von uns.

Ob Schokoladenkeks oder Valentinsstrauß, ob Autobahn oder Fußballweltmeisterschaft – ohne Bakterien hätten wir nichts. Es ist höchste Zeit, dass wir ihnen dafür danken. Wenn Sie so wollen, ist dieses Buch eine Liebeserklärung an Mikroorganismen, ein Loblied auf ihre faszinierenden Fähigkeiten und eine Gegendarstellung zu all ihren Verleumdungen. Am Ende werden Sie verstehen, warum.

Bakterien zu lieben ist ein Weg, um glücklicher zu werden. Er befreit uns von dem Gefühl der Bedrohung, von Angst und von Ohnmacht. Glauben Sie mir: Bakterien gaben Ihnen nicht nur Ihr Leben, sie können auch Ihr Leben verändern. Sie können Sie glücklicher, fröhlicher, zufriedener und erfolgreicher machen, können Ihnen helfen, Probleme zu lösen und optimistisch in die Zukunft zu sehen. Die Effektiven Mikroorganismen, deren Hintergründe und praktische Anwendung dieses Buch beschreibt, unterstützen Sie dabei.

Warum können Bakterien Ihr Leben verändern? Weil Bakterien ohnehin schon überall sind und wir unentwegt unbewusst mit ihnen umgehen. Sobald wir bewusst mit ihnen zusammenarbeiten und sie als unsere besten Freunde akzeptieren, entfaltet sich ein unglaublich großes Potenzial: das Potenzial derjenigen Lebewesen, die unseren Planeten in seiner vollendeten Schönheit geschaffen, die alle Schöpfungsschritte vollzogen haben und die seit Anbeginn bis heute in allem sind, was ist.

Würden Bakterien nicht im Boden die Pflanzenwurzel ernähren, gäbe es kein Getreide und keinen Keks. Würden Bakterien nicht die Kakaobohne fermentieren, gäbe es keine Schokolade. Bildeten Bakterien nicht die Brücke zwischen Erdreich und Blume, wüchse keine Rose heran. Hätten nicht Bakterien seinerzeit Bäume in Erdöl verwandelt, gäbe es weder Asphalt noch Autoreifen. Würden im Pansen eines Rinds keine 15 Kilogramm Bakterien Gras zu Energie fermentieren, gäbe es kein Rindsleder. Und falls Fußbälle heute aus Känguruleder sein sollten, gäbe es auch dieses nicht. Den Stadionrasen gäbe es nicht und keine Fußballspieler, und es gäbe auch sonst nichts auf dem Planeten Erde, was auch nur annäherungsweise mit Leben zu tun hätte.

Wo Leben ist, da waren zuerst und sind immer noch – Bakterien. Wir können ihnen durchaus dankbar sein, dass sie uns den Planeten mit allem, was ihn ausmacht, in unermüdlicher Tätigkeit gebildet haben und als den erhalten, der er ist: eine Wunderwelt an Vielfalt, Schönheit und Lebendigkeit, wo in zahlloser Fülle einst aus Einzellern Mehrzeller wurden und immer noch Tag für Tag werden. Auch jeder von uns ist einst aus einer Einzelzelle entstanden. Warum haben wir also vor Bakterien Angst? Und wie können wir mit ihnen Frieden schließen? Als Erstes ist einfach nur eine Offenheit gefragt, eine frische Neugier und die Bereitschaft, alte Glaubenssätze über Bord zu werfen. Vergessen Sie einfach alles Negative, was Sie jemals über Kleinstlebewesen gehört haben, und wagen Sie es, ihnen von jetzt ab neu und völlig unbefangen zu begegnen. Es lohnt sich. Je weniger Fachwissen Sie sich über Mikroorganismen bisher angeeignet haben, desto leichter mag es Ihnen fallen.

Bakterien zu verstehen ist gar nicht so schwer, denn ihr Leben folgt einfachen Gesetzen. Sie sorgen prinzipiell für ein Gleichgewicht auf dem Planeten. Wo etwas zu viel ist, bauen sie ab, wo etwas wachsen will, bauen sie auf. Sie bewohnen ausnahmslos alles auf der Erde. Tatsächlich: Jeder Lebensraum der Erde ist natürlicherweise durch und durch mit Kleinstlebewesen bewohnt, in großer Vielfalt und Zahl und mit unerschöpflichen Möglichkeiten. Nichts, was wir Menschen entdecken, gab es nicht schon in der Mikrobenwelt.

Kürzlich fanden Forscher heraus, dass Bakterien, wenn es die Lebensbedingungen erfordern, aus schwimmenden Bewegungen in den aufrechten Gang wechseln können. Auch elektrischen Strom haben sie bereits vor langer Zeit erfunden: Durch Nano-Röhrchen[1], die sie aus ihrer Außenmembran ausfahren, schicken *Shewanella*-Bakterien Elektronen zu ihren Nachbarn, die sie wieder an andere Mikroben weitersenden können. Auf diese Weise geht ein mikrobieller Elektronenstrom durch die Welt, und unsere Erfindung der Elektrizität entpuppt sich als schwacher Abglanz eines in der Natur von den Bakterien längst gelebten Energieaustauschs.
Auch sonst unterhalten sich Einzeller ununterbrochen, durch Botenstoffe, Austausch von Genen und auf vielerlei andere Weise. Unsere große Schwierigkeit ist allerdings, dass wir dies mit unseren bloßen Sinnen nicht erkennen können. Wir sehen, riechen und schmecken die Folgen dessen, was Bakterien auf der Erde bewirken: das Wachsen der Pflanzen dank Bodenmikroben, den angenehmen Duft bakteriell umgewandelter Körpersäfte eines geliebten Menschen, den fermentierten Champagner auf der Zunge und den unangenehmen Gestank bakteriell zersetzter Gülle. Wir lassen uns das dank Bakterien und Hefen aufgegangene Brot mit dem bakteriell fermentierten Käse auf der Zunge zergehen und trinken dazu voller Genuss ein Glas von mikrobiell vergorenem Wein oder Bier. Die Bakterien selbst jedoch sehen wir nicht. Sie wirken im Verborgenen, und das macht es leicht, alle möglichen Untugenden auf sie zu projizieren.

Wer jemals durch ein gewöhnliches Lichtmikroskop Bakterien betrachtet hat, wird zugeben müssen, dass jede Blattlaus gruseliger aussieht als diese zarten, runden Erscheinungen, die schier durchsichtig durchs Blickfeld wandern. Niemand würde sie spontan als bedrohlich erachten. Sie werden es erst durch unsere Gedanken dazu.

Also können wir auch wieder damit aufhören und anders denken. Wir können uns fragen: Was sind Bakterien wirklich, was tun sie und warum tun sie es genau so? Was bringt sie dazu, Lebensmittel verderben und Brunnenwasser faulen zu lassen, in offenen Wunden zu knabbern oder Baudenkmäler zu zerkleinern? All dies hat nämlich in Wirklichkeit seinen tiefen Sinn. Was haben sie mit Geburt und Tod, was mit Gesundheit und Krankheit zu tun? Werden wir ihnen gerecht, wenn wir sie beseitigen und bekämpfen? Ist steril wirklich gesund? Haben wir das Recht, mit ihren Genen herumzuhantieren?

Solche und noch mehr Fragen beantwortet dieses Buch. Nach jahrelanger Erfahrung mit Effektiven Mikroorganismen kann ich sagen: Bakterien sind anders, als die meisten von uns bisher glaubten. Sie helfen uns. Sie sind Ausdruck der Güte des Lebens – in Miniformat, aber mit Maxiwirkung. Sie kennen keine Aggression, sondern Dienst am Leben zugunsten einer höheren Weisheit. Wo sie uns ärgern, haben sie allen Grund dazu, denn immer haben wir Menschen sie dazu gebracht. Sie können auch anders. Es liegt an uns, und ohne zu zögern, helfen uns Bakterien sofort, entstandene Probleme zu lösen. Unzählige Menschen weltweit haben dies in den Jahrzehnten, seit es Effektive Mikroorganismen gibt, ausprobiert und erlebt.

Kein Mensch tötet gern. Auch nicht Bakterien, obwohl das leicht ist, gerade weil man sie nicht sieht. Wer hört schon das Klagelied desinfektionsgemordeter Mikroben auf des Milchbauern Melkgeschirr? Wer den Sterbeschrei antibiotisch hingeraffter Darmbewohner? Doch auch wenn wir scheinbar nichts davon wahrnehmen, fühlen wir uns beim Beseitigen von Bakterien nicht wirklich wohl. In der Tiefe unserer Seele wünschen wir uns Frieden mit ihnen und das Gefühl, auf der Erde in Sicherheit zu sein. Wir wünschen uns freudiges Verständnis und fröhliches Miteinander auf diesem Planeten, den wir gemeinsam bewohnen.

Ein Gefühl von Bedrohung macht gewöhnlich Angst, und wer Angst hat, will deren Ursache beseitigen. Dabei greifen wir zu allen zur Verfügung stehenden Mitteln. Wir bekämpfen die Ursache der Bedrohung im Glauben, wir würden sie damit los. Dass das Gegenteil der Fall ist, hat wahrscheinlich jeder von uns schon einmal erlebt. Statt zu verschwinden, wird was wir bekämpfen immer bedrohlicher und wächst, bis es zur Verzweiflung führt. Der Kampf kostet Kraft und Geld, egal, ob es ein Nachbarschaftsstreit ist oder ein Krieg zwischen Nationen, und am Ende gibt es trotz eines scheinbaren Siegers eigentlich nur viele Verlierer.

Sinnvoller ist es, Mut aufzubringen und die Angst zu überwinden, neu hinzuschauen und aufeinander zuzugehen. Es hilft uns weiter, uns um ein besseres Verständnis der eigentlichen Bedürfnisse zu bemühen, unserer eigenen und die der Mikroben. Wir Menschen sind, wie jeder fühlen kann, wie es alle Heiligen vorlebten und wie es die moderne gehirnbiochemische Forschung beweist, auf ein positives Miteinander hin geschaffen. Wohlwollen und Fürsorge, Wertschätzung und Zuneigung, Zuwendung und Anerkennung schütten Glückshormone in uns aus. Und zwar nicht nur, wenn wir dies alles empfangen, sondern auch, wenn wir es geben. Es spricht also alles dafür, Bakterien von ganzem Herzen zu lieben. Wenn wir uns ihnen mit wohlwollender Wertschätzung zuwenden, ihre weltumfassende Leistung seit Anbeginn der Zeiten anerkennen und beginnen, voller Zuneigung fürsorglich mit ihnen zusammenzuarbeiten, dann werden wir von Glückshormonen nur so strotzen.

Es gibt viele Wege, glücklicher zu werden. Die Anwendung der Effektiven Mikroorganismen ist einer davon. Je mehr Angst Sie vor Bakterien momentan haben, desto befreiter werden Sie nach der Lektüre dieses Buches sein.

Dass es so etwas wie Mini-Lebewesen geben müsste, wurde bereits in ältester Zeit vermutet, nachweisen konnte man es allerdings nicht. Man lebte im unbewussten Umgang mit ihnen, vergor Honig zu Met, Trauben zu Wein, unterschied zwischen gesäuertem, also mit Bakterien aufgegangenem, und ungesäuertem Brot und kannte allerlei Wege, mit Bakterien Lebensmittel haltbarer zu machen. Oder ihnen dank mikrobieller Verwandlung einen neuen Geschmack zu verleihen. Als man Dionysos und Bacchus als Götter der bakteriell fermentierten Trunke feierte, wusste man nicht, was ein »pathologischer Bazillus« ist. Man fürchtete ihn folglich auch nicht. Die Gesamtheit mikrobieller Wirkung wurde verehrt, für ihre Werke gedankt. Es gab zwar Spekulationen über mögliche unsichtbare Tierchen, doch erst die Erfindung der Vergrößerungsgläser brachte sie tatsächlich zum Vorschein. Diese Vergrößerung entriss sie aber auch ihrem Zusammenhang und brachte eine neue Epoche hervor: Sie täuschte vor, es handle sich um Einzelwesen.

Antoni van Leeuwenhoek (1632–1723) beschrieb als erster Forscher Mikroorganismen im Detail. Geschmolzene Glastropfen, die er in Metall fasste, dienten ihm ab dem Jahre 1660 als Mikroskope, und wir wissen viel aus seinen Versuchen, weil er sie in Briefen niederschrieb, die er an die Royal Society in London schickte. In einem wässrigen Aufguss aus Pfefferkörnern beobachtete er im Jahre 1672 zahllose *animalculi,* also »Thierchen«, verschiedenster Größen und Formen. Auf einer Zeichnung, die er seinem Brief vom 17. September 1683 beifügte und die bis heute überliefert ist, erkennt man gestochen scharf Bakterienformen, wie sie bis heute als Stäbchen, Kugelbakterien und Spirochäten, also spiralförmige Mikroorganismen, bekannt sind.

Leeuwenhoeks Lieblingsforschungsfeld war der Mundraum mit seinen faszinierenden Biotopen: dem Zahnbelag, dem Speichel und der Mundschleimhaut. Er errechnete, dass mehr »Thierchen« im Mund lebten, als es Menschen auf der Welt gab, und stellte fest, dass sie starben, wenn sie mit heiß getrunkenem Kaffee in Berührung kamen. Ihre Zahl ließ sich durch Spülungen zum Beispiel mit

Weinessig nicht reduzieren, so dass es wohl normal war, dass sie dort wohnten. Darüber, welche Wirkung Bakterien im Körper ausübten, spekulierte Leeuwenhoek nicht. Er beobachtete und beschrieb seine Versuche akribisch mit unbefangener Neugier und suchendem Forschergeist.

Nach seinem Tode vermochte zunächst niemand wie er mit 270-facher Vergrößerung Bakterien zu beobachten. Leeuwenhoek, der sich über die Geld- und Machthungrigkeit von Wissenschaftlern geärgert hatte, die seine Mikroskope kaufen wollten, nahm das Geheimnis ihrer Herstellung mit ins Grab. Die vorhandenen Linsen ermöglichten zwar, größere Mikroorganismen zu sehen, sowie Protozoen, Grünalgen oder auch Blutkörperchen. In der Regel wurden solche frühen mikroskopischen Gläser jedoch eingesetzt, um bereits Sichtbares zu vergrößern, nicht um Unsichtbares sichtbar zu machen.

Nicht nur zum Forschen nutzte man sie. Sie dienten auf Jahrmärkten als Unterhaltungsmittel, amüsierten Abendgesellschaften und erschreckten Menschen, die das Gewimmel und Gewusel kleinster Lebewesen in ihren eigenen Körpersäften oder im Trinkwasser erblickten. Lieblingsobjekt dafür war der menschliche Floh, der mit E. T. A. Hoffmanns satirischem Märchen »Meister Floh« sogar in die Literatur Eingang fand.

So war es bereits die Vergrößerung an sich, die den Menschen den ersten Schrecken bezüglich Mikroorganismen einjagte. Hatte man zuvor bedenkenlos Wasser getrunken, sofern es schmeckte und sauber und klar aussah, und konnte man sich dabei auf seine eigenen Sinne verlassen, war man sich fortan seiner selbst nicht mehr sicher. Womöglich gab es irgendwelche winzigen Wesen, die das Wasser bewohnten, die man nicht sah und die unbemerkt aufzunehmen einen zu Recht graute. Eine bedrohliche Welt des Unsichtbaren tat sich auf und füllte sich mit Phantasien und Ängsten.

Eine Karikatur aus dem Jahr 1828 zeigt eine Dame in Londoner Tracht, die mit entsetztem Schrei Tasse und Löffel fallen lässt, während sie durch ein Mikroskop Themsewasser betrachtet. In diesem tummeln sich laut Zeichnung gespenstische Gestalten: Monsterchen mit aufgerissenen Mäulern, grätige Schlangen, stachelige Wesen mit Harpune, andere Fledermäusen gleichend, wuselnd und wimmelnd zwischen einem fast realistisch gezeichneten Bachflohkrebs und einem fontänespritzenden Fisch, dessen Äußeres eher einer Wildsau gleicht. Das Mikroskopieren gebar also nebst wissenschaftlichem Interesse jede Menge Spott und Hohn.

Die Geschichte der Mikrobiologie ist komplex und wirkt verworren. Es ist keine aufeinanderfolgende Reihe von Erkenntnissen, die Schritt für Schritt unser Bewusstsein für Kleinstlebewesen erweitert hätten. Viele verschiedene Forscher mit vielen verschiedenen Blickwinkeln und vielen verschiedenen Weltanschauungen entdecken im Laufe der Jahrhunderte viele verschiedene Fähigkeiten und Eigenschaften unserer Mini-Mitbewohner. Im Grunde genommen, war man immer von ihrer Vielseitigkeit überfordert. Die meisten von ihnen begangen den Fehler, Schlussfolgerungen aus ihren Entdeckungen zu ziehen, die das Beobachtete zur Allgemeingültigkeit erhoben. So kam es oft zu Auseinandersetzungen und Streit: »Gibt es eine Spontanzeugung, oder ist alles Leben aus Eltern entstanden?« war eine Frage, die im 17. Jahrhundert im Vordergrund stand. »Können Bakterien ihre Form ändern, durchlaufen sie sogar einen Gestaltzyklus, was man Pleomorphismus nennt, oder behalten sie ihre Gestalt bei, was der Begriff Monomorphismus bezeichnet?«, fragte man intensiv im 19. Jahrhundert. Immer wieder sorgten gegensätzliche Ansichten für heftige wissenschaftliche Dispute. Warum war das so? Weil man irrigerweise annahm, es sei immer entweder das eine oder das andere die Wahrheit.
Dabei verwechselte man die Welt der Bakterien mit dem für uns Menschen bezeichnenden begrenzten Horizont. Je mehr wir von den Bakterien verstehen, und das ist noch nicht viel in Anbetracht der Tatsache, dass wir von den auf der Erde vorkommenden Mikroorganismen überhaupt erst wenige kennen, desto mehr müssen wir nämlich zugeben: Bei Bakterien ist alles möglich. Sie reichen weiter als wir. Wir können sie nicht begrenzen auf das, was wir von ihnen verstanden zu haben glauben. Bei ihnen gilt kein

Entweder-oder, sondern ein Sowohl-als-auch. Natürlich gibt es prinzipiell eine Spontanzeugung, wie sonst wäre das Leben auf der Erde entstanden? Natürlich haben Bakterien Eltern, das können wir bei ihrer Teilung leicht unterm Mikroskop beobachten. Allerdings bringen diese Eltern keine Kinder hervor, sondern indem sie sich teilen, werden sie ihre eigenen Kinder. Aus einer Bakterie werden zwei, und somit sind diese Eltern und Kinder zugleich. Unser menschliches Konzept von Nachkommenschaft lässt sich auf sie nicht übertragen.

Auch dass Bakterien ihre Form ändern können, ist inzwischen längst bekannt. Prof. Karl-Heinz Schleifer beschreibt dies in den Rundgesprächen der Bayrischen Akademie der Wissenschaften aus dem Jahr 2001: Kultiviert man Bakterien der Gattung Arthrobacter und betrachtet sie nach wenigen Stunden im Mikroskop, sieht man sie als schöne Stäbchen. Doch am nächsten Tag sind dieselben Bakterien Kugeln. Dass es tatsächlich dieselben sind, konnte er anhand genetischer Untersuchungen nachweisen. Hätten zwei verschiedene Forscher diese Mikroben nacheinander beobachtet, sie hätten sich trefflich über deren wahre Form streiten können.

Wie will man sich über diese Kleinstlebewesen unterhalten? Wie will man sie in Gattungen und Arten fassen, wenn sie nicht nur wunderbar, sondern auch wandelbar sind?

In der Entwicklung der wissenschaftlichen Mikrobiologie wurde der Weg beschritten, sie aus ihrem Lebensraum zu entnehmen und sie zu vereinzeln. Kaum hatte man mittels des Mikroskops die Möglichkeit gewonnen, Mikroben einzeln zu sehen, entstand auch der Wunsch, sie als solche zu untersuchen. Zu diesem Zweck entwickelte man Reinkulturen, also Nährböden, die so zusammengesetzt sind, dass sie eine ausgewählte Mikrobenart wachsen lassen, während andere darauf nicht gedeihen können. Die so ausgewählte und vermehrte Art kann dann auf ihre Eigenschaften und Möglichkeiten hin weiter untersucht werden, und mit ihr wird selektiv experimentiert. Auf diese Weise wurden nahezu alle Erkenntnisse gewonnen, auf denen unsere heutige Meinung über Bakterien fußt. Die Anfertigung von Monokulturen einzelner Bakterienstämme ist

eine wissenschaftlich übliche Vorgehensweise, um an ihnen zu forschen. Man verdünnt beispielsweise eine Bakterienlösung, streicht sie auf eine Nährplatte so aus, dass möglichst einzelne Bakterien darauf liegen bleiben, und wartet darauf, dass sie sich, und dafür gibt man ihnen optimale Bedingungen, vermehren. Wo aus einer einzelnen Bakterie mehrere werden, erkennt man mit bloßem Auge ein Häufchen, »Kolonie« genannt, und kann mit diesem Bakterienklon weiterexperimentieren. So gewinnt man definierte Einheiten. Die Zahl der zu solchen Clans heranwachsenden Bakterien aus standardisiertem Ausgangsmaterial nennt man »Koloniebildende Einheiten«, abgekürzt KbE. Es ist eine Aussage über die Bakterienmenge in einem Substrat und gilt auch als Maß für Mikroben in Trinkwasser (KbE/ml).
Bakterien- und überhaupt Mikrobenuntersuchungen fanden also weitgehend hinter verschlossenen Türen statt. Auch die Tatsache, dass diese Forschung sich in den letzten Jahrzehnten mehr und mehr auf Aspekte der Genetik verlagert hat, ändert nichts daran, dass man auf diese Weise zwar eine Menge von Informationen sammeln kann. Ehrlicherweise muss man aber zugeben, dass diese Aussagen ausschließlich auf Laborbakterien zutreffen. Sie haben nicht zwangsläufig mit dem Verhalten von Bakterien in freier Wild-, Haus- und Menschenbahn zu tun.
Keine Mikrobe ist gern allein oder nur mit ihresgleichen unterwegs. In der Natur gibt es keine Mikromonokultur. Vielmehr lieben es Mikroorganismen, in bunter Mischung zu leben, je mehr, desto besser. Allein im menschlichen Darm kommen über 1000 verschiedene Einzellerarten vor. Sie zu vereinzeln und als Einzelstämme weiterzuzüchten ist eine vollkommen beschränkende Vorgehensweise.
Solche isolierten Mikroorganismen waren es jedoch, die das Konzept von Krankheit zu dem hin veränderten, welches wir heute kennen und das unsere Ängste vor ihnen schürt.

»Woher kommt Krankheit?« war eines der Rätsel, das die Menschheit schon immer beschäftigte, und jede Epoche fand mindestens einen Krankheitsbegriff, der dem Menschen- und Weltverständnis ihrer Zeit entsprach. Schon lange lag die Frage in der Luft, ob denn nun Krankheit von innen komme, zum Beispiel aus den Säften, deren Zusammensetzung sich womöglich verschoben hatte, wie es die Humoralpathologie unterrichtete, oder ob sie den Menschen von außen bedrängte durch Einflüsse allerlei Art. Vom griechischen Philosophen Epikur (341–271 v. Chr.) heißt es, er habe in »Samen« oder »Keimen« den Ausgangspunkt von Erkrankungen gesehen. Samen und Keime kannte man aus dem Ackerbau. Als mit Hilfe der Mikroskopie nun Kleinstlebewesen im Blut von Kranken entdeckt werden konnten, lag die Unterstellung nahe, das seien die Krankheitsverursacher. Man tat alles, um diese Vermutung zu beweisen. Schaut man in die heutige Literatur zur Geschichte der medizinischen Mikrobiologie, so findet der Rückblick auf die Vergangenheit immer gleich aus der Perspektive statt, die von Bakterien als Krankheitserregern ausgeht. Dann sucht und findet man rückschauend die ältesten Spuren von Aussagen darüber, dass Bakterien krank machen, und zitiert genau diese Quellen. Bezeichnenderweise ist seit Ende des 19. Jahrhunderts die Medizin die Hauptdisziplin, unter der das Fach Mikrobiologie angesiedelt ist. Da man sich gewöhnlich auf diesen unseren gängigen Vorstellungen entsprechenden Blickwinkel beschränkt, werden andere Ansichten aus alten Zeiten natürlich nicht berücksichtigt. Dieser einseitig auswählende Blick in die Vergangenheit aus einer ganz dem Urteil des vorletzten Jahrhunderts entsprungenen Ansicht führt dazu, dass sich diese selbst ständig bestätigt und zu einer scheinbar allgemeingültigen Wahrheit wird. Schaut man jedoch genauer hin, entpuppt sich diese Ansicht als bloß eine von mehreren Möglichkeiten.

Denn was war damals geschehen? Das 19. Jahrhundert war eine Zeit großer Seuchenzüge. Allein vier Cholera-Epidemien zogen nacheinander durch Europa. Da sie viele Menschen in den Tod führten, hatte man verständlicherweise vor ihnen Angst. Sie waren eine unheimliche Bedrohung. Schon immer gab es Seuchen unter Mensch und Tier, ob unter den kriegführenden Heeren der Antike, ob als »Justinianische« Pest, die im Jahre 541/42 durch das Römische Reich zog, der »Schwarze Tod«, der sich als Pest im 14. Jahrhundert aus dem östlichen Mittelmeerraum nach Westen ausbreitete, oder Aids heute. Und schon immer suchte man angesichts des umfassenden Ausmaßes von Sterben Schuldige für diese Situation. Im Falle der Epidemien (griechisch *epídemos,* »im Volk verbreitet«), die europäische Eroberer mit sich nach Afrika und Amerika schleppten, waren Schuldige schnell ausgemacht: Aus Sicht der Spanier beispielsweise, die ab dem 16. Jahrhundert die Pocken nach Amerika exportierten, wo die Krankheit die indianischen Einwohner hinwegraffte, waren deren angeblich unsittlichen Bräuche schuld. In den Augen der Eroberer ließen Menschenopfer und sexuelle Freizügigkeit Seuchen als Strafe Gottes über sie kommen.

Auch die europäische Pest des Mittelalters wurde als Gottesstrafe, etwas milder als »himmlische Prüfung« betrachtet. Oder sie galt als Instrument Satans. In gewisser Hinsicht ergeht es an Aids Erkrankten heute nicht viel anders. Schuldig gemacht wird auch ihre angebliche sexuelle Freizügigkeit.

Seuche und Schuld gehörten also schon seit Jahrhunderten zusammen. Wären Seuchenzüge nicht mit dem Tode assoziiert, dächte man vielleicht anders. Tief in uns verborgen steht hinter der unwillkürlichen Suche nach Seuchenschuld in Wirklichkeit die Frage nach der Unausweichlichkeit unseres Sterbens, die Frage nach unserer Hingabe in das Unvermeidliche. Sie führt uns unweigerlich zur Frage nach dem Sinn des Lebens an sich. Bakterien und ihre Wirkungen lösen in uns diese Fragen aus. Sie werden dadurch auch emotional belegt. Somit stehen sie nicht nur physisch im Zentrum unseres Seins, sondern sogar seelisch, philosophisch und religiös. Daran dürfen wir uns erinnern, wenn wir Bakterien manipulieren. Was tun wir, wenn wir sie aufschneiden, ihnen Genmaterial entnehmen, ihnen fremde, zum Teil künstlich im Labor erzeugte Gene einschleusen und sie zwingen, deren Informationen umzusetzen? Wir greifen ins Innerste der Schöpfung ein und damit in unser ganzes seelisches und geistiges Sein. Wir maßen uns an, über Leben und Tod Kontrolle ausüben zu wollen.

Unsere Angst vor den Bakterien ist also in Wirklichkeit unsere Angst vor dem Tod. Das ist insofern paradox, als Bakterien der Inbegriff des Lebens sind: Durch sie entwickelte sich das erste Leben auf der Erde, sie beleben alle Naturreiche und sie stellen von Anbeginn bis heute unsere Lebensgrundlage dar, weil ohne sie nichts existiert. Sie selbst sind geradezu die Verkörperung der Unsterblichkeit, denn indem sie sich verdoppeln, tragen sie ihr innerstes Wesen seit Entstehung des Planeten bis morgen von Generation zu Generation weiter.

Hat eine Bakterie in einem Lebensraum Schwierigkeiten weiterzuleben, stirbt sie nicht unbedingt. Sie versetzt sich in einen Sporenzustand, also eine Art Dornröschenschlaf, und überdauert darin beliebige Zeiten. Bakterielle Endosporen aus dem Darm einer Biene, die vor mindestens 25 Millionen Jahren in Harz eingeschlossen und als Einschluss in Bernstein gefunden wurde, ließen sich im Jahre 1995 ohne Zögern zu lebensfähigen Bakterien weiterkultivieren.

Diese erstaunlichen Wesen, die den Tod selbst kaum kennen, beschuldigen wir, Todesbringer zu sein? Unsere Angst vor dem Tod gleicht in mancher Hinsicht der Angst vor dem Leben, und unser Konzept von Leben hat häufig etwas Begrenztes, Endgültiges. Ich kenne viele Menschen, die sich vorstellen, nach dem Tode sei alles vorbei. Vor einem solchen Tod muss man sich natürlich fürchten. Er wirkt wie eine Mauer, vor die man unvermeidbar läuft. Leichter haben es Kulturen, für die das Leben hier nur eine von mehreren Daseinsebenen ist. Parallel zu ihm existiert eine geistige Anderswelt, in die man nachtodlich zurückkehrt und aus der man eines Tages wieder auf die irdische Ebene in ein neues Leben wiederkommt. Wo auf diese Weise das Leben durch den Tod hindurch weiterfließt, muss man ihn nicht so unaussprechlich fürchten.

Relativiert man gedanklich einmal die Schrecklichkeit des Todes, darf man getrost sagen, dass die großen Seuchen immer auch soziale, wirtschaftliche und gesellschaftliche Veränderungen mit sich brachten. So gesehen, halfen Bakterien, Wandlungsprozesse in der

Menschheitsgeschichte zu katalysieren. Das war nach der mittelalterlichen Pest der Fall und auch dann, wenn militärische Truppen, von einer Seuche heimgesucht, ihre geplanten Eroberungsaktionen stoppen mussten, wie Napoleons fleckfiebergeschwächte Soldaten in Russland.

Nachdem die Epoche der Aufklärung religiöse Gründe für das Auftreten von Seuchen in den Hintergrund hatte rücken lassen, wurden während der Cholera-Epidemien im 19. Jahrhundert städtische und staatliche Behörden als Schuldige angeklagt. Man warf ihnen vor, sie ließen die armen Bevölkerungsschichten töten. Die Behörden wehrten sich. Sie führten Maßnahmen zur Verbesserung der hygienischen Verhältnisse ein, insbesondere die Versorgung mit sauberem Trinkwasser, die wir seit damals bis heute haben. Auch wenn die mit ihnen verbundene Not schrecklich war und ist, sind Seuchen also nicht nur und ausschließlich als schrecklich zu betrachten. Es ist eine Frage des Blickwinkels. Ändert man ihn, kann man ihrer Existenz auch Positives abgewinnen.

Im 19. Jahrhundert kam also einiges zusammen: Seuchen, für die keine religiösen Erklärungen mehr gefunden wurden. Hygienische Fortschritte, die zeigten, dass äußere Umstände über Krankheit und Gesundheit mit entschieden. Ignaz Semmelweis hatte im Krankenhaus für medizinisches Personal gründliches Händewaschen einschließlich Nagelbürsten mit Chlorkalkwasser eingeführt, woraufhin die Sterberate von Wöchnerinnen binnen zweier Jahre von 11,4 auf 1,27 Prozent sank.

Die technische Verbesserung der Mikroskope führte dazu, dass Mikroorganismen einzeln sichtbar gemacht werden konnten.

Die Benennung der Kleinstlebewesen änderte sich. Aus den *animalculi,* deren Niedlichkeit noch zärtliche Gefühle wecken konnte, wurden Bazillus (Stäbchen), Kokkus (Kugel) und Spirillus (Schraube). Das sind Begriffe, die nicht so schnell zu emotionaler Nähe verlocken. Aus Lebendigem wurden durch den Wortwahlwandel Dinge, und sicher wäre manche Entwicklung anders verlaufen, hätten wir sie weiterhin als das benannt, was sie in Wirklichkeit sind: kleine Lebewesen. Stattdessen entseelten wir sie zur Sache und reduzierten sie zu »biologischen Modellen«. Nur deshalb können wir heute mit Leichtigkeit an Bakterien manipulieren. Was war noch im 19. Jahrhundert geschehen? Louis Pasteur (1822–1895) hatte über Gärungsprozesse geforscht und herausgefunden, dass verschiedene Gärungsprozesse mit verschiedenen Mikroorganismen zusammenhingen. Eine allgemeine Fortschrittsstimmung herrschte an den Universitäten. Phänomene der Natur wurden technisch messbar, und man war allgemein bestrebt, von qualitativen, subjektiv durch den Menschen wahrgenommenen Erkenntnissen weg und zu Ergebnissen hin zu kommen, die vom Menschen abgelöst und in Zahlen und Statistiken formulierbar waren. Diese nannte man »objektiv«. Was auch immer unsichtbare »Lebenskräfte« waren, die sich nicht chemisch oder physikalisch nachweisen ließen, galt fortan als unwissenschaftlich und als Humbug, ein Wort, das aus jener Zeit stammt.

Es war in dieser Zeitstimmung, als Robert Koch (1843–1910) an Mikroorganismen forschte. Ihm verdanken wir letztendlich unseren heutigen Blick auf Bakterien. Kochs Technik bestand darin, Mikroorganismen aus ihrem Umfeld zu entnehmen, sie zu vereinzeln, sie als Reinkulturen im Labor zu züchten und solche Zuchtmikroben in Labortiere zu spritzen. Anschließend beobachtete er, was dadurch in den Tieren ausgelöst wurde. Diese von ihm entwickelte Technik begründete die Disziplin der diagnostischen Mikrobiologie, wie sie heute noch praktiziert wird. Hier in seinem einseitigen Erkenntniseifer endete die liebevolle Nähe zwischen Mikrobe und Mensch, und seine auf Laboruntersuchungen beruhenden Anschauungen prägten von da an die Weltgeschichte. Seither wird in einem Labor und nicht mehr durch die Wahrnehmung von Mensch zu Mensch entschieden, ob und welche Erkrankung vorliegt. Die Erkenntnis der Krankheitsursache wurde aus dem Menschen ausgelagert an einen entfernten Diagnostikort, von dem eine standardisierte Aussage über seinen Zustand zurückkommt. Die heute vielfach beklagte Unmenschlichkeit im Umgang mit

Kranken und das unbefriedigende Gefühl vieler Patienten, die sich »im Medizinbetrieb abgefertigt« vorkommen, gründet zum guten Teil in der damaligen Abwendung der Medizin vom Menschen und der Verlagerung der Diagnostik ins Labor.

Koch fand, dass bestimmte Mikroorganismen bestimmte Krankheiten hervorrufen. In einem berühmt gewordenen Vortrag am 24. März 1882 in Berlin referierte er überzeugend, er habe den »Erreger« der Tuberkulose identifiziert. Nun sei der zukünftige Weg der Medizin klar. Man war begeistert. Binnen kürzester Zeit wurden viele Krankheiten auf jeweils eine einzelne, sie verursachende Bakterie zurückgeführt, endlich waren die wahrhaft Schuldigen gefunden: Keine Gottesstrafe, kein Teufelswerk, einfache kleine Bazillen waren die Bösewichte, die seit ewigen Zeiten die Menschheit plagten. Diesen würde man wohl beizukommen wissen. Voller Optimismus beschloss man: Jetzt, wo wir die Schuldigen kennen, werden wir sie vernichten, und fortan wird es keine »Infektions«krankheiten mehr geben. Loblieder wurden auf Robert Koch gesungen, Mordlieder gegen Mikroben, und zwar ganz handfest, wie sie beispielsweise das *Liederbuch für deutsche Ärzte und Naturforscher* von 1892 wiedergibt. Neben Titeln wie »Zur Nothlage des Ärztlichen Standes« oder »Die Theilung der Praxis«, die an Aktualität auch heute nichts zu wünschen übrig lassen, finden sich solche wie »Krieg den Bakterien«, »Der Tuberkelbacillen Klage« und »Der letzte Bacillus«. Triumphierend sah man ihr Ende voraus. Wovor nur wenige warnten, war der Verlust der Vieldeutigkeit.

Damit nahm eine verheerende Einseitigkeit ihren Lauf, die uns heute Probleme beschert, die größer sind, als sie damals waren, und mehr Geld kostet, als Robert Koch sich jemals hätte träumen lassen.

Koch war eine Persönlichkeit, die es geschickt verstand, sich ins rechte Licht zu setzen. Von Forschungsfahrten in ferne Länder schickte er regelmäßig Berichte an den damaligen Staatssekretär im Reichsministerium des Inneren, die kurz darauf im *Reichsanzeiger* oder in der *Deutschen Medizinischen Wochenschrift* erschienen. Das ganze Land konnte daran Anteil nehmen, wie er unter Hitze und

Entbehrungen leidend im Dienste des Volkes in Ägypten 1883 Leichen an Cholera Verstorbener sezierte, um den »Erreger« zu finden, dessen Habhaftmachung die Menschen der Heimat vor zukünftigen Seuchen retten würde. Dass weder die aus Berlin mit nach Ägypten gebrachten Mäuse noch die vor Ort gekauften Affen, Hunde und Hühner sich mit dem aus den Leichen Cholera-Kranker entnommenen Material mit der Cholera infizieren ließen, sein Nachweis also nicht gelang, tat der Berühmtheit Kochs keinen Abbruch. Er wurde ein Held des Deutschen Reichs, der im heroischen Kampf gegen die bakteriellen Übeltäter vor keinen Gefahren zurückschreckte. »Willkommen, Ihr Sieger«[2], hieß es dann auch im *Berliner Tageblatt* vom 3. Mai 1884, als Robert Koch und sein Team aus Indien zurückkehrten, wo Koch weitere Forschungen durchgeführt und Cholera-Vibrionen isoliert hatte. Über ein »Ärztebankett zu Ehren der Mitglieder der deutschen Cholera-Kommission« schreibt das *Berliner Tageblatt* am 14. Mai 1884: »Wie vor dreizehn Jahren das deutsche Volk einen glorreichen Sieg über den alten Erzfeind unserer Nation [gemeint ist Frankreich] feierte, so feiert heute die deutsche Wissenschaft einen glänzenden Triumph über einen der tückischen Feinde der ganzen Menschheit, über eine der gefürchtetsten und mörderischsten Volksseuchen der Neuzeit: die Cholera.«

So hielt zu allem Überfluss auch noch das militärische Vokabular ihrer Zeit Einzug in die Sprache, die die an sich friedlichen Bakterien beschreibt. Und zwar so eindrücklich, dass es bis zum heutigen Tage bestehen blieb. »Kampf« und »Krieg«, »Heerscharen«, »Abwehrfront«, »Invasoren« und »Killer« sind gängige Begriffe im Zusammenhang mit Bakterien geworden, obwohl sie in Wirklichkeit nichts mit Mikroben zu tun haben, sondern die Projektion menschlicher Vorgehensweisen beschreiben. Kein Wunder, dass es heutzutage Sätze gibt wie die folgenden: »Die Mörderinnen sind überall. Sie mögen Brühwürste, mögen Krautsalat. [...] Wo Mikroben der Art *Listeria monocytogenes* in großer Zahl aufmarschieren, hinterlassen sie Tote. Ihre Truppen in verseuchten Schweinezungen kosteten über dreihundert Franzosen das Leben.«[3]

Dabei hatte Robert Koch wohlgemerkt keinerlei erfolgreiche Therapie entwickelt. Er hatte winzig kleine Lebewesen zu »Feinden der Menschheit« erklärt und ihnen Verfolgung angedroht. Genau genommen, hat er Mikroorganismen politisiert. Das störte jedoch nicht. Wer so berühmt war und derart geehrt wurde, musste ja die Wahrheit gefunden haben. An Kochs gesellschaftsprägenden Ansichten zu zweifeln war schlichtweg nicht mehr erlaubt. Seither und bis heute glaubt die Mehrheit der Menschen, Bakterien seien Übeltäter und gehörten bekämpft.

Wir haben uns an den Krieg in den Köpfen derart gewöhnt und halten ihn für dermaßen gerechtfertigt, dass wir geneigt sind, die dagegensprechenden Fakten einfach zu ignorieren. Denn Tatsache ist, dass »Infektions«krankheiten seit Einführung der Bakterienbekämpfung keineswegs weniger geworden, geschweige denn verschwunden sind. Im Gegenteil, sie nahmen zu. Weltweit stellen sie heute die häufigste Todesursache dar. Dass Bakterien sie verschuldeten und Bakterien zu bekämpfen hilfreich sei, ist eine teuer bezahlte Illusion.

Was würden die Bakterien selbst dazu sagen? Ziemlich viel wahrscheinlich. Auf jeden Fall würden sie äußern, dass sie sich nicht verstanden fühlen, und einwenden: »Aber wir leben doch niemals isoliert, niemals kommen wir als Einzelstamm vor. Wir sind Gemeinschaftswesen und streben nach harmonischer Ordnung zum Wohl des Lebens. Es ist doch klar, dass wir unsere eigentlichen Aufgaben nicht mehr erfüllen können, sobald man uns unserem sozialen Umfeld entreißt. Wenn man uns isoliert, auf eine Gelatineplatte streicht und uns anschließend in ein Kaninchenauge spritzt, wie Robert Koch es zu praktizieren pflegte, ist es doch nur zu natürlich, dass Krankheit entsteht. Wir beabsichtigen das nicht, es bleibt uns vielmehr keine Wahl. Wo wir in friedlicher Mischung leben dürfen, tun wir keiner Fliege etwas zuleide. Lasst uns alle in Frieden zusammenleben, dann können wir Probleme gemeinsam lösen, wir sind immer für euch und das Leben da.«

Man muss sehen, dass Robert Koch und seine Schule im Zuge

ihres Zeitgeistes agierten. Nicht erst seit Charles Darwin seine Evolutionsforschung unter der Überschrift »Kampf ums Dasein« in die Welt setzte, war das Prinzip des Kämpfens in der öffentlichen Meinung präsent. Schon Darwin bot dadurch unabhängig von seinen tatsächlichen Entdeckungen phantasievollen Interpretationen zum Thema Raum. Vom Duell rivalisierender Liebhaber und dem Kampf der kolonialisierenden Pioniere in eroberten Gebieten fremder Kontinente bis hin zu den Kriegen zwischen Staaten galt Kampf als ein scheinbar probates Mittel zur Beherrschung anderer. Daher verwundert es nicht, dass unschuldige Bakterien, die aufgrund ihrer Unsichtbarkeit leichthin zu bösen Feinden erklärbar waren, nun in den Fokus eines Forschungswettkampfs gerieten. Dessen Ziel war das Finden wirksamer »Waffen« gegen sie.

Welche andere Haltung hätte man gegenüber Mikroorganismen einnehmen können?
Hätte man die Welt nicht als Schauplatz andauernder Kämpfe, sondern als Ort des Miteinanders interpretiert, wo jedes Leben mit jedem Leben vernetzt ist und ein jeglicher Organismus unabhängig von seiner Größe seine notwendige Aufgabe für das Ganze erfüllt, dann wäre man nicht auf die Idee gekommen, Bakterien ausrotten zu wollen. Hätte man den Mut gehabt, auf andere Wissenschaftler, die ihre Ansichten weniger lautstark verkündeten, genauso zu hören wie auf Koch & Co., dann hätte Vielseitigkeit auch in der seitherigen Forschung zu Mikroben Chancen gehabt.

Angenommen, ein Außerirdischer schwebte über der Kölner Philharmonie, hörte Antonín Dvořáks »Aus der Neuen Welt« und sähe Geigen und Flöten, Bratschen und Kontrabässen zu. Ihm stünden beim Versuch zu verstehen, was dort geschieht, verschiedene Interpretationsmöglichkeiten offen: Lauschte er der Musik, wären einzelne Stimmen nicht so wichtig, sondern der Gesamtklang spielte eine Rolle. Dann dächte er: »O wie schön, wie sie zusammenspielen.« Er fühlte Stimmungen und entwickelte vielleicht innere Bilder. Unterstellte er den Musikern aber einen Kampf, so könnte er deutlich sehen, wie die Geigen gegen die Bratschen um die Wette streichen, wie die Klarinetten versuchen, sie zu besiegen, indem sie ständig dazwischenblasen, und die Posaunen kampfesmutig dareinplatzen, um gewaltsam alles zu übertönen. Auch die Pauken hauen auf alles ein. Es wäre wirklich nur eine Frage der Interpretation.

Ist die Natur nicht wie ein großartiges Konzert, in dem jedes Lebewesen seine ihm ureigene Stimme spielt? Geführt von einem unsichtbaren Dirigenten, den wir meinetwegen wie die alten Indianer »Große Weisheit« nennen dürfen, wenn wir nicht »Gott« sagen wollen? Von der Geige bis zur Triangel hat im Orchester ausnahmslos jeder seinen Platz. Und spielte nicht jeder seine ihm zustehenden Noten, käme niemals so etwas Schönes wie Mozarts »Zauberflöte« dabei heraus. Wenn ein Orchester einmal aus dem Takt kommt, ist niemandem damit gedient, zu sagen: »Die Celli sind schuld, die gehören vernichtet.« Man würde vielmehr versuchen, den Einklang wiederherzustellen, und wäre bemüht, gemeinsam wieder in die Melodie zu kommen.

Natürlich ist der Vergleich zwischen Musiker und Mikrobe unvollkommen. Wichtig ist jedoch, dass wir sehen, was wir von uns Menschen auf sie projizieren, und dass es höchste Zeit ist, sie von unseren ungerechten Urteilen zu befreien.

Nehmen wir an, vor uns stünden zwei Kühe: eine, die an Milzbrand erkrankt ist, und eine gesunde. Wir betrachten ihr Blut unter dem Mikroskop und entdecken in dem Blut der kranken Kuh Bakterien, die wir in dem der gesunden nicht sehen. Wir hätten dann mehrere Interpretationsmöglichkeiten zur Auswahl. Entweder: Weil die Kuh krank ist, hat sie diese Bakterien im Blut. Oder: Weil die Kuh diese Bakterien im Blut hat, ist sie krank. Oder: Beide haben nichts miteinander zu tun. Alle drei Möglichkeiten wären denkbar. Alle drei Varianten sind möglich. Diese Freiheit erlauben wir uns aber in Bezug auf Bakterien nicht mehr. Wir haben uns an die zweite Denkvariante dermaßen gewöhnt, dass wir die anderen gar nicht mehr zulassen.

Max von Pettenkofer (1818–1901), Arzt und Zeitgenosse Robert Kochs, bemühte sich, auf die Bedeutung der äußeren Umstände für die Entstehung von Krankheiten hinzuweisen. Um zu beweisen, dass Bakterien nicht allein dafür verantwortlich sein können, schluckte er, nachdem er seine Magensäure durch Einnahme von Bikarbonat neutralisiert hatte, am 7. Oktober 1892 vor Zeugen eine Bouillonkultur von Cholera-Vibrionen, tatsächlich ohne an der Cholera zu erkranken. Vergeblich. Die Meinung, Bakterien verschuldeten Krankheiten, setzte sich dennoch durch. Dabei ist sie völlig unlogisch. Wären Bakterien tatsächlich bösartige Infektionserreger, die uns an den Kragen wollten, wäre die Menschheit durch sie schon längst ausgerottet worden. Spätestens mit den Pestzügen hätte es uns alle hinweggerafft. Hat es aber nicht. Also sind nicht Bakterien die Schuldigen, sondern eine Fülle von Umständen kommt zusammen und verursacht eine Störung, die zum Ungleichgewicht innerhalb eines Organismus oder eines Lebensraums führt. Das weiß eigentlich jeder, und wir drücken es auch aus. Niemals sind es die Mikroben allein. Man hat sich »erkältet«, »den Magen verdorben« oder sonst etwas getan, was zu einer Krankheit führt. Wenn es uns gutgeht, werden wir auch nicht krank. Oder kennen Sie jemanden, der über alle Ohren glücklich verliebt ist und jämmerlich malade darniederliegt?

Als Erklärung dafür, dass nicht jeder an Bakterien erkrankt, auch bei einer Seuche, und dafür, dass nicht jede Bakterie krank macht, erfand man Kategorien wie: »obligat pathogen«, also krankheitserzeugend, »fakultativ pathogen«, also unter manchen Umständen krankheitserzeugend, »parasitär«, also zum eigenen Vorteil in einem Großorganismus lebend, ihn quasi ein kleines bisschen schädigend, »saprophytär«, also mit einem Großorganismus lebend, meistens ohne ihn zu schädigen, was ihn aber gelegentlich trotzdem krank machen kann – und so weiter. Es verschlägt einem schon beim Lesen die Sprache.

Da man die »Pathogenität« eines »Erregers« im Labor festgestellt hat und da man in der Regel keine Gesunden daraufhin untersucht, wie viele »pathogene« Bakterien in ihm vorhanden sind, müssen wir ehrlicherweise zugeben, dass unsere Definitionen kränkeln. Bakterien, die »pathogen« sein sollen, machen krank, aber nicht jeden und nicht immer. »Fakultativ pathogene Bakterien« machen nur manchmal krank, aber nicht jeden und nicht immer. Man kann krank sein und hat jede Menge Bakterien in sich, vielleicht aber keine pathogenen. Man kann gesund sein und hat jede Menge Bakterien in sich, vielleicht auch pathogene. Merken wir nicht, wie wir uns mühsam Kategorien konstruieren, die jedem Komiker zur Ehre gereichten? Und das nur, um die Wahrheit zu ignorieren und auf unseren Glaubenssatz aus dem 19. Jahrhundert zurechtzubiegen. Diese Wahrheit ist: Bakterien allein machen nicht krank. Sie können mit Krankheiten zu tun haben, ja. Sie können sich bei einer Krankheit auch im Körper verändern und dadurch eine Rolle spielen, aber sie sind nicht deren alleinige Ursache.

Der Begriff »Virulenz« bezeichnet den Einfluss eines Mikroorganismus auf einen Großorganismus und »Disposition« dessen Bereitschaft, ihn entgegenzunehmen. Alles, was wir »Infektionskrankheit« nennen, ist also eine Frage der Kommunikation, Kommunikation in einer Beziehung. Bakterien innerhalb eines Organismus kommunizieren untereinander und mit Körperzellen. Bakterien außerhalb eines Organismus kommunizieren ebenfalls untereinander. Treffen Bakterien auf einen größeren Organismus, kommunizieren sie gleichzeitig untereinander, mit seinen Bakterien und mit seinen Körperzellen. Gesundheit ist folglich ein den Erfordernissen angemessenes harmonisches Miteinander all dieser Beziehungen bei frei fließender Kommunikation.

Das lateinische Wort *communicare* bedeutet übrigens nicht nur »mitteilen«, sondern auch »teilen«, »gemeinschaftlich machen«. Wir wissen, dass gegenseitige Wertschätzung Kommunikation verbessert, wohingegen Kampf sie verschlechtert. Die wahre Heilung von Infektionskrankheiten besteht folglich in einer Verbesserung der Kommunikation auf allen Ebenen.

EM können als Mischung von Einzellern, die sich in einer friedlichen Kommunikation miteinander befinden, dort, wo sie eingesetzt werden, das Miteinander und die Kommunikation verbessern.

Fassen wir einmal zusammen: Wir haben Angst vor Bakterien, weil uns irgendjemand beigebracht hat, sie seien gefährlich und machten krank. Tatsächlich aber leben Bakterien zum Wohle des Ganzen gesunderweise in sämtlichen Räumen des Planeten Erde und auch überall auf und im Menschen.
Durch die Entwicklung der Mikroskopie konnten Bakterien einzeln sichtbar gemacht werden. Daraus entstand das Missverständnis, Mikroorganismen seien als Einzelne oder Einzelstämme bedeutsam. In Wahrheit leben sie von Natur aus in Biozönosen, als Gemeinschaften einer Vielfalt von Bakterienfamilien, die ihre Aktivitäten untereinander durch Kommunikation regeln und mit Makroorganismen untrennbar in Wechselwirkungen stehen.
Isolation in Reinkulturen und die Suche nach Schuldigen für Seuchen führten im 19. Jahrhundert zur einseitigen Vorstellung, Bakterien seien feindliche »Krankheitserreger«. Dadurch entstand der Eindruck, Mikroorganismen seien vorzugsweise für die Medizin relevant. Eine Laborkultur von Mikroorganismen ist eine künstliche Situation, welche die im natürlichen Lebensraum durch ständige Interaktion aller Lebewesen sich permanent verändernden Bedingungen nicht wiedergibt. Laborergebnisse aus mikrobieller Forschung lassen daher keine Schlüsse auf Verhalten von Mikroben in der Natur zu.
Kriegerische Gedanken aus menschlichen Köpfen belegten Mikroorganismen im 19. Jahrhundert mit militärischem Vokabular und verstellen seither den Blick für ihr eigentliches Wesen. Es gibt keinen Grund, Kleinstlebewesen zu Feinden zu erklären und zu bekämpfen.
Da die Erfahrung der Vergangenheit zeigt, dass es die Menschheit weder glücklicher, gesünder noch zufriedener gemacht hat, Bakterien zu töten, können wir genauso gut damit aufhören und neue Wege gehen.

Wie beginnen wir einen neuen Weg? Zunächst mit einem einfachen Umdenken. Zuerst gilt es, die überkommenen Lehrsätze der vergangenen 130 Jahre loszulassen und den Bakterien unvoreingenommen positiv zu begegnen. Allen Bakterien, wohlgemerkt. Bakterien sind das Beste, was uns das Leben zu bieten hat.

Schritt zwei wird sein, mit dieser positiven Haltung oder einer skeptisch fragenden, auf jeden Fall aber einer unbefangen neugierigen, die praktische Anwendung von Effektiven Mikroorganismen auszuprobieren.

Wenn die Erfahrung mit EM erwartungsgemäß gut ist, findet als Nächstes die positive Haltung den Mikroorganismen gegenüber eine Bestätigung. Die Liebe zu Bakterien und die Dankbarkeit für ihr Wirken werden zu einem eigenen Erleben. Damit öffnen sich alle Wege in eine bessere Zukunft. Dies kann vielleicht sogar eine Heilung in der Seele bedeuten, die, befreit von Angst und Feindbildern, endlich aufatmet.

Es müssen nicht unbedingt die Effektiven Mikroorganismen sein, mit deren Hilfe man Frieden mit den Mikroben schließt. Gäbe es eine den EM vergleichbare Bakterienmischung mit denselben Fähigkeiten, wäre dies auch mit ihnen möglich. Ich kenne bislang keine.

2 Am Anfang war die Einzellwelt

Es war einmal eine Gaswolke, die durchs Universum kreiste, geboren aus den unergründlichen Kräften des Alls. Elemente verfestigten sich in ihr und formten Strukturen, und schon bald brachte sie Oberflächen von Wasser und Festem hervor. Die Erde entstand. 4,5 Milliarden Jahre ist es her, so ungefähr jedenfalls, dass unsere Planetin sich aus dem großen Ganzen absonderte. Und schon bald wimmelte es auf ihr. Wir wissen bis heute nicht, wie das Leben entstand, wir wissen aber: Am Anfang waren die Einzeller. Aus alten Felsen Australiens und Kanadas präparierten Forscher fossile Mikroben, die dort vor 3,8 Milliarden Jahren für die Ewigkeit versteinerten. Sie lebten in einem Milieu, das der heutigen Erde sehr unähnlich war: Schwefelwasserstoff, Kohlendioxid, Methan und Ammoniak waberten um Wasser und Land, alles Gase, die uns heute mächtig in der Nase beißen und den Atem verschlagen würden. Eine Sauerstoffatmosphäre gab es noch nicht. »Anaerob« nennt man ein solches Milieu, also ohne Sauerstoff, und es sollte noch lange dauern, bis auch eine aerobe, also sauerstoffhaltige Atmosphäre entstand.

Das störte die ersten Mikroorganismen nicht. Sie teilten und vermehrten sich, verstoffwechselten, was es gab, und bauten daraus, was sie vermochten, Steine zum Beispiel. Stromatolithen sind säulen- oder knubbelförmige Gebilde, die man, 3,5 Milliarden Jahre alt, versteinert gefunden hat und deren Entstehung man kennt, weil es sie gegenwärtig in flachen Meeresbecken und heißen Quellen auf der Erde genauso noch gibt. Tellergroß bis halb mannshoch wachsen sie unter oder über Wasser aus lebenden Einzellergemeinschaften heran. Mit ihren schleimigen Hüllen fangen in Schichten wohnende Mikroben feinste Partikel ein, früher wohl Staubkörnchen aus vulkanischem Glas und Kalk, schlüpfen über ihre derart verfestigten Kokons hinaus, sie anderen Mikroorganismen zur weiteren Verarbeitung zurücklassend, und wachsen obenauf weiter, während unter ihnen allmählich Gestein entsteht.

Wir können uns heute diese Milliarden von Jahren dauernde erste Entwicklungsphase unserer Erde nicht vielfältig genug vorstellen. Alles war von Einzellern belebt. Alle Materie floss durch sie hindurch und wurde zugleich von ihnen durchdrungen. Sie passten sich den wechselnden Bedingungen auf der Erdoberfläche an, an kochend heiße und eiskalte, an dunkle und helle, an alles, was es da gab – und zukünftig geben sollte. Denn bis zum heutigen Tage, Milliarden von Jahren später, ist alles, wirklich ausnahmslos alles auf Erden gesunderweise flächendeckend und durchdringend von Mikroorganismen belebt. Nichts bleibt in Raum und Zeit ohne sie, und sie haben inzwischen alles ausprobiert.

Eine große Neuerung brachten vor mindestens drei Milliarden Jahren Cyanobakterien hervor, Einzeller, die man irrtümlich auch »Blaualgen« nennt. In dieser frühen Welt bedienten sich Mikroben gern des Eisensulfats plus Schwefelwasserstoff, um unter Bildung von Pyrit Wasserstoff als Energieträger zu gewinnen.[4] Klitzekleine Schlauberger machten es eines Tages anders. Sie verbanden Kohlendioxid und Wasser unter der Einwirkung von Sonnenlicht, gewannen dabei mehr Energie als zuvor und wurden unabhängig von anderen Substanzen.[5] Nun wurde Sauerstoff frei. Noch gab es im Wasser genug Eisen, mit dem er sich verband, hinabsank und zu Sedimenten verfestigte. Dort lassen sie sich heute als dicke Bänder-Eisenerzschichten in den Tiefen der Gesteine finden. Bald darauf jedoch waren in ihrer Umgebung genügend solcher »reduzierend« genannte Substanzen verbraucht, so dass Sauerstoff sich nicht mehr im Wasser verband, sondern frei blieb. Hauch für Hauch blubberte er über die Oberfläche der Wasser hinaus. Wo er dem UV-Licht der Sonne ausgesetzt war, wandelte er sich von O_2 zu O_3, also in Ozon, und verschleierte die Erde mit einem zarten Schutz, sorgfältig fortan ihr Leben vor den zu starken Strahlen ihres großen Wärmespenders bewahrend.

Weitere zwei Milliarden Jahre dauerte es, bis aus dieser Fleißarbeit der Mikroben eine Sauerstoffatmosphäre wurde, wie sie uns heute das Atmen erlaubt, mit etwa 21 Prozent Sauerstoffgehalt in der Luft. Zwei Milliarden Jahre Fleißarbeit der Einzeller, das ist mehr

als 47 000-mal so lange wie vom Leben des Neandertalers im Neandertal bis heute. Wie gehen wir mit dieser Kostbarkeit um?
In der Zwischenzeit übten Mikroben schon einmal Gemeinschaftsleben. Es war, als wollten sie die Urform der Liebe schon in der Frühzeit der Erde in alles Entstehende integrieren. Biofilme bedeckten und bedecken bis heute die Oberflächen. Sie können dünn sein wie der Belag, der auf unseren Zähnen zu wachsen beginnt, wenn wir aufhören, sie zu putzen. Oder sie können zu dicken Matten heranwachsen, die schleimig und wabbelig auf festem Grunde siedeln. Von ihnen mag die Erdoberfläche einst bedeckt gewesen sein, und genauso finden sie sich noch heute in Lebensräumen, die zu unwirtlich sind, als dass höheres Leben sie bewohnte.
In solchen Matten aus Einzellern webt eine dynamische Ordnung wie in einem mehrstufig gewachsenen Wald. Der Sonne ausgesetzt, leben diejenigen Mikroben, die Photosynthese zu ihrer Aufgabe erkoren haben und gelegentliche Austrocknung verkraften, Cyanaobakterien beispielsweise. Sie verarbeiten elementare Stoffe wie Kohlenstoff, Stickstoff, Schwefel und Phosphor und stellen sie den darunterwohnenden Mikroben zur Verfügung. Diese wiederum verstoffwechseln auch Sauerstoff, so dass die alleruntersten Einwohner anaerob existieren können.
Aus diesen untersten anaeroben Schichten gebildete Stoffwechselprodukte stehen dann wiederum den über ihnen wohnenden zur Verfügung. Auf- und abwärts, hin und her strömen Stoffe, strömt Energie, wird gegeben und empfangen, und alles ist eingebettet in Polysaccharide, eine Art Zuckerpudding, der ein strukturgebendes, stoffwechseltragendes Zwischenmedium ist wie das Gewebewasser zwischen unseren Körperzellen.
Rhythmische Bewegungen im Einklang mit Tagessonne und Mondnacht ziehen sich in Form von Gasaustausch durch diese Matten. Mikroben wandern auf und ab, je nachdem, wie sie gebraucht oder versorgt werden. Und sicherlich haben sie schon damals miteinander kommuniziert, durch Stoffaustausch, durch Lichtzeichen, auf alle mögliche Weise, die wir nicht kennen.
Auf jeden Fall waren diese Biofilm-Matten in sich wie eigene

geräumige Welten. Stellt man sich ein vielleicht 3 Mikrometer (tausendstel Millimeter) langes Mikrobenstäbchen vor, so bedeutet ihm eine Entfernung von 3 Millimetern das Gleiche wie einem Menschen eine 2 Kilometer lange Strecke. Was kann sich auf 3 Millimetern für eine Bakterie alles ändern! So viel wie von Ihnen bis zu einem 2 Kilometer entfernten Ort. Forscher maßen die Sauerstoffgradienten in einem Bodenkrümel von 12 Millimetern Durchmesser und fanden ein Gefälle von innen 0 zu außen 21 Prozent. Auf 1 Millimeter Raum konnte der Unterschied 5 bis 15 Prozent betragen, und in jedem dieser kleinen Milieus lebt vielleicht eine andere Mikrobenpopulation. So vielfältig war und ist unsere Erde an Mini-Lebensräumen, und von so unterschiedlich wirkenden Mikroorganismen ist sie durchdrungen.

Woher wussten Einzeller damals, was sie wo tun? Woher wissen sie es heute? Wer lenkt diese Mattenvölker, die wie flache Gemeinschaftsorgane die Grenze zwischen Erdboden und Luft überwoben? Als Ganzes waren sie in den ersten Milliarden Jahren der Erde dasjenige, was einem Tier oder Menschen heute Leber und Lunge sein mögen. Vielleicht sogar ein bisschen Herz.

Es gab natürlich, kaum begann mit der Pionierarbeit der Cyanobakterien der Sauerstoffgehalt in der Atmosphäre zu wachsen, erfinderische Einzeller, die diesen für sich zu nutzen wussten. Sie gingen neue Wege, wurden unabhängig von den Energiegewinnungsmethoden ihrer Vorfahren, und die Geschichte der Sauerstoffatmung begann. Aerobe Mikroorganismen bevölkerten bald in Scharen den Planeten und konnten viel mehr Energie aus dem vorhandenen Milieu gewinnen als ihre anaeroben älteren Geschwister. Seither gibt es aerobe und anaerobe, also mit oder ohne Sauerstoff stoffwechselnde Einzeller gleichzeitig auf der Erde – und unter ihnen alle uns Menschen bisher denkbaren Stoffwechselwege.

Auch in den Effektiven Mikroorganismen befinden sich aerobe (sauerstoffliebende) und anaerobe (sauerstoffmeidende) Mikroorganismen gleichzeitig. Sie ergänzen sich gegenseitig und schaffen füreinander den jeweiligen Mikrolebensraum, in dem die einen den Sauerstoff verbrauchen, der den anderen das anaerobe Leben

ermöglicht, welche wiederum mit ihren Stoffwechselprodukten Erstere versorgen.
Betrachtet man solche Prozesse, so ist die Vielfalt unter den verschiedenen Mikroorganismen unerschöpflich. Kein Wunder, sie haben lange dafür geübt. Als Energiequelle können ihnen chemische Verbindungen aller Art genauso dienen wie Licht oder andere Strahlungsquellen und sogar Radioaktivität. Wer weiß, vielleicht ernährt sie auch unsere Liebe. Das hat man mangels wissenschaftlicher Untersuchbarkeit allerdings bisher noch nicht ermittelt.
Jedenfalls haben Mikroorganismen alles durchexerziert in der langen Zeit des Archaikums, wie man die Frühzeit der Erde nennt, und wir unterscheiden heute zwei große Domänen von Einzellern: Zum einen Archaea und Bakteria, Wesen ohne Zellkern, sogenannte Prokarya[6], und zum anderen Eukarya, die einen Zellkern besitzen und zu denen auch Pilze, Pflanzen, Tiere und Menschen zählen. Dies sind jedenfalls die von uns entworfenen Kategorien, um Ordnung in einer Welt zu finden, in deren unermesslichen Vielfalt, Großartigkeit und Schönheit wir uns staunend verlieren könnten.

Was immer an Formen, an Austausch und Gestaltung vor unseren heutigen Augen erscheint, war in Miniformat bei Einzellern schon vorhanden, und das in allen Varianten und Übergängen.
Neu war vor etwa zwei Milliarden Jahren, dass Einzeller andere, kleinere Einzeller in sich aufnahmen, und zwar friedlich nach dem Motto: Wenn wir schon zusammenarbeiten, können wir uns genauso gut zusammentun. Mitochondrien, die heute als Organellen für den Energiestoffwechsel in jeder unserer Zellen leben, waren einst von anaeroben Einzellern geschluckte aerobe Bakterien. »Endozytose« nennt man diesen Prozess. Ineinander aufgenommen, grenzen sie fortan einen neuen Innenraum im Einzeller ab. Bis heute finden in all unseren Zellen innerhalb der Mitochondrien diejenigen Stoffwechselvorgänge statt, welche molekularen Sauerstoff verwenden. Es leben tatsächlich bis zum heutigen Tag einstige Einzeller in jeder unserer Körperzellen fort. Aus der alten Zeit haben sie sogar eigene Gene behalten. In Pflanzen und Algenzellen

sind es die Photosynthese-praktizierenden Chloroplasten, die ursprünglich geschluckt wurden. Auch sie waren einstmals eigenständige Einzeller und stellten sich als Mitarbeiter einer größeren Einheit zur Verfügung. Auch die eukaryotischen Zellen, also jene mit Zellkern, stammen von der Vereinigung von Einzellern ab. Als weitere Entwicklung ist in ihnen das genetische Gut zu Chromosomen geordnet und sorgfältig als DNA aufgewickelt von einer gesonderten Membran umgeben.
Neben denjenigen Einzellern, in denen Gengut und alles, was für Stoffwechsel und Kommunikation nötig ist, quasi lose in einer Hülle schwimmt, durch die jederzeit der freie Austausch in alle Umgebung möglich bleibt, finden sich nun Einzeller, deren Innenleben stärker strukturiert ist, mit Zellkern und Zellorganellen, die sogenannten Protisten. Auch wenn vor unseren Augen die Welt überwiegend mit zellkernigen eukaryotischen Wesen erscheint, als Katze und Kuh, Blumen, Gemüse und Bäume, Menschen und Mäuse, Vögel und Läuse, sind Mikroorganismen, prokaryotische und eukaryotische, heute die weit überwiegende Zahl von Lebewesen auf unserem Planeten. Sie waren für die längste Zeit auch die einzigen.

Kaum war als Entwicklungsschritt durch Verschmelzung von verschiedenen Einzellern der Zellkern »erfunden« worden, entstand auch die Mitose als Möglichkeit, das Gengut mit einer Teilung in zwei gleiche Zellen zu verdoppeln. Waren sie geteilt, blieben sie gelegentlich trotzdem beieinander und bildeten erste Mehrzeller, Mehrzeller aus lauter gleichen Einzellern, die zusammenwirken. Volvox, eine Kugelalge, ist ein solcher Gemeinschaftsorganismus, zusammengefügt aus Partnern, die alle einst Chlamydomonas-Einzeller waren. Eine neue Raumbildung im Lebendigen war vollzogen.
Salopp ausgedrückt, könnte man sagen: Der nächste Entwicklungsschritt war wie das Zusammenfinden einzelner Menschen zu einer guten Wohngemeinschaft – einer bringt den Mülleimer herunter, einer wäscht, und einer kocht Tee.
Es ist etwa eine Milliarde Jahre her, dass Einzeller sich nach der

Zellteilung nicht nur nicht mehr trennten, sondern Gemeinschaften bildeten, deren Teile zum Wohle von etwas Größerem spezielle Aufgaben übernahmen. Die Differenzierung zu verschiedenzelligen Mehrzellern begann.

Warum und wieso Leben bestrebt ist, Wesen höherer Ordnung hervorzubringen, ist eine Frage, die an das Geheimnis unserer Existenz und den Sinns des Lebens rührt. Wir können sie hier nicht beantworten. Was wir jedoch deutlich sehen können, ist, dass Einzeller die Existenzgrundlage unseres physischen Daseins darstellen. Was immer uns an Natur umgibt, stammt ursprünglich von Einzellern ab. Wir sind aus einem Zusammenschluss aus Einzellern geboren, die nach Milliarden von Jahren Vorbereitungszeit zunehmende Raumbildungen unternahmen, sich festlegten, um nicht mehr einzeln, sondern als Individuum zu leben, als »unteilbar«, denn das Wort stammt vom lateinischen *dividere* für »teilen«. Mit dieser Individualität kam neben der Sexualität auch der Tod in die Welt, dieser geheimnisvolle Übergang in etwas, was wir nur geistig verstehen können. Jede Pflanze, jedes Tier, jeder Mensch – nach offizieller Klassifizierung gehört der Mensch zu den Tieren, genauer gesagt: den Trockennasenaffen – ist das Wunderwerk einer Schöpfung, die einst aus Einzellern hervorging. Und als hätten diese weiterhin die Patenschaft für das Gelingen solch erstaunlicher Vielzelligkeit übernommen, begleiten einzellige Mikroorganismen weiterhin fördernd, ernährend, hüllend und schützend uns Neulinge durch das Leben auf dem Planeten Erde.

Es ist nicht verwunderlich, dass alles auf der Erde heute von Mikroorganismen bewohnt ist. Sie waren schon seit Ewigkeiten da. Neu ist nur, dass wir Menschen als diejenigen Wesen, die sie als Krone der Schöpfung hervorgebracht haben, die Freiheit besitzen, ihrer Herkunft zu spotten und ihr Werk zu missachten, sie zu ignorieren, zu töten und zu missbrauchen.

Am besten kann man sich die erdgeschichtliche Entwicklung des Lebens vor Augen führen, wenn man sich einen Abstand von 4,50 Metern markiert, der für 4,5 Milliarden Jahren Erdgeschichte steht. Es lohnt sich, dass Sie dies einmal ganz konkret tun, mit einer Schnur, an die man Wäscheklammern klemmt, mit Kreide auf dem Bürgersteig, mit Stöckchen auf der Wiese oder wie auch immer. Haben Sie eine Strecke von 4,50 Metern abgesteckt, als diejenige von der Entstehung des Sonnensystems bis heute, dann können Sie sich ehrlich fragen, wo Sie auf ihr nach Ihrem Gefühl das erste Leben und an welcher Stelle Sie das erste Auftreten des Menschen ansiedeln würden. Danach markieren Sie Folgendes: Bei 4,50 Metern war die Erde die besagte Gaswolke. Bei 3,80 Metern gab es nachweislich die ersten Einzeller, ab etwa 3 Metern gab es Sauerstoff freisetzende Bakterien. Ab 2,10 Metern bildete sich eine Ozonhülle, und 10 Zentimeter (zehn Millionen Jahre) weiter dominieren bereits aerobe Einzeller. Einfache Mehrzeller finden sich zusammen, Endosymbiose entsteht, und ab 1,70 Metern gibt es kernhaltige Einzeller, Eukaryoten. Bei 1,40 Metern wanderten Bakterien an Land, ab 60 Zentimetern gibt es komplexe Mehrzeller im Wasser und ab 51 Zentimetern erste Fische. Bei 50 Zentimetern sei die Besiedelung des Landes mit Algen und Insekten markiert, bei 47 Zentimetern der Beginn des Pflanzenwachstums an Land, das bei 30 Zentimetern mit ersten geschlossenen Wäldern bedeckt war, deren Reste wir heute als Kohle fördern. Unermüdlich war CO_2 in die feste Erdmasse umgelagert worden, so dass der Sauerstoffgehalt der Atmosphäre inzwischen bei 23 Prozent lag, also höher als heute. Bald tauchten Amphibien und Dinosaurier auf, der Urvogel Archäopteryx lebte bei etwa 15 Zentimetern, bei 6 Zentimetern starben die Dinosaurier wieder aus. Und immer und überall gab es weiterhin Einzeller.

Wann erschien der Mensch auf der Erde? Erste Säugetiere gab es wohl schon zwischen 20 und 15 Zentimetern, also vor 200 bis 150 Millionen Jahren, erdgeschichtlich gesprochen im Zeitalter des Jura. Primaten, unsere Vorgänger, fanden sich vor 9 Millimetern und der Homo erectus bei circa 2 Millimetern auf dem Planeten ein. Um den modernen Menschen zeitlich sichtbar zu machen, müsste man sich einer Stecknadel bedienen, deren Dicke etwa 600 000 Jahren entspricht. Ein Fünftel einer Stecknadeldicke markierte dann das erste Auftreten der Frühmenschen: Homo sapiens, »der mit der Weisheit begabte Mensch«, wie Carl von Linné, als er 1758 erstmals die Lebewelt klassifizierte, unsereins nannte. Vor vielleicht 0,06 Millimetern, einem Zehntel einer Stecknadeldicke also, wanderte der Homo sapiens in Europa ein. Schauen Sie sich das Ergebnis in Ruhe an. Ist der Mensch dort, wo Sie ihn erwartet haben? Betrachtet man das Verhältnis der Zeit, die wir im Vergleich mit Einzellern auf der Erde verbracht haben, dann beträgt dieses, in Worten, etwa drei Meter achtzig zu null Komma null sechs Millimetern. Wir sind also absolute Neulinge hier auf dem Planeten, und vielleicht ist es gut, wenn wir uns ab und zu daran erinnern. Christi Geburt liegt von heute aus gesehen null Komma null null zwei Millimeter entfernt. Und vor null Komma null null null eins drei Millimetern beschloss dieser Neuankömmling Mensch in der Zauberwelt evolutionärer Unerschöpflichkeit, seine Vorfahren und Mitbewohner, die er gerade kürzlich erst im Mikroskop entdeckt hatte, zu »Feinden der Menschheit« (Robert Koch) zu erklären und zu bekämpfen. Wir begannen damit, unsere lebendige Herkunft, unsere geschichtlichen Wurzeln und unseren eigenen Zellinhalt abzulehnen. Etwas Absurderes hätte uns wohl kaum einfallen können.

Was auch immer wir auf Erden kennen, wurde zuerst von Einzellern bewirkt, und erst ganz allmählich dämmert uns ihre Bedeutung. Nur unsere homozentrierte Überheblichkeit lässt erstaunlich erscheinen, was für unsere mikrobiellen Mitbewohner seit Milliarden Jahren selbstverständlich ist: dass sie alles bewirken und bedingen und bewohnen.

Gletschereis zum Beispiel, wo sie mit Algen netzartige Schichten bilden, die man als Alpenwanderer in Form farbiger Oberflächen erkennen kann. Alkohole und Zucker in ihrem Zellinneren, die sie nach Bedarf produzieren, dienen ihnen als Gefrierschutzmittel. Wird es ihnen zu ungemütlich, weil beispielsweise Kohlenstoff fehlt, den alle Bakterien brauchen, schalten sie einfach auf Winterschlaf um und überdauern so, wie Birgit Sattler von der Universität Innsbruck erforschte, unter Umständen mehrere hundert Jahre. Ob in der Arktis oder der Antarktis, auch am mit minus 80 Grad Celsius kältesten Fleck der Erde, dem Wostoksee, der von 4 Kilometer dickem Eis bedeckt ist, leben Mikroorganismen, genauso wie in der untersten Schicht der ozeanischen Tiefseekruste, wo Forscher der Oregon State University ganze Ökosysteme »neuer« Einzeller entdeckten.

Auch in höchsten Höhen finden sie sich, bei Temperaturen weit unter dem Gefrierpunkt, niedrigem Luftdruck und hoher UV-Strahlung im Wolkenwasser lebend. Man hat sie sogar von einer 50 Kilometer von der Erde entfernt geflogenen Raumrakete geborgen. Vom Wind um die Erde geblasen, von ihr zum Teil auch aufgenommen, reisen sie an winzigen Partikeln um die Welt, vorzugsweise an kohlenstoffreichen Rußstaub geheftet, wie er aus Kohle und Ölverbrennung entsteht. Diesen bauen sie zugleich ab, um die Luft davon wieder zu reinigen. Als Forscher entdeckten, dass Schnee und Graupelniederschlag die zehnfache Menge an Bakterien enthielt, die gleichzeitig in den Wolkentröpfchen zu messen war, wurde ihnen klar, dass diese auch als Wettermacher dienen. Als winzige Katalysatoren zur Bildung von Eiskristallen sorgen sie für Schneefall. W. D. Hamilton und T. M. Lenton schrieben 1998, Mikroben könnten sogar so clever sein, dass sie innerhalb von Wolken durch Wärmeproduktion genau dort für die Bildung von abregnenden Tropfen sorgen können, wo sie, weil dort günstige Wohnverhältnisse warten, gern mit diesem Niederschlag wieder auf die Erde zurückkehren.

»Schwarze Raucher« nennt man Kamine kilometertief unter der Meeresoberfläche, aus denen in den mittelozeanischen Gebirgsrücken, umgeben von eisiger Dunkelheit, 300 bis 400 Grad Celsius heißes Wasser ausgespuckt wird, das durch Spalten im auseinanderdriftenden Meeresboden in Erdtiefen gesickert war. Aufgeladen mit Metallen und schwefeligen Säuren aus Tiefengestein, am Magma hochgekocht, schießt es wieder empor. Ein unwirtlicher Ort, würde man meinen, doch zum Erstaunen der Forscher, die 1978 den ersten dieser bizarren Schlote entdeckten, brodelt auch hier das Leben. In der mehrere hundert Meter hohen und viele Kilometer langen Austrittswolke tummeln sich alle möglichen Arten, deren kleinste, die Einzeller, sich nur bei hohen Temperaturen wohl fühlen. »Hyperthermophile«, also »Freunde von Überwärme«, nennt man sie.

Naturgemäß stellt die Entnahme von Bakterienproben bei Hunderten Grad Celsius auch die Forscher auf die Probe, dennoch gelang es beispielsweise Karl Stetter von der Universität Regensburg, Mikroben zu isolieren, deren Lieblingstemperatur bei 113 Grad Celsius liegt.

Ob in Erdölquellen, wo unter Permafrostboden in Alaska durch radioaktive Strahlung in 4000 Meter Tiefe bei 300 bar Überdruck 100 Grad Celsius herrschen, ob in Salzwüsten oder Schwefelquellen, ob in Vulkankratern oder Edelsteinen, Einzeller finden sich überall. Weit über unseren begrenzten menschlichen Radius hinaus erweitern Einzeller den Raum, in dem Erde lebt. Räumlich und zeitlich dehnt sich ihr Sein ins für uns im wahrsten Sinne des Wortes Unermessliche.

Dass sie dabei alle Stoffwechselwege kennen, versteht sich von selbst. Kohlenstoff, Schwefel, Stickstoff, Phosphor und alle anderen Elemente wandern quasi durch Bakterien in Form mikrobieller Kreisläufe hindurch. Dabei regulieren sie unermüdlich deren Verteilung im Lebensraum. Stickstofffixierende Mikroben setzen beispielsweise Luftstickstoff in der Erde fest, andere lösen ihn daraus aus, so dass die Stickstoffkonzentration in unserer Atemluft möglichst bei rund 78 Prozent bestehen bleibt. Wo hoher Stickstoffeintrag Mehrarbeit der Mikroben erfordert, wie beispielsweise an Straßenrändern, wo der Ausstoß der Auspuffkatalysatoren von Autos die Stickstoffkonzentration im Übermaß erhöht, siedeln auf Stickstoffeinbau spezialisierte Flechten, Moose und Pflanzen zu ihrer Unterstützung.

Weiß man einmal, dass Bakterien einfach alles können, wundert es auch nicht, dass es solche gibt, die bei hoher Radioaktivität existieren. *Deinococcus radiodurans* ist solch ein Strahlenfan, der aus Boden, Hackfleisch, Staub und gefilterter Luft isoliert wurde, der genauso fröhlich aber auch in Atomkraftwerken lebt. Während für uns Menschen eine Strahlendosis von 5 Gray tödlich ist, lebt *Deinococcus* auch unter 30 000 Gray Bestrahlung unverdrossen fort. Sicherheitshalber hat er sich dafür den 50-fachen Chromosomensatz zugelegt, dessen dauernde Zersplitterung durch die Strahlung er unermüdlich repariert, um unabhängig davon seine Stoffwechselaufgaben zu erfüllen. Weil *Deinococcus* auch ein Herabkühlen auf minus 79 Grad Celsius sowie längere Aufenthalte im Vakuum überlebt und weil er auch oberhalb der Ozonschicht in der Stratosphäre vorkommt, haben nun findige Forscher spekuliert, er sei dereinst vom Mars auf die Erde gekommen. Als sei die Erde nicht wertvoll genug, selbst solch erstaunliches Leben hervorzubringen.

Unter Tage lebt *Thiobacillus ferrooxidans,* als Heinzelmännchen sozusagen, der in einer unwirtlichen Brühe von Säuren und Schwefel Metalle lösen kann. Kupfer oder Gold setzen diese Einzeller aus Erzen frei. Als »mikrobielle Erzlaugung« hat man sich diese Eigenschaft schon vor 3000 Jahren zur Metallgewinnung nutzbar gemacht, und heute entdeckt man die Mini-Mitarbeiter wieder zur Sanierung alter Bergbau-Abraumhalden.

Metalle nicht ab-, sondern aufbauend sind wiederum andere Mikroben, die unter Wasser kartoffelförmige Klumpen kreieren, in denen Mangan, Eisen, Nickel, Kobalt und Kupfer zu finden sind. In bis zu 6000 Meter Tiefe liegen sie auf dem Pazifikboden, gewachsen um etwa 1 Millimeter pro 1 Million Jahre, und es ist zu hoffen, dass die Pläne, sie mit Robotern im Rahmen von Tiefseebergbau zu plündern, nicht durchgesetzt werden können.

Doch nicht nur die Vielfalt der Mikroben ist für uns beeindruckend, sondern auch ihre gewaltige Stoffwechselleistung. Ohne sie gäbe es weder Aufbau noch Abbau auf der Erde. Alles, was wächst, wächst dank unserer Einzeller, und ohne sie würde der Planet in kürzester Zeit unter einer dicken Schicht organischer Masse ersticken. Man kann so wenig von ihnen abstrahieren, dass letztlich alle Vergleiche hinken. Nimmt man die Syntheseleistung einer

500 Kilogramm schweren Kuh, so gelingt ihr die Produktion von etwa 1 Kilogramm Milcheiweiß pro Tag. Der gleichen Menge Einzeller, beispielsweise 500 Kilogramm einfacher Bäckerhefe *Saccharomyces cerevisiae,* gelingt in derselben Zeit unter guten Bedingungen die Synthese der zehntausendfachen Menge. Wobei die Kuh natürlich, hätte sie nicht etwa 15 Kilogramm Mikroorganismen im Pansen, überhaupt kein Milcheiweiß produzieren würde. Sie fermentieren dort die Zellulose aus Gras oder Heu in mehrstündigem Prozess in Energie für ihre Muskeln und bereiten Vorstufen für die Verdauung in den weiteren Mägen vor, die wiederum genauso mit Mikroben besiedelt sind.

Man kann hinsehen, hinhören, hinriechen, hinfühlen oder hinschmecken, wohin man will: Bakterien sind schon da. Sie sind die Grundlage unseres Lebens, sie sind die Weisheit und das Leben selbst – und: Sie sind nie allein.

Kein einziger Lebensraum des Planeten ist jemals von Mikroben bewohnt worden, die als einzelne oder nur wenige Arten vor Ort lebten. Und würde man einen solchen zu entdecken meinen, darf man sichergehen, dass es bloß an der uns fehlenden Technik liegt, sie zu entdecken. Im menschlichen Darm hat man anaerobe Bakterien erst gefunden, als man auf die Idee kam, die entnommenen Proben auch ohne Sauerstoff, also nicht an der Luft, zu kultivieren. Dann fand man heraus, dass der menschliche Dickdarm zu 99,9 Prozent von Anaerobiern besiedelt ist.

Auch diese Proben entnahm man naturgemäß dem ausgeschiedenen Stuhl. Dass dieser nun auch nicht die ganze Wirklichkeit wiedergibt, entdeckte man vor nicht allzu langer Zeit, als herauskam, dass die direkt der Darmschleimhaut aufsitzenden Bakterien gar nicht dem Stuhl anhaften, sondern normalerweise an ihrem Platz bleiben. Auch dort befindet sich nämlich ein Biofilm, dessen der Darmzelle, also auch dem Blutfluss, nächstliegenden Bewohner sauerstoffliebend sind und Sauerstoff verbrauchen, um zum Darminneren hin ein anaerobes Milieu zu bilden. Man konnte also auch die Bakterien des Biofilms, weil sie nicht im Stuhl sind, vorher nicht finden.

Was immer wir erforschen, beschränkt sich auf unseren jeweiligen technisch erfassbaren und wissenschaftlich messbaren Horizont. Er weitet sich, je weitgehender wir uns der Welt im Kleinsten widmen, trotzdem können wir davon ausgehen, dass der Lebensradius der Mikroben umfassender ist. Sie haben uns alles voraus, und wir wissen: Wo immer wir hingelangen, waren sie schon da.

3 Ein Einzeller kommt nie allein

Symbiose ist eines der Lebensprinzipien, ohne die kein Wesen existieren würde. Formuliert wurde dieser Begriff, der übersetzt »Zusammenleben« heißt (von dem griechischen *sýn* für »zusammen« und *bíos* für »Leben«), im Jahr 1878 von Anton de Bary, einem Arzt und Botaniker. In einer Zeit, in der das Teilen und Trennen, das Messen und Zählen in der wissenschaftlichen Welt die sinnlichen Wahrnehmungen des Menschen zu verdrängen begonnen hatten, wollte er auf die Bedeutung des Miteinanders aufmerksam machen.

De Bary hatte an Flechten geforscht, die ein inniges Zusammenleben von Pilz und Alge darstellen. Er verstand unter Symbiose jedes Zusammenwirken artverschiedener Organismen. Heute wird der Begriff »Symbiose« nur noch eingeengt für solche Formen des Zusammenlebens verwendet, die aus Sicht des Menschen für alle Beteiligten von Vorteil sind. Ob wir überhaupt beurteilen können, wann dies nicht der Fall ist?

Bakterien sind auf jeden Fall Symbiosepartner in allen Lebensbereichen. Wo immer wir hinschauen: Sie arbeiten im Team.

Die Symbiose der Einzeller untereinander ist so selbstverständlich, dass sie fast keiner gesonderten Erwähnung bedarf. Sie leben und wirken in ständigem Austausch miteinander. Stellt man sich einmal vor, dass mehrere hundert Bakterienstämme, wie sie beispielsweise im menschlichen Darm leben, gleichzeitig und unentwegt aufeinander abgestimmt einen hochkomplexen Stoffwechsel vollziehen, der unbemerkt in uns abläuft, ahnt man etwas von ihrer Kunst, als Gemeinschaft zu wirken. Was würde geschehen, wenn wir mehrere hundert Menschen in einen Raum steckten und mit einer gemeinsamen Aufgabe betrauten? Jeder Firmenchef weiß, wie viel es bedarf, so etwas zum Gelingen zu bringen. Einzeller leben uns dieses Gelingen unentwegt und überall vor. Die Wirksamkeit der Effektiven Mikroorganismen liegt unter anderem darin begründet, dass sie eine Mischung aus verschiedenen Bakterienarten sind, die in solch einer symbiotischen Beziehung stehen und dadurch einen Impuls zum Zusammenwirken in jeden Lebensraum bringen.

Mit der höheren Entwicklung des Lebens nahm auch die Komplexität der Symbiosen zu. Alle späteren Lebensreiche – Pflanzen, Tiere und natürlich auch der Mensch – tragen die Symbiosen der Bakterien untereinander auf sich, erweitert um die Symbiosen der Kleinstlebewesen mit den Zellen des Körpers.

Wir Menschen entdecken immer wieder Einzelheiten aus diesem unermesslichen Zusammenwirken. Bekannt geworden sind die sogenannten Knöllchenbakterien, die in Wurzelzellen von Leguminosen, zum Beispiel Erbsen, Bohnen und Klee, dafür sorgen, dass Stickstoff aus der Umgebung der Pflanze als Nahrung zur Verfügung gestellt wird. Inzwischen weiß man, dass auch andere Pflanzen Bakterien aufnehmen. Man nennt diesen Bakterienschluck durch Zellmembranen hindurch »Endozytose«.

Forscher der Universität Bremen haben festgestellt, dass bestimmte Gräser Bakterien einwandern lassen, die in ihren Wurzeln den zum Wachstum notwendigen und meist als Gas gelösten Stickstoff fixieren. Diese Bakterien ließen sich nur in lebenden Pflanzen nachweisen, jedoch nicht im Labor kultivieren, weshalb man sie zuvor nicht gefunden hatte. Da Getreidepflanzen Nachfahren von Gräsern sind, vermuteten die Forscher, dass auch diese bakterielle Symbionten haben, und fanden tatsächlich in Reispflanzen mikrobielle Wurzelbewohner. Dabei machten sie die interessante Entdeckung, dass die Innenbesiedelung mit Mikroben sich erheblich unterscheidet, je nachdem, ob es sich um eine Wildreis-, eine alte Landreis- oder um eine modern gezüchtete Hochleistungsvariante derselben Sorte handelt, welche unter Zusatz von Stickstoffdünger angebaut wird. Sie fanden, dass Wild- und Landreis eine große Zahl von wenigen, auf sie spezialisierten Stickstoffsammlern trugen, während diese auf dem Hochleistungsreis kaum mehr zu finden, sondern durch eine verschiedene Zahl anderer Stickstoffsammler ersetzt waren. Durch Züchtung und synthetische Düngung greift der Mensch also auch in das Zusammenwirken von

Bakterie und Pflanze ein, sogar in die Bakterienbesiedlung innerhalb der Pflanzen selbst. In diesem Fall wurde dadurch offenbar eine alte spezifische Symbiose gesprengt. Was die Entwicklung der Mineralstoffdüngung und zusätzlich die Züchtung von stark veränderten Kulturpflanzen für die Symbiosen im Boden bedeutet, wurde bislang wahrscheinlich gar nicht ermessen. Es ist davon auszugehen, dass Pflanzengesundheit und Qualität des Ertrags beeinträchtigt werden, wenn man die Symbiosen stört.

Das Einbringen von symbiotischen Mikroorganismen wie EM kann für Verbesserungen der Symbiosen sorgen. Ackerbau ist demnach nicht nur ein Hegen des Nährstoffgehalts im Boden sowie der aufkeimenden Saat und Pflanze, es ist zuallererst ein Pflegen der Mikroorganismen und deren Symbiosen dort. Sie bewirken sowohl Bodengesundheit und Pflanzenwachstum als auch schließlich unsere Ernährung. Wo immer der Mensch natürliche Prozesse kultiviert, kann er dies zum Segen oder zum Garaus für mikrobielle Mitbewohner tun.

Tiere könnten genauso wenig ohne Einzeller leben wie Pflanzen. Diese helfen ihnen sogar in Bereichen, die wir zunächst nicht vermuten würden, bei der Partnerwahl zum Beispiel.

Eugene Rosenberg und Ilana Zilber-Rosenberg, Mikrobiologen der Universität Tel Aviv, fütterten zwei Gruppen von Taufliegen über mehrere Generationen mit verschiedener Nahrung. Die einen erhielten Sirup, die anderen Stärke. Als sie sie anschließend zusammenbrachten, paarten sich vorzugsweise solche Männchen und Weibchen miteinander, die dasselbe Futter erhalten hatten. Nachdem die Fliegen allerdings Antibiotika zu schlucken bekamen, war dies nicht mehr der Fall. Warum? Wie sich herausstellte, hatte die Fütterung für eine jeweils typische Bakterienflora im Darm gesorgt, die wiederum die Duftwolke steuerte, welche die Fliegen umgab. Die Synthese dieser Pheromone, Sexualduftstoffe, wird durch die Darmbakterien gesteuert: »Sage mir, wie du riechst, und ich sage dir, was du frisst.« Durch die Qualität der Ernährung und die zugehörigen Bakterien wurde die Evolution in eine bestimmte Richtung gelenkt, postulierten die Forscher. Jedenfalls bei der Taufliege.

Der Blattlaus *Acyrthosiphon pisum* verhelfen Bakterien zur Tarnung vor Räubern. Sie sorgen in ihrem Organismus bei Bedarf für die Produktion grüner Pigmente, die die Laus insgesamt grün aussehen lassen, während sie sonst dank roter Pigmente rot in Erscheinung tritt. Rote Läuse werden eher von Marienkäfern entdeckt, grüne von Schlupfwespen. Durch die Symbiose mit den Mikroorganismen entziehen sie sich den jeweiligen Blicken.

Noch inniger lebt der Riesenröhrenwurm *Riftia pachyptila* mit seinen Mikroben zusammen. Er hat sich ein sogenanntes Trophosom angelegt, ein Extraorgan, in dem er sich seine Bakterien hält, und kommt dadurch ohne Mund und Darm aus. Dieser bis zu 1 Meter lange und 5 Zentimeter Durchmesser fassende Bewohner der Umgebung oben erwähnter heißer Tiefseeschlote lebt einzig von dem, was die Bakterien ihm bieten: von in verwertbare Verbindungen umgebauter Schwefelsuppe und den eigenen abgestorbenen Leibern. Dazu hält er sie gruppenweise in speziellen Zellen, stäbchenförmige in den einen, kugelige in anderen, die im Blutfluss des Wurms liegen und ihm eine Wachstumsgeschwindigkeit erlauben, von der Landwürmer nur träumen können: 1 Meter Wachstum im Jahr in der Dunkelheit Tausender Meter Wassertiefe bei Außentemperaturen von gerade einmal 2 Grad Celsius. Ähnliche Würmer an schwefelfreien Kaltwasseraustrittsstellen im Meer benötigen über hundert Jahre, um einen Meter zu wachsen. Auch sie pflegen Bakterien in Trophosomen, füttern diese aber mit Schwefel (Sulfid), den sie mit einem fadenförmigen Hinterende aus dem Boden aufnehmen, wo ihn Bakterien im Sediment vorverdaut haben. Diese *Escarpia*-Würmer sind übrigens wahrscheinlich die einzigen Tiere mit »Wurzeln«.

Dass alle Därme bakterienbesiedelte Prozesse darstellen, weiß man inzwischen. Auch Insektendärme werden von jeweils mehreren hundert Bakterienarten bewohnt, die eine Vielzahl von Aufgaben erfüllen. Einen interessanten Zusammenhang zwischen Bakterien im Darm von Raupen und der Produktion von Duftstoffen in deren Futterpflanzen stellten Forscher des Max-Planck-Instituts für Ökologie in Jena fest: Darmbakterien von Raupen setzen aus Aminosäuren Verbindungen (N-Acylaminosäuren) zusammen, die beim Anbeißen eines Blattes mit der Raupenspucke in die Pflanzenzellen gelangen. Darin lösen sie eine Duftantwort aus, die erst örtlich ist, aber nach wenigen Stunden von der gesamten Pflanze ausgeströmt werden kann. Ob dieser Duft nun weitere Raupen anlockt oder Vögel, welche die Raupen fressen, weiß man noch nicht. Erstaunlicherweise werden die Aminosäuren, die die Bakterien für die Synthese brauchen, aktiv von der Raupe in ihren eigenen Darm sezerniert, so dass sie offenbar selbst entscheiden kann, ob sie die Pflanze zum Duften bringt oder nicht. Auf jeden Fall sind es die Bakterien, die diese Kommunikation der Raupe mit der Pflanze ermöglichen.

4 Vom mikrobiellen Strom des Lebens

Ob in der Fliege oder im Wurm, an der Pflanze oder im Menschendarm: Wo Bakterien leben, erfüllen sie einen tiefen Sinn. Gewöhnen wir uns an den Gedanken, dass sie viel mehr Bedeutung haben, als wir Planetenneulinge bislang dachten.

Wir haben uns ganz menschlich an die Vorstellung einer von Individuen bevölkerten Erde gewöhnt. Nachbars Katze Schnurri oder Nicki, des Försters Dackel, sind täglich wiedererkennbare Wesen, genauso wie die alte Eibe neben der Michaelskirche, wie Tante Karin oder Oma Karola. Sie altern natürlich, aber sie waren als Individuen vorgestern schon da, gestern da und sind es auch heute. Doch ihre Erscheinung ist nur ein Teil unserer tatsächlichen Wirklichkeit. Alle Individualität ist nicht nur eingebettet, sondern durchdrungen vom einzellergetragenen Strom des Lebens. Mikroorganismen sind keine Individuen. Sie sind der momentane Ausdruck eines in einem Mini-Raum innegehaltenen Substanz- und Energiestroms, eine kurzzeitige In-Form-Bringung kleinsten Ausmaßes, eine Information. Überall lenken und leiten diese Informationen den Strom des höhergeordneten Lebens, dessen tiefer Sinn sich uns verbirgt, solange wir im stofflichen Betrachten bleiben.

Wenn Meeresbiologen im Jahre 2006 nachgewiesen haben, dass ein Liter Ozeanwasser nicht, wie zuvor vermutet, 3000, sondern über 20 000 verschiedene Mikrobenarten enthält, kann niemand wirklich sagen, was diese miteinander unentwegt tun. Wir wissen auch nicht, ob demnächst jemand 500 000 zählt. Das spielt außerdem nicht wirklich eine Rolle. Mikroorganismen messen sich nicht an ihrer Zahl. Indem sie überall sind und alles können, bilden sie in Wirklichkeit ein riesengroßes gemeinsames Wesen, das alle Lebensreiche durchwogt. Sie lassen sich nicht als Einzelne erfassen, auch wenn es gelingt, Einzelstämme im Labor zu kultivieren und einzelne ihrer Eigenschaften zu verstehen.

Es heißt, dass von den Pflanzen der Erde über 80 Prozent bereits beschrieben wurden. Von Wirbeltieren sind vermutlich 90 Prozent bekannt. Während man schätzt, dass vielleicht 12 Prozent aller Insekten schon einmal von Forschern erkundet wurden, gehen Wissenschaftler selbst bei grundsätzlicher Vorsicht gegenüber solchen Zahlen davon aus, dass, wenn es hochkommt, weniger als 0,5 Prozent der lebenden Einzeller jemals beschrieben wurden. Sie alle einzeln kennenlernen zu wollen, womöglich auch in Reinkultur isoliert, ist also ein Unternehmen der Unmöglichkeit.

Ein Großprojekt des amerikanischen Gesundheitsministeriums, das »Human Microbiom Project«, versucht es trotzdem. Es wurde ins Leben gerufen, um die Gesamtheit aller am Menschen lebenden Mikroorganismen zu erfassen. Wie soll das möglich sein? Bakterien sind keine Flöhe oder Läuse, die als Einzelwesen im Pelz des Homo sapiens hocken. Sie sind eine kurzfristige Anordnung elementarer Lebensprozesse innerhalb einer kleinen weichen und durchlässigen Haut, Membran genannt, die durch fortwährenden Austausch mit der Umgebung unentwegt Form und Funktion wechseln kann – wenn sie nicht gerade Lust hat, längere Zeiträume irgendwo zu überdauern.

Sie sind gleichzeitig ein Gruß aus der Ewigkeit, indem ihr genetisches Gut, wenngleich gelegentlich neu gemischt, seit Urzeiten weitergegeben wird, sich teilend, verdoppelnd, teilend, verdoppelnd … immerzu angepasst an die Gegebenheiten, die es gerade erfordern. Sie entsprechen vielmehr einem Strom, der sich durch alle Lebewelten zieht und dessen Wellen Bugwellen in Wasser gleichen, die stets ihre Form behalten, obschon sie kontinuierlich von wechselnder Materie durchflossen werden.

Hartnäckig, wie wir Menschen sind, haben wir trotzdem versucht, ihnen individuelle Familien-, Gattungs- und Artnamen zu geben, um uns über sie unterhalten zu können. Aus Sicht der Bakterien ist dies ein eher hilfloses Bemühen, ihrer trotz ihrer Flexibilität habhaft zu werden. Nachdem man vergeblich versucht hat, Bakterien an ihrem Äußeren zu unterscheiden, ging man dazu über, sie anhand ihres genetischen Gutes zu identifizieren, genauer gesagt: an ihrer DNA-DNA-Hybridisierung[7]. Doch auch dies ist keine zuverlässige Methode. So sind das harmlose Darmbakterium *Escherichia coli* und die *Shigella dysenteria,* die mit der Ruhr verbunden ist, laut dieser Methode zu 100 Prozent miteinander verwandt, haben aber eindeutig völlig verschiedene Wirkungen. Bakterien lassen sich nicht durch Analyse ihrer Bestandteile, sondern besser in Betrachtung ihrer Zusammenhänge begreifen.

Dr. Hans-Peter Rusch, Arzt, bedeutender Humusforscher und Mitbegründer des Bioland-Verbands für ökologische Landwirtschaft, wies auf den Kreislauf des Lebendigen hin, den die Mikroorganismen beschreiben.

Bakterien aus dem Boden gelangen beim Wachsen der Pflanze über die Erde hinaus. Oberirdisch bestimmen die Bedingungen des Lebensraums, welche von ihnen weitergedeihen, und Umgebungsmikroben kommen dazu. Die bakterielle Pflanzenbesiedelung hängt also von der Zusammensetzung der Bodenmikroorganismen ab. Wird nun eine Pflanze verzehrt, beispielsweise ein Wiesengras von einer Kuh, schluckt diese naturgemäß auch deren Mikroorganismen. In ihrem Leib treffen sie auf die dort bereits ansässigen und gestalten die Gesamtbesiedelung mit. Diese wiederum fließt weiter und findet sich in Milch und Käse, welche, vom Menschen verspeist, sich in seinem Leib niederlassen, zumindest vorübergehend. Einst, als sich das Plumpsklo noch über dem Misthaufen befand, der schließlich wieder auf der Wiese verteilt wurde, schloss sich der Kreislauf, und die Einzeller kehrten mit all ihren Erlebnissen in den Boden zurück. Aus dem Boden in die Pflanze, zum Tier, zu uns und zurück in den Boden, dies ist einer der mikrobiellen Kreisläufe des Lebens, in denen wir stehen.

Indem sie ihn ständig durchströmen, stabilisieren die Bakterien den ökologischen Kreislauf. Sie gleichen die verschiedenen Ebenen eines Lebensraums aneinander an und ermöglichen, dass sich alles optimal entfaltet. Natürlich ist dies die vereinfachte Darstellung eines unglaublich umfassenden Komplexes. Es geht um das Verstehen eines fließenden Prinzips. Dieses Fließen hat nämlich noch eine feinere Dimension, denn nicht nur die Bakterien selbst wandern durch die Welt.

Hans Peter Rusch und Ernst Santo hatten im Jahre 1951 gängige Bakterien unter hohem Druck stark erhitzt, in konzentrierter Salzsäure gebadet oder über der Gasflamme verkohlt und festgestellt, dass dadurch zwar die Einzeller in ihrer Form zerstört wurden, dass aber Partikel übrig blieben, die sie »kleinste lebendige Substanz« nannten. Diese formten sich unter sterilen Bedingungen wieder zu Mikroorganismen. Selbst wenn sie pflanzliche und tierische Zellen bei 1300 Grad Celsius im Ofen verbrannten, blieben diese lebendigen Partikel übrig. Sie waren zum Stoffwechsel fähig und konnten wieder Einzeller werden, wenn man sie unter sterilen Methoden weiterkultivierte. Schließlich fanden sie diese Partikelchen auch im menschlichen Blut, in Eidotter und in steril entnommener Milch der Kokosnuss und schlossen daraus, dass alles Leben von solcher lebendigen Substanz durchdrungen ist, auch dann noch, wenn höhere Ordnungseinheiten wie Bakterien oder kernhaltige Zellen von Pflanzen, Tier oder Mensch zerfallen. Das bedeutet, dass das Leben an sich nicht stirbt. Wie Phönix aus der Asche bewegt es sich durch den Tod höherer Lebewesen hindurch. Jede Pflanze, die Bakterien an ihrer Wurzel aufnimmt, nimmt kleinste Lebenseinheiten auf. Jedes Tier, das eine Pflanze frisst und zerkaut, nimmt diese »kleinste lebendige Substanz« auf. Jeder Mensch nimmt sie mit der Nahrung zu sich, und zwar bis in sein Blut hinein, und jede Ausscheidung und jeder Zelltod setzen sie wieder in die Umgebung frei.

Wie gehen wir mit diesem Kreislauf um? Pflegen und unterstützen wir ihn? Vielleicht ist es unserem analytisch (auf Griechisch »auflösend«) zu denken gewohnten Verstand zu verdanken, dass wir dazu neigen, alles in Stücke zu teilen, so auch unsere Umgebungswelt. Fließende Prozesse mit dem Verstand zusammenzuschauen ist schwierig, es gelingt besser, wenn man es mit der Liebe des Herzens versucht. Offensichtlich weil Herzensliebe streng wissenschaftlich nicht nachweisbar ist, haben wir diese in der letzten Zeit weitgehend aus unserem Umgang mit der Erde verstoßen, mit der Folge, dass wir unseren Planeten ziemlich rabiat behandeln.

Denn wie gehen wir Menschen, die wir doch inmitten dieses

Lebensstroms stehen, mit dem Kreislauf des Lebendigen um? Fördern wir sein gesundes Fließen? Nein. Wir behandeln alle seine Facetten als einzelne Bereiche und teilen die Welt in handliche Portionen auf, unterbrechen seine dynamischen Prozesse damit ungewollt auf schmerzliche Weise. Am Modell eines Ackers lässt sich dies gut erkennen, und nicht umsonst wurden Effektive Mikroorganismen in erster Linie als Bodenhilfsstoff für die Landwirtschaft entwickelt.

Ein moderner Acker wird tief gepflügt. Sein Bodengefüge wird umgebrochen und seine innere Ordnung zerstört, insbesondere die natürliche Schichtung der Mikroorganismen. Er wird mit mineralischen, synthetisch produzierten Düngemitteln versehen, die als Salze nicht nur die chemische Zusammensetzung des Bodens, sondern auch die Zahl und Gemeinschaft der Kleinstlebewesen verändern. Ein gesunder Boden ist in Lagen verwoben, deren jede ihre unverwechselbare Aufgabe und mikrobielle Wohngemeinschaft hat. In der obersten, Sonne, Wind und Wetter ausgesetzten, wohnen Mikroorganismen, die starke Schwankungen des Lebensraums ertragen. Es ist ein relativ dünn besiedelter Raum. Diese Mikroben schützen den Oberboden und bereiten alles, was von oben kommt, für die Vorgänge in den tieferen Schichten vor. Unterhalb findet nämlich die eigentliche Verdauung statt. Ursprünglich wird ein hiesiger Boden in jahreszeitlichen Schwankungen von abgestorbenen Pflanzenteilen, der Bodenstreu, bedeckt, die von Regenwürmern und anderen Kleinstlebewesen zerkleinert und in die Erde hinuntergezogen werden. Dort werden diese Partikel eingelagert, fortwährend von Bakterien weiter aufgeschlossen und dem Boden als kolloidal gebundene Partikel einverwoben (vom lateinischen *colla* für »Leim«). Je mehr Bakterien dabei beteiligt sind, desto besser findet diese Verdauung von groben zu feinsten Partikeln statt, und desto mehr Feinerde entsteht. Man spricht von der mikrobiellen Bodengare. Sie ist umso besser, je üppiger das Bodenleben in einem Boden gedeiht. Da Feinerde Feuchtigkeit bindet und Bakterien Wasser benötigen, fördern sich Feinerde und Bakterien gegenseitig, und die Bodenfruchtbarkeit wird erhöht.

Diese für die Fruchtbarkeit der Erde entscheidende Zurückführung gestorbener höherer Wesen in allerkleinstes molekulares Material durch Mikroben findet in gerade einmal 15 bis 25 Zentimeter Dicke der Erdkruste statt. Das ist ziemlich wenig, wenn man die darunterliegenden 637 100 000 Zentimeter Reichweite bis zur Erdmitte und die darüberliegenden 5 000 000 Zentimeter Raum bis zur Grenze der Stratosphäre bedenkt. Eine handspannendünne Schicht der mikrobiellen Bodengare ist die lebendige Erde, die uns alle ernährt. Ohne Mikroben würde sie zur Wüste.

Man kann diese stoffwechselaktive Schicht erkennen, wenn man einen alten Zaunpfahl aus dem Boden zieht. Sein oberer Teil ist in der Regel solide erhalten, ebenso wie die hölzerne Spitze, die im tieferen Boden steckt. Dazwischen aber verrottet er. Das ist der Bereich, in dem sich die umwandlungsaktiven Mikroben tummeln und an der er eines Tages bricht.

Natürlich gibt es auch in allen darunterliegenden Bodenlagen Kleinstlebewesen und Mikroben, die ihre Arbeit tun. Es ist die sogenannte makromolekulare Gare, der Speicher, in dem lebendige Nährsubstanz, an Humine und Ton gebunden, die Bodenfruchtbarkeit enthält. Auch das noch weiter unterhalb liegende Grundgestein ist selbstverständlich mikrobiell durchsetzt. Doch die für das Wachstum des Lebens zwingend notwendige Schicht ist das zarte schmale Band, das knapp unter der Bodenoberfläche liegt. Es ist das Mikrobenreichste und daher Kostbarste, was unsere Kulturlandschaft beherbergt, um uns Pflanzen, Tiere und Menschen zum Leben zu verhelfen.

In diesen Boden hinein wurzeln Pflanzen, auf innigste Weise mit Mikroorganismen verbunden. Keimt ein Samen, senkt er seine erste Keimwurzel in die Tiefe. Ihre Zellen scheiden Signalbotenstoffe aus, welche passende Einzeller anlocken und zur Vermehrung anregen. Jede Wurzel ist natürlicherweise rasch mit Mikroorganismen vollständig überzogen. Dort bilden sie einen Biofilm mit Polysacchariden, also geleeartigen Zuckerketten, in dem sie fortan die Grenze zwischen Wurzel und Erdreich überbrücken. Diese

Grenze ist ein Fließprozess. Er sorgt dafür, dass aus dem Umgebungsboden durch bakterielle Enzyme Nährstoffe ausgelöst und in die Wurzel sowie hinauf in den Spross befördert werden. Die Pflanze ihrerseits schickt einen Teil der Zucker, die sie in den Blättern mit Hilfe des Sonnenlichts aus Kohlendioxid und Wasser synthetisiert, hinunter in die Wurzeln, um die dortigen Mikroorganismen damit zu ernähren. Von Pilzen, den sogenannten Mykorrhiza, weiß man schon lange, dass sie auch in die Wurzelzellen hineinwachsen, um dort das Wachstum zu unterstützen. Inzwischen wurde nachgewiesen, dass auch Bakterien und Makromoleküle tierischen Ursprungs durch Einstülpungen der Außenhaut von Feinwurzeln aufgenommen werden. Lebende organische Moleküle, auch genetische Informationen, werden direkt in die Pflanzenzellen eingebaut, wo sie Wachstum und die Pflanzengesundheit mitgestalten.

Es ist also notwendig, dass Pflanzen in einem bakterienreichen Boden leben, und es ist bedeutsam, welche Bakterien es sind. Da jede Pflanze ihre Lieblingsbakterienflora hat und diese am besten gedeiht, wenn die Lieblingspflanze tatsächlich wächst, ist die Bakterienvielfalt in einem Boden dort am höchsten, wo die Pflanzenvielfalt am größten ist. Mischkultur ist folglich auch für die Bakterienbesiedlung des Bodens bedeutsam. Bakterienvielfalt und Pflanzenvielfalt fördern sich gegenseitig. Mischkultur und häufige Fruchtfolgen sind wie eine Art Bakteriengymnastik in der Erde: Mal werden die einen Gruppen stärker angeregt, mal andere, von allen Arten sind immer Mikroben da, und bei Bedarf findet jede Pflanze die zu ihr passenden und sich fleißig vermehrenden Symbionten.

Diese Vielfalt an Mikroorganismen wird durch das Düngen mit organischem Material gefördert. Die Zersetzung pflanzlicher oder tierischer Zellen durch Kleinstlebewesen bringt nicht nur einen Reichtum an Nährstoffen mit sich, sondern immer auch einen mikrobiellen Impuls. Dieser kann idealerweise die vorhandene Bakterienflora unterstützen, er kann allerdings auch, wenn er von Zersetzung durch Fäulnismikroben geprägt ist, die Bakterienwelt empfindlich in ihrem Zusammenwirken stören. Es lohnt sich daher, sich Gedanken darüber zu machen, was man einem Boden gibt. Fährt man beispielsweise giftige Klärschlämme auf einen bereits bakterienarmen Ackerboden aus, ist es so, als sagte man ihm: »Friss und stirb!«

Nicht nur für die Pflanzenernährung sind Bakterien im Boden wichtig. Sie halten auch die Erde auf dem Boden fest. »Lebendverbauung« nennt man diese Verklebung kleinster Bodenteilchen, die von Mikroorganismen bewirkt wird. Durch Zuckerketten, die sie ausscheiden, auch dank der Versorgung mit Photosynthese-Zuckern aus der Pflanze, heften sie Bodenpartikel so aneinander, dass Lufträume entstehen, durch die Gasaustausch stattfinden kann. Kleinste Poren bilden sich, die Wasser aufnehmen und abgeben können, wodurch die erwünschte Schwammwirkung eines Bodens entsteht. Er erhält elastische Tragfestigkeit und kann auf äußere Veränderungen flexibel reagieren. Ein Regenschauer macht ihm nichts aus, weil er das Wasser vorübergehend aufnimmt und langsam abgibt. Sturm tangiert ihn nicht, denn die Zuckerketten halten ihn am Grunde fest. Und was für die moderne Landwirtschaft wichtig ist: Er lässt sich auch bei nassem Wetter gut befahren.
Wo es aber an Bakterien im Boden mangelt, weil Monokulturen sie aushungern, Pflügen sie durcheinanderbringt, weil sie wegen Zufuhr von Düngesalzen ihre Arbeit eingestellt haben oder weil ihnen das Futter für ihre Tätigkeit fehlt, da fehlt auch der innere Zusammenhalt des Bodens, und sein Gefüge ist mangelhaft. Kommt dann ein Starkregen, schwemmt er die kostbare Feinerde fort. Nach Unwettern sieht man häufig, wie braune Brühe von Ackerfluren über die benachbarten Straßen in die Gräben fließt. Da fließt das Feinste vom Feinsten des Ackerbodens fort, verschwinden die vorverdauten Leckerbissen der Erde, die eigentlich die angebauten Pflanzen ernähren sollten. Stattdessen rasen sie mit dem Wasser über den Boden und als Hochwasser unverzüglich den nächsten Flüssen zu. Trocknet ein solcher Boden ab, wird er hart und bricht auf. Es gibt nicht genug Kapillaren, die das Grundwasser in die

Höhe zieht. Hitze dringt in entstehende Risse ein und lässt ihn noch tiefer dorren. Das mögen Mikroben nicht. In die harte Erde mühen sich die Pflanzenwurzeln langsam und nur kümmerlich vor, und Haarwurzeln finden zu wenig Anschluss an die Krume. Kommt dann ein Sturm, fegt es die Feinerde wiederum fort, diesmal in die Luft, wo sie vom Winde verweht. Man kann in trockenen Zeiten Traktoren sehen, die beim Bearbeiten der Felder lange Staubfahnen aus aufgewühlter Erde hinter sich herziehen. Bei nasser Witterung lassen sich derartige Böden nicht mehr befahren, denn die dabei zusätzlich entstehenden Verdichtungen sind zu groß.
Solche Böden, die mangels Bakterien keinen Halt mehr in sich haben, sind auf dem traurigen Weg zur Wüste. Berechnungen haben ergeben, dass in Europa jedes Jahr durchschnittlich 17 Tonnen (!) Boden pro Hektar durch Erosion verlorengehen, während insgesamt nur eine Tonne pro Hektar Boden neu gebildet wird. Ein konsequenter Einsatz von Bakterien kann diesen Verlust stoppen.
Ob Hochwasserschutz, ob Feinstaubverminderung, ob Giftbelastung im Boden: Bakterien können uns helfen, diese Probleme zu lösen.

Wächst eine Pflanze in einem bakterienarmen Boden heran, verwundert es nicht, wenn sie schwächelt. Es fehlt ihr an lebendigen Kameraden, an bakteriellen Leckerbissen und an dynamischem Austausch mit dem sie umgebenden Erdreich. Es ist also mühsam für sie. Natürlich wächst sie trotzdem, dank Stickstoff-Phosphor-Kali-Salzen sogar zwangsweise üppig, doch ihr Innenleben bleibt dabei schwach. Das lässt sich unter anderem an ihrem Vitamingehalt ablesen. Je kleiner gedrungen beispielsweise ein Rotkohlkopf gewachsen ist, desto höher ist sein anteiliger Vitamingehalt.
Ein Rotkohlkopf der Handelsklasse 1 mit 2,5 Kilogramm Frischgewicht aus Hochleistungsanbau enthält laut einer Studie von W. Schuphan 49 Milligramm Vitamin C pro 100 Gramm Frischgewicht. Ein Kohlkopf von geringerer Handelsklasse, weil nur von 1,5 Kilogramm Gewicht, bringt 74 Milligramm Vitamin C pro 100 Gramm Frischgewicht mit sich, und in einem Kopf, der auf-

grund seines noch geringen Gewichtes keiner verkaufsfähigen Ware mehr zuzuordnen, sondern Handels»abfall« ist, kann man 96 Milligramm Vitamin C pro 100 Gramm Frischgewicht finden. Es wäre logischerweise für uns gesünder, den Kohlkopf zu essen, den man stattdessen an Schweine verfüttert.

Pflanzen, deren bakterielle Bodenmitarbeiter fehlen, können ihr gesundes Potenzial nicht entfalten. Durch Düngesalze künstlich angetrieben, sind ihre Zellwände dünn, und ihr Wassergehalt ist hoch. Dies bedeutet nicht nur eine fehlende Standfestigkeit während des Wachstums und große Verluste bei der Lagerfähigkeit, es gibt auch ein Signal an die umgebende Natur: »Ich bin schwach, kommt und baut mich besser wieder ab.« In der Natur gibt es das Gesetz der optimalen Arterhaltung. Es kommen diejenigen Pflanzen zur Samenreife, die ihre Art am besten in die Zukunft weitertragen können. Dies sind natürlich die kräftigen und gesunden Pflanzen. Ist eine Pflanze schwächlich, und ihre Samen versprechen keine guten Nachkommenschaft, treten die von mir »Artenschutzbeauftragte« genannten Tiere in Erscheinung und bauen die Pflanze kurzerhand vor dem Erreichen der Samenreife wieder ab. In der daraus entstehenden Erde ist dann Platz für einen neuen Versuch.
Wer sind diese »Artenschutzbeauftragten« der Natur? Es sind der Kartoffelkäfer, die Lauchfliege, der Maiszünsler und wie sie alle heißen, die wir etwas abschätzig »Schädlinge« nennen. Natürlich auch das Lieblingstier aller Gärtner: die Nacktschnecke mit ihren 25 000 Reibezähnchen im Mund, die über Nacht so mal eben eine ganze Reihe kleiner Keimlinge niedermacht. Alle diese Tiere besuchen die Pflanzen nicht ohne Grund, sondern erledigen ihren Job in der Ordnung der Natur. Schnecken riechen bis aus 300 Metern Entfernung, ob etwas nach Fäulnis riecht und daher besser von ihr in frische fruchtbare Erde umzuwandeln ist, die sie mit ihren Ausscheidungen hinterlässt. Wann verströmt eine Pflanze Fäulnisduft? Wenn sie in einem Boden wächst, dessen Bakterienflora von Fäulnismikroben bestimmt ist. Auch ein für Menschenaugen noch so

knackig grün erscheinendes Salatblatt kann in Schneckennasen abbauwürdig sein, wenn die darunterliegende Bodenmikrobiologie im Ungleichgewicht ist. Wir dürfen also diesen vom Homo sapiens irrtümlich »Schädlinge« genannten Wesen für ihre Hinweise auf mangelhafte Bodengesundheit danken.

Was tun wir stattdessen? Wir schütten Gift über die Pflanzen und Tiere aus. Mit Pestiziden vernichten wir unsere Bioindikatoren. Und was geschieht durch das Gift? Die Bakterienbesiedelung ändert sich noch weiterhin. Harmlose Pflanzenbakterien schwinden oder verändern sich und machen anderen Platz, die nun anfangen, die Giftstoffe zu verdauen, um sie zu neutralisieren. Keine Frage, dass diese Bakterien weder der Pflanze noch dem, der diese verspeisen will, förderlich sind.

Ein Bauer, der in seinem Feld Kartoffelkäfer findet, möchte gerne Kartoffeln ernten. Er wird gewöhnlich nicht darüber nachdenken, wie er die Bakterien im Boden belebt, sondern für den Tod der Kartoffelkäfer sorgen. Das ist ein nachvollziehbarer Weg. Doch die Kartoffeln, die er schließlich erntet, bleiben aus Sicht der Natur von unzulänglicher Qualität. Wenn wir solche Kartoffeln essen, geben sie uns ihre Schwachheit mit. Wir Menschen können niemals gesünder sein als der Boden, in dem unsere Nahrung wächst. Da alle echten Lebensmittel letztendlich aus den Pflanzen entstehen, die im Boden wachsen, wird unsere eigene Gesundheit aus der Bakterienbesiedelung des Bodens geboren.

Wenn eine Kuh, ein Schaf, eine Ziege, ein Huhn oder eine Sau Futter erhalten, das aus bakteriell bedürftigem Boden stammt, können auch sie schwächeln und erkranken. Sie nehmen dann entweder zu wenige oder unpassende Bakterien in ihre Verdauungsorgane auf. Eine disharmonische Bakterienflora im Bauch der Tiere schwächt ihr Immunsystem. Klauen- und Euterentzündungen, Unfruchtbarkeit, übermäßige Gasproduktion und stinkende Exkremente sind die Folge.

Wie wird dann eine Kuh mit Euterentzündung behandelt? Oft genug mit einem Antibiotikum, das die ohnehin gestörte Bakterienflora noch mehr durcheinanderbringt. Gelangt dieser veränderte

Bakterienstrom durch Mist und Gülle wieder auf landwirtschaftliche Flächen hinaus, hat sich der ungesunde Kreislauf vollendet.
In allen Teilen durchbrochen, auf allen Ebenen manipuliert, ist der Kreislauf des Lebens nicht mehr imstande, Leben zu fördern, sondern hemmt und schwächt es. Überall vergrößern sich seine Einseitigkeiten, und obendrein kosten all die Eingriffe unendlich viel Zeit, Energie und Geld.

Wenn wir anfangen, die mit dem Strom des Lebens fließenden Bakterien zu hegen und zu pflegen, nehmen sie uns viel Arbeit ab und helfen uns, jede Menge Aufwand zu sparen. Getrenntes verbindet sich, und Heilung tritt ein. Sie wiederum gibt uns Kraft und Freude.

Der Einsatz der Effektiven Mikroorganismen findet vor dem Hintergrund der biologischen Kreisläufe statt. Es ist, als stoße man mit ihnen den Fluss des Kreislaufs wieder an. Sie geben einen Impuls in das vorhandene Milieu, das sehr verschieden sein kann. Auch wenn Garten und Landwirtschaft die ersten Einsatzgebiete waren, lassen sich EM in allen Lebensbereichen anwenden.

Wir sind bisher geneigt, Boden, Pflanze, Tier und Mensch getrennt zu denken und getrennt zu behandeln. Das ist nicht nötig, denn auch zum Beispiel ein Haushalt ist letztendlich ein kleiner Kreislauf in sich und eine Phase in einem Kreislauf, der größer ist als er selbst.

Nur weil wir es gewohnt sind, alles zu trennen, finden wir eine Komik in Aussagen wie »Mit Effektiven Mikroorganismen kann man Fenster putzen, Tomaten gießen, Pudelhaare waschen und Ölflecken entfernen«, »Der Teich verliert seine Algen, Gartenerträge steigen, und sie helfen auch, wenn der Mantel nach Nikotin stinkt« ... Erzählt das jemand seinem Nachbarn, nachdem er von einem Seminar über EM nach Hause gekommen ist, bekommt dieser womöglich Lust, nach dem Promillespiegel der Dozentin zu fragen. Was sollen denn Tomaten, Fenster, Gartenteich und Mantel gemeinsam haben? Es sind die Bakterien. Sie sind der gemeinsame Nenner in unserer Welt.

In Wirklichkeit gibt es ja nicht einen Kreislauf des Lebendigen, es gibt ein ganzes Kreislaufkarussell. Alle Elemente wandern unentwegt durch Lebendiges hindurch, alles ist von Austausch und schwingenden Rhythmen durchdrungen. Wenn schon das Wasser, das durch meine Wasserleitung fließt, womöglich neulich noch im Amazonas schwamm, und das, was hier durch die Toilettenschüssel rinnt, demnächst in Schanghai als Suppe kocht, dann kreisen auch Mikroben ohne Grenzen um die Welt. Und überall, wo wir Lebenskreisläufe stören, wo wir die Mikroben vernachlässigen oder ignorieren, da bekommen wir prompt ein Problem.

Ein Kreislauf ist harmonisch, wo Empfangen und Weitergeben im Gleichgewicht fließen. Aus jedem Festhaltenwollen entsteht hingegen ein Ungleichgewicht. Das können wir sogar bis in unser privates Dasein hinein erleben. Dann entsteht in einem Bereich ein Mangel, im anderen ein Übermaß, und beide machen nicht glücklich. Es scheint, als sei unsere Welt immer mehr aus der Zentrierung im Wesentlichen fortgerissen worden, aus dem, was der Kern für Kreisläufe ist wie für das Rad die Nabe. Unsere Gesellschaft verliert sich in Extreme. Immer mehr Wegwerfüberfluss, immer mehr Armut. Immer mehr Fettleibigkeit, immer mehr Magersucht. Immer mehr Showbusiness, immer mehr Depressionen. Wohin man auch schaut, blickt man in Ungleichgewichte, und es scheint, als seien die größten Probleme der Menschheit diesen Störungen von Kreisläufen geschuldet.

Effektive Mikroorganismen können helfen, Blockaden von Kreisläufen zu lösen. Wo sie eingesetzt werden, kommt der Strom des Lebens wieder in Fluss, und zwar überall. Im Extremfall haben EM sogar Eheleben wieder in Bewegung gebracht. Ein älteres Ehepaar pflegte, obschon zusammenlebend, nur noch einen äußerst distanzierten Umgang. Man sprach nicht mehr miteinander und verschanzte sich bei den Mahlzeiten hinter der Zeitung. Naturgemäß wurden beide mit der Zeit krank. Die Frau plagten massive Verdauungsstörungen und eine durch schier gar nichts mehr in Bewegung zu bringende Verstopfung. Durch eine Bekannte war sie auf EM aufmerksam geworden und nahm zu den Mahlzeiten davon regelmäßig ein paar Tropfen ein. Mit der Zeit ließ die Verstopfung nach. Die Frau fühlte sich besser und wurde wieder heiterer, so dass ihr Gatte eines Morgens die Zeitung mit der abrupten Frage fallen ließ: »Wieso geht es dir eigentlich so gut?« – »Wegen EM«, war die knappgehaltene Antwort. Und schon verschwanden beide wieder hinter ihrer Zeitung. Als kluge Frau ließ die Dame unauffällig Informationen über EM in der Wohnung herumliegen, auch das EM-Fläschchen war jederzeit zugänglich, und genauso unauffällig begann ihr Mann, sich schließlich auch davon zu bedienen. Bald ging es ihm ebenfalls besser, und nach einigen Wochen, als die Dame bei ihrem EM-Händler anrief, um Nachschub zu bestellen, erzählte sie ihm freudig: »Stellen Sie sich vor, mein Mann hat auch EM eingenommen, wir reden wieder miteinander und sind schon wieder gemeinsam spazieren gegangen …«

Wenn man weiß, dass Mikroorganismen, wie das nächste Kapitel zeigen wird, wahre Kommunikationsmeister sind, verwundert es nicht, dass sie uns Menschen helfen, wieder miteinander ins Gespräch zu kommen. Das zeigt sich nicht nur bei Einzelpersonen. Auf der ganzen Welt kommen Menschen miteinander in Kontakt, weil sie EM anwenden. Ohne organisierte Bindung finden sie sich zusammen, um sich über Erfahrungen mit EM auszutauschen, gründen offene Stammtische, führen Projekte durch und setzen sich gemeinsam für Menschen ein, die in Notsituationen EM besonders brauchen, wie nach den Hochwassern an Elbe und Oder, nach dem Tsunami in Thailand oder nach den Erdbeben in Haiti. Das Miteinander der Mikroben zu fördern bringt offenbar den Impuls mit sich, das Miteinander unter uns Menschen zu stärken. Damit schenkt uns der Frieden mit der Welt im Kleinsten auch Frieden in der großen Welt.

Manche Menschen sagen, Effektive Mikroorganismen seien ein Wundermittel. Das ist nett gemeint, trifft aber nicht den Punkt. Das Wunder ist unsere unermesslich weise und gütige Natur. EM zeigen uns auf, was alles Wunderbares geschehen kann, wenn wir unser von der Wahrheit der Natur abgewichenes Denken aufgeben und uns ihrer schöpferischen Weisheit wieder öffnen.

5 Wie Mikroorganismen miteinander »reden«

Das Wort »Kommunikation« ist wie gesagt aus dem Lateinischen abgeleitet und stammt vom Verb *communicare* für »mitteilen, teilen« ab, was wiederum von *communis* (»gemeinschaftlich, gemeinsam«) kommt. Miteinander zu kommunizieren ist demnach ein Prozess, bei dem aus Getrenntem Gemeinsames wird. Davon, wie schwer das ist, weiß jeder Mensch aus seinen Beziehungen ein Lied zu singen, jede Firma und jeder Freizeitverein. Wenn etwas scheitert, dann oft aufgrund mangelnder Kommunikation.

Über Gemeinschaftlichkeit können wir etwas von den Mikroben lernen. Mikroorganismen sind Kommunikationsweltmeister, ja sie sind quasi der Inbegriff von Kommunikation. Nichts macht eine Mikrobe allein, keine Informationen behält sie für sich, an allem lässt sie ihre Umgebung teilhaben. Einzeller leben Offenheit und Klarheit in einer selbstlosen Welt. Einige ihrer Sprachen haben Forscher bereits übersetzt. Da gibt es beispielsweise chemische Signalmoleküle, mittels deren Mikroben sich unterhalten. »Quorum Sensing« nennt man die Fähigkeit einer Bakteriengemeinschaft, gleichzeitig auf Signalsubstanzen zu reagieren, die von jeder Einzelzelle abgegeben werden. Man hat dies zuerst bei Kolonien des Bakteriums *Vibrio fischeri* entdeckt, die gemeinsam zu leuchten beginnen, wenn die Konzentration eines bestimmten Proteins in ihrem Milieu hoch genug ist.

Jede Bakterie gibt kleine Botenstoffe ab, deren Konzentration in ihrer Umgebung also steigt, je mehr Bakterien dort sind. Diese Botenstoffe sind hormonähnliche Moleküle, die man fachsprachlich »Autoinducer« nennt (von dem griechischen *autós* für »selbst« und dem lateinischen *inducere,* was »hineinführen« heißt). Gleichzeitig nimmt jede Bakterie die Dichte dieser Botenstoffe in ihrem Umfeld wahr. Biophysiker der Universität Göttingen um Marc Baldus haben an einzelnen Bakterien bereits über hundert Sensoren zur Wahrnehmung von verschiedenen Außenreizen gefunden.

Es handelt sich zum Teil um große Eiweißmoleküle, die über die Oberfläche der Zellmembran hinausragen. Berührt ein passendes Substrat dieses Molekül, verändert sich zum Zellinneren hin seine Struktur und löst dort eine Reaktion aus. Die Bakterie kann gleichzeitig die Situation außen und die Vorgänge im eigenen Inneren wahrnehmen. Wird das Substrat nun in die Bakterienzelle aufgenommen, erfolgt dies über ein Transportsystem, das mit dem Sensor verbunden ist. Es meldet ihm quasi den Eingang des Substrats und steuert dessen Funktion. Substrat, Sensor und Transportsystem sind also innig miteinander verknüpft. Ist eine bestimmte Dichte des Botenstoffs in der Umgebung erreicht, bedeutet dies beispielsweise für die Bakterien: Jetzt sind wir in ausreichender Zahl vorhanden, also stellen wir unsere Verdoppelung vorübergehend ein. Eine stabile Besiedelungsdichte ist die Folge.

Wird in einem Lebensraum, zum Beispiel durch bakterientötende Mittel, die Dichte der Bakterienpopulation gesenkt, merken dies die Verbleibenden über die gesunkene Konzentration der Signalbotenstoffe, vielleicht sogar durch weitere Moleküle, die von sterbenden Mikroben ausgehen. Sie geben dann vermehrt Botenstoffe ab, die zur Vermehrung auffordern nach dem Motto »Die gesunde Besiedelungsdichte ist nicht mehr gewährleistet, verdoppeln wir uns zügig, um das Defizit wieder zu decken«, und die Mikrobenvermehrung nimmt zu. Das stellt natürlich das Gegenteil dessen dar, was ein bakterientötender Mensch beabsichtigt. Wenn dann durch gesteigertes Wachstum die gewünschte Dichte der Bakterienbesiedelung wieder erreicht ist, für alle ablesbar an der wieder gestiegenen Konzentration von Botenmolekülen, die in der Umgebung flottieren, wird die Vermehrungsrate reduziert und auf die Erhaltungsquote eingestellt.

Nicht nur die Vermehrung der Mikroben wird durch Botenstoffe geregelt. Auch der Übergang von Aktivität in eine Ruhephase als Spore, das Am-Ort-Bleiben oder Ausschwärmen, die Synthese von Enzymen, die Neigung, an Zellen anzuhaften, das Übertragen von Genen und vieles mehr werden durch Signalmoleküle vermittelt. Auch die Abgabe von Substanzen, welche die mikrobiellen Nachbarn auf Abstand halten, wird über chemische Botenstoffe kommuniziert. Solche Substanzen haben Forscher frühzeitig in der wissenschaftlichen Mikrobiologie entdeckt und »Antibiotika« genannt, weil sie die Verständigung der Einzeller untereinander irrtümlich als Kampf gegeneinander interpretierten und davon ausgingen, dass diese Antibiotika dazu dienten, andere Mikroorganismen als Konkurrenten zu töten. Dabei übersahen sie, dass Mikroorganismen nicht wie wir als Einzelwesen und eigensinnig handeln, sondern als Gemeinschaft stets zum Wohle einer sinnvollen höheren Ordnung wirken – auch wenn diese menschliches Verstehen übersteigt. Zuerst ist der Lebensraum, aus ihm ergibt sich die Besiedelung mit Mikroben. Wo immer Mikroorganismen wachsen, erfordern die Umstände genau sie. Natürliche mikrobielle »Antibiotika« haben eine völlig verzerrte Bezeichnung und müssten aus Sicht der Stoffwechselwelt »Probiotika« heißen, da sie in Wirklichkeit das Beste an mikrobieller Besiedelung in einem gegebenen Biotop bewirken.

Wie selbstlos Bakterien miteinander umgehen, haben kürzlich Forscher der Universitäten Boston und Harvard um James Collin entdeckt. Sie beobachteten, dass unter Stress Bakterien, die widerstandsfähiger sind als andere, schwächeren Bakterien mit Substanzen zu Hilfe eilen, die diesen fehlen, selbst wenn dies auf Kosten ihres eigenen Energiehaushalts geht. Im konkreten Fall ging es um Indol, ein Grundmolekül für Farbstoffe, Hormone und Alkaloide, das auch in der Aminosäure Tryptophan enthalten ist. Bakterien bilden Indol unter Stress aus, um sich vor dessen Ursache zu schützen. Traktierte man Bakterien mit einem Antibiotikum, stellte sich heraus, dass diejenigen, die davon nicht so stark beeinträchtigt waren, vermehrt Indol produzierten, und zwar für ihre empfindlicheren Nachbarn mit, die dies für sich selbst nicht mehr schafften. Der Indolschutz der starken half den schwachen Bakterienstämmen, so dass alle überlebten und sich weiter vermehren konnten. Faktisch bedeutet dies, dass Bakterien sich untereinander helfen, um ihre gesunde Mischkultur zu erhalten. Es ist, als wüssten sie genau,

dass die ganze Gemeinschaft wichtig ist und keiner etwas davon hat, wenn nur die Starken überleben.
Indol kommt übrigens natürlicherweise in Blüten vor, zum Beispiel in denen von Jasmin, Goldlack, Robinie und Aronstab. Weil es gut duftet, wird es auch Parfums zugesetzt. Das Hormon Melatonin, der Neurotransmittler Serotonin, das Gift Strychnin und die Droge LSD sowie die alten Farben Indigo und Purpur enthalten Indol. All dies kann daher mit Bakterien, auch des Menschen, interagieren.

Bakterien kommunizieren mit Signalstoffen gleichzeitig auf mehreren Ebenen. Zum einen gibt es Stoffe zur Verständigung innerhalb einer Art. Zum anderen solche, mit denen Bakterien verschiedener Arten sich »unterhalten«. Das ermöglicht ihnen, gemeinsam auf Veränderungen der Umgebung zu reagieren. Temperaturschwankungen oder veränderte Nährstoffzusammensetzung, wechselnder Wasser- oder Sauerstoffgehalt oder pH-Wert-Wechsel, alles, was einem Wandel unterworfen ist, kann vom Kollektiv empfunden und in sinnvolle Änderungen umgesetzt werden. Damit agiert eine Bakterienpopulation stets ähnlich wie ein Orchester als ein aus synchronisierten Einzellern bestehendes Gemeinschaftsorgan. Dieses nennt man jeweils das »Mikrobiom«.
Wenn wir von den Bakterien beispielsweise eines Meerschweinchens, einer Tulpe oder eines Menschen sprechen, sind diese nicht etwa bloß eine Ansammlung von Einzellern, irgendwie verteilt über deren Körper. Es handelt sich vielmehr um eine Großpopulation, um ein im und um das gesamte Wesen herum verteiltes Mikrobenvolk, das als Ganzes reagiert, auch bei Reizen auf einzelne seiner Bereiche. Wo immer in die Bakterienzusammensetzung eines Biotops eingegriffen wird – fördernd oder schwächend –, bekommt es die gesamte Bakterienpopulation des jeweiligen Milieus mit.
Natürlich beschränkt sich diese Molekülsprache nicht darauf, was sich Mikroben untereinander zu sagen haben, sie teilen sich auch höhergeordneten Wesen mit. Im Wurzelbereich von Weizen und

Tomaten hat man bei allein 10 Prozent aller dort gefundenen Bakterien die Signalmoleküle AHL (N-Acyl-Homoserin-Lactone) entdeckt, mit denen Mikroben sich untereinander sowie mit den Pflanzen über ihr Tun verständigen. Bakterien der Gattung *Burkholderie* hat man dabei beobachtet, dass sie Nematoden[8], welche die Pflanzenwurzeln stören, dadurch reduzieren, dass sie sich in deren Darm vermehren. Dabei bedienen sie sich des gleichen Kommunikationssystems, das sie mit der Pflanze pflegen, wie eine Forschergruppe der Universität Zürich zeigen konnte.

Wer bei Wein und Käsehäppchen gemütlich mit Freunden zusammensitzt, ahnt nicht, dass die Furanone, die als Aromastoffe darin vorkommen, zu bakteriellen Autoinducern zählen und somit auch Bakterien am Gespräch beteiligt sind. Bier und Pampelmusen, Erdbeeren und Sojanahrung enthalten sie. Selbst Ascorbinsäure gehört zu diesen Furanonen, und wer weiß, ob nicht die medizinische Wirkung des Vitamin C zum Teil dieser Unterhaltung mit mikrobiellen Mitbewohnern zu verdanken ist.

Im Übrigen wissen wir von Umfang und Vielfalt der bakteriellen Botenmoleküle bislang so wenig, dass sehr wahrscheinlich noch ganz andere Moleküle unserer Nahrung mit Mikroorganismen in uns kommunizieren. Dass künstlich hergestellte, chemische Stoffe dies auch tun, ist naheliegend. Ob sie einer fließenden Kommunikation förderlich sind, sei allerdings dahingestellt.

Auch Körperzellen, die mit Bakterien in Kontakt kommen, kommunizieren mit diesen. Man weiß, dass Schleimhautzellen der Atmungs- und der Verdauungsorgane Notiz von den »Gesprächen« ihrer mikrobiellen Kameraden nehmen und darauf reagieren. Sie richten ihren eigenen Stoffwechsel danach aus, so dass bei guter Verständigung ein gesundes Miteinander von Schleimhautzellen und Bakterienflora zum Wohle des gesamten Organismus gewährleistet ist. Körperzellen können dabei offenbar mitbestimmen, welche Mitbewohner wünschenswert und welche ihnen unsympathisch sind, und Letztere über die Aktivierung einer Entzündungsreaktion einfach wieder entsorgen. Beliebte Bewohner werden von Körperzellen geradezu gezüchtet, indem bestimmte Botenstoffe

deren Wachstum gezielt fördern. Neurotransmitter und Hormone, darunter das Insulin, gehören zu diesen selektiv ein Bakterienwachstum fördernden Faktoren.
Wie bedeutend der Einfluss von Bakterien auf höhere Wesen ist, lassen Forschungsergebnisse von Dorothy Matthews und Susan Jenks von den Sage Colleges in den USA ahnen: Sie stellten fest, dass die Aufnahme des *Mycobacterium vaccae* in den Körper zu einer besseren Lern- und Erinnerungsfähigkeit führt.
Dass Mäuse bei Kontakt mit diesem Bakterium weniger ängstlich waren als ihre Artgenossen, hatte man in früheren Versuchen bereits konstatiert, und man hatte beobachtet, dass der Serotoninspiegel bei diesen Mäusen gestiegen war. Da Serotonin im Körper noch weitere Aufgaben erfüllt, wollten die Forscherinnen diesen Zusammenhängen auch auf die Spur kommen. Es gelang ihnen, nachzuweisen, dass von Mäusen, die sie durch ein Labyrinth schickten, nach drei Wochen diejenigen doppelt so schnell wieder herausfanden, die mit den Mycobakterien gefüttert worden waren. Dieser Erfolg hielt auch noch eine Weile nach Ende der Bakterienfütterung an. Schluss also mit Pillenschlucken für Konzentration und Lernfähigkeit, war das Fazit der beiden Frauen. Hinaus in die Natur zum Lernen, denn *Mycobacterium vaccae* kommt natürlicherweise im Erdboden vor und kann im Freien aufgenommen werden, sogar mit der Atemluft. Naturerlebnispädagogen werden sich über diese von unerwarteter Seite kommende Bestätigung ihrer Arbeit freuen können. Dass beispielsweise Waldkindergärten ein Erfolgskonzept sind und Kinder dort weniger ängstlich aufwachsen, ruhiger sind und sich auch später in der Schule besser konzentrieren können als andere, ist schon lange bekannt.

Interessant wäre nun eigentlich die Frage, ob es überhaupt Stoffe gibt, auf die Bakterien nicht reagieren und über die Ein- und Mehrzeller nicht kommunizieren können. Dass es sich auch um flüchtige chemische Verbindungen handeln kann, wies neuerdings Marco Kai an der Universität Rostock nach. Unter »flüchtig« versteht man niedermolekulare Stoffe, die unter 300 Dalton[9] groß sind. Er stellte fest, dass Bakterien und Pflanzenwurzeln sich mittels solcher Düfte unterhalten. Diese Aromen wirken in extrem kleinen Mengen und über größere Entfernungen, ermöglichen also einen weiträumigen Kontakt. Dass Geruch zu Aktivitäten führt, verwundert nicht wirklich, denn schließlich sind auch wir Menschen, entsprechende Übung vorausgesetzt, imstande, Tausende verschiedener Düfte zu unterscheiden. Sowohl unsere Sympathie als auch unsere Orientierung gehen durchaus »der Nase nach«.

Es ist geplant, diese Duftverständigung zwischen Mikroben und Pflanzen weiter zu erforschen, und man könnte nun denken, dies eröffne uns Menschen Wege, Bakterien besser zu verstehen und mit ihnen zusammenzuarbeiten. Leider nicht. Traurigerweise ist die Motivation auch dieses jungen Forschers die mögliche Entwicklung neuer »flüchtiger Antibiotika«, um Bakterien besser töten zu können.

Überhaupt scheint ein Großteil der Erforschung mikrobieller Verständigungsweisen ausschließlich darauf angelegt, diese anschließend so gut wie möglich zu stören. »Das ist wie bei der modernen Kriegsführung, wo man ja zunächst die Kommunikationswege des Gegners zerstört«, brachte Leo Eberl als Leiter der Arbeitsgruppe »Bakterielle Zell-zu-Zell-Kommunikation« der TU München das Forschungsziel seines Teams auf den Punkt.

Bakterien wären nicht das, was sie sind, würden sie ihre Kommunikationsweisen auf chemische Wege beschränken. Natürlich ist die Vielfalt ihrer Fähigkeiten größer. Auch Lichtquanten, elektromagnetische Felder und andere Ausdrucksformen dienen ihnen zur Verständigung. Wer weiß, womit sie in der Zukunft noch unsere Forscher überraschen? Womöglich muss unser Wissenshorizont sich erst noch weiten. Schließlich findet man meistens nur, was man selbst schon kennt.

Nachdem man entdeckt hat, dass Bakterien nach Bedarf einzelne Elektronen per Nanoröhrchen zum Nachbarn schicken, gegebenenfalls zum Weitersenden an den nächsten, weiß man, dass Mikroorganismen schon elektrischen Ladungstransport praktiziert haben, längst bevor die Entdeckung des elektrischen Stroms die Menschheit elektrisierte.

Bakterien praktizieren auch schon lange ein internationales Netz. Dessen bekanntester Datenaustausch ist das als Einzelmitteilung oder Sammelinfo verfasste Verschicken genetischer Einheiten. Über genetische Botschaften können sich Bakterien kurzfristig irgendwo versammeln, können eine andere Haltung gegenüber einer Situation einnehmen, gemeinsam Aktivitäten entfalten, diese kurzfristig den Gegebenheiten anpassen und sich mit anderen Aktivisten vernetzen und koordinieren. Was wir Menschen als Netzwerkerrungenschaft feiern, für Flash-Mobs, für Rettungs- und Protestaktionen, für Bürgerbegehren und für Hilferufe, ist nicht wirklich neu. Bakterien leben es bereits seit Planetengedenken und haben uns eines voraus: Sie sind imstande, diese Informationen jederzeit wieder zu löschen.

Die genetischen Elemente bei Bakterien Erbgut zu nennen trifft nur partiell die Wahrheit. Einen Teil ihrer genetischen Substanz haben sie zwar von ihren Vorfahren übernommen. Anders als bei höheren, sich geschlechtlich fortpflanzenden Wesen sind sie aber Teil eines wandelbaren großen Pools von Genen, in dem neu errungene Eigenschaften genetisch ausgedrückt und an alle anderen weitergeben werden können.

Während ein Mensch sein zelluläres Körpererbgut seinen Kindern vererben, nach heutigem Stand unseres Wissens jedoch nicht mit seinen Freunden und Nachbarn teilen kann, kennen Mikroorganismen neben dem vertikal genannten auch den sogenannten horizontalen Gentransfer. Sie können nach Gutdünken ihre Informationen vom einen zum Nächsten geben. Eine Rolle spielt dabei die Möglichkeit, Informationen auf verschiedene genetische Elemente zu verteilen.

Üblicherweise ist das Bakteriengenom, sozusagen die Grundausstattung an Genen, ein zum Knäuel gewickeltes ringförmiges Chromosom, das in einem bestimmten Teil der Bakterienzelle liegt. Auf ihm sind alle dauernd bedeutsamen Eigenschaften und Fähigkeiten gespeichert. Hier werden die gängigen Eiweißstrukturen abgelesen,

für die Vermehrung, den Stoffwechsel, für die Kommunikation, für alles, was ein Bakterium üblicherweise so tut. Dieses Bakterienchromosom wird auch »Nucleoid« oder »Genophor« genannt. Doch das ist nicht alles. Neben dieser Hauptgeninformation liegen noch kleinere Einheiten, sogenannte Plasmide, vor, die jeweils bis zu ein Prozent des Umfangs eines Nucleoids umfassen können. Diese Plasmide sind quasi eine genetische Bakterienfeuerwehr. Es sind ringförmig geschlossene DNA-Doppelstränge, jedenfalls meistens. Wie immer bei Mikroben können auch hier verschiedene Typen vorkommen. Man hat Bakterien mit mehr als einem Chromosom gefunden, und Plasmide der Archaea sind linear.
Auf diesen Plasmiden sind Informationen gespeichert, die im gewöhnlichen Alltag der Bakterie nicht zwingend erforderlich sind. Die Fähigkeit, Toxine zu bilden, gehört dazu, das Potenzial, Härchen auf der Außenhaut zu formen, mit bestimmten Strukturen von Mehrzellern zu interagieren oder alternative Stoffwechselwege zu beschreiten. Auch eine andere äußere Erscheinung kann auf einem Plasmid gespeichert sein. Bei *Pseudomonas*-Bakterien hat man auf Plasmiden die Fähigkeit gefunden, seltene organische Verbindungen abzubauen wie Kampfer und Naphthalin[10]. Da Kampfer und Naphthalin sowohl in Medizin als auch in Desinfektionsmitteln vorkommen, haben sie diesen Abbau vielleicht in einem Krankenhaus gelernt.
Das Besondere an diesen Plasmiden ist nämlich: Sie können innerhalb einer Bakterienzelle nicht nur bei Bedarf beliebig aktiviert werden, die Bakterie kann sie auch unabhängig von ihrem Hauptchromosom in beliebiger Zahl multiplizieren, um sie in fröhlicher Großzügigkeit freigebig an alle umgebenden Mitbewohner zu verteilen. Kaum hat also eine clevere Mikrobe etwas Neues entdeckt, was ihr nützlich und für ihre Mitbrüder und -schwestern als praktisch erscheint, kodiert sie diese Errungenschaft als genetische Botschaft auf einem Plasmid und stellt sie ihren Nachbarn als Kopie davon zur Verfügung. Die Plasmide müssen dabei gar nicht immer in einer Zelle sein, sondern können einfach in die Umgebung ausgeschieden werden, wo andere Zellen sich bei Kontakt

damit nach Bedarf bedienen. Alles, was auf einem mikrobiellen Plasmid kodiert ist, steht somit grenzenlos allen Ebenen des Lebendigen zur Verfügung. Das zu wissen ist wichtig, da Plasmide Teil der Gentechnologie sind, mit der von uns Menschen künstlich hergestellte Informationen in die Natur gesetzt werden. Sie können sich genauso grenzenlos verbreiten.

Häufiger als eine Abgabe in die Umgebung erfolgt die Übertragung allerdings durch den Vorgang der sogenannten Konjugation, der direkt auf dem Plasmid mitgespeichert sein kann: Bei manchen Bakterien wird dafür ein sogenannter »Sex-Pilus« ausgefahren, ein Eiweißröhrchen, das in der Empfängerbakterie eine Membranpore zum Öffnen bringt, so dass das Plasmid hinüberschlüpfen kann. Bei anderen Bakterien schickt die Empfängerzelle »Sex-Pheromone«, also feinste Eiweißmoleküle, in Richtung Geberzelle, die diese dazu bewegt, sogenannte »Adhäsine« zu bilden, eine Art Zellkleber, mit dem beide Zellen für den Moment des Plasmidaustauschs, der ebenfalls durch eine Pore erfolgt, aneinanderhaften können.

In den Empfängerzellen können Plasmide nun alles Mögliche anstellen. Sie können diejenigen Veränderungen auslösen, die auf ihnen gespeichert sind, sie können das Chromosom anregen, bestimmte Stoffwechselschritte zu aktivieren, können selbst multipliziert und weitergegeben und sogar in das Chromosom des Bakteriums aufgenommen werden. Auch hier gilt: Alles ist möglich. Wir kennen sicherlich erst wenig von diesem unbegrenzten Austausch. Da von Bakterien auch ganze Chromosomen oder deren Stücke als nackte DNA aus der Umgebung aufgenommen werden können und da Bakterienchromosomen und Plasmide auch von kernhaltigen Zellen, also von Pflanze, Tier und Mensch, in ihr Erbgut aufgenommen werden, die sie weitervererben können, da obendrein noch Viren, die ebenfalls DNA transportieren, in diesem Informationsaustausch mitmischen, findet unentwegt und unbegrenzt ein ständiger Strom an genetischem Austausch durch alle Lebewesen hindurch statt.

Es ist ein Wesenszug höher organisierten Lebens, »eigen« zu sein.

Einerseits. Andererseits lässt sich jedoch unsere persönliche Erbinformation von der genetischen Information der Bakterien gar nicht trennen. Auch in unseren menschlichen Chromosomen bildet ein Teil der Gene Bakterien»erb«gut ab, das wir im Lauf der Zeit aufgenommen haben. Vielleicht mischen wir uns dauernd mit ihnen, ohne dass wir das bislang bemerkt haben. Neuerdings hat man jedenfalls festgestellt, dass menschliche Atemluft beim Ausatmen Bestandteile der persönlichen DNA enthält. Da wir alle die gleiche Luft ein- und ausatmen, je mehr, umso näher wir uns sind, könnte es durchaus sein, dass wir Menschen doch wie die Bakterien untereinander auf diese Weise unentwegt Informationen austauschen.

Bekannt geworden ist die Bedeutung der Plasmide in zweierlei trauriger Hinsicht: als Möglichkeit, Bakterien zu manipulieren, und als Träger sogenannter bakterieller Resistenzen. In beiden Fällen greift der Mensch auf gravierende Weise in das natürliche Leben der Bakterien ein.

Von Resistenzen spricht man, wenn eine Substanz, von der man erwartet, dass sie in einer bestimmten Konzentration das Leben von Bakterien hemmt oder auslöscht, dies nicht mehr vermag. In der Regel bemerkt man dies dort, wo man zielgerichtet Mikroorganismen tötet, also im Kulturpflanzenanbau, im Haushalt und in der Medizin.

Eigentlich ist es ziemlich einfach, die Entstehung von Resistenzen zu verstehen, denn es ist ein logischer Prozess. Bakterien sehen ihre Lebensaufgabe in der flächendeckenden und durchdringenden Belebung des Planeten Erde. Dies haben sie schon seit Milliarden von Jahren getan, dies tun sie genauso auch heute. Es ist ihr Schöpfungsauftrag, ihr Daseinsinhalt und ihr tieferer Sinn. Aus einem begrenzten Blick heraus haben wir Menschen eines Tages beschlossen, Bakterien selektiv zu töten, zum Beispiel aus Angst vor Krankheit. Der illusorische Gedanke und große Irrtum war die Annahme, sterile Bedingungen seien erstrebenswert und böse Bakterien bedrohten uns.

Natürlich verstehen Bakterien dieses Ansinnen nicht und leiten alles in die Wege, um an ihrem vorgesehenen Ort diese Veränderung zu überstehen. Von der menschlichen Bewertung in »gut« und »schädlich« ahnen und halten sie sicherlich auch nichts. Sie versuchen, sich getreu ihrer eigenen Wandlungsfähigkeit den Umständen anzupassen und zum Überleben trotz Mordsubstanzen zu modifizieren. Ist ihnen dies gelungen, und sie konnten eine Überlebensstrategie entwickeln, ist es ihnen selbstverständlich, dass sie diese auch an alle Leidensgenossen übermitteln. Plasmide helfen ihnen, dies schnell, umfassend und weitreichend zu tun. Mit einer bewundernswerten Tapferkeit und Geduld tricksen sie dadurch auf Dauer alle Erfindungen antibiotischer Ambitionen aus. Sie meinen es dabei gar nicht so. Sie tun einfach alles, um ihre Aufgaben auf der Erde weiterhin zu erfüllen. Dafür, dass ihre zum Überleben variierten Eigenschaften zu Problemen in ihrer Umgebung führen und sogar Leben beeinträchtigen können, können sie nichts. Sie beabsichtigen sie nicht, und sie entsprechen auch nicht ihrem Naturell. Es macht ihnen ja Mühe, mit den befremdlichen menschengemachten Verhältnissen umzugehen. Nur wir zwingen sie zu dem, was sie dann zu »Problemkeimen« macht. Sie selbst bevorzugen natürlich ihr eigentliches Sein. Hört das Traktieren der Bakterien mit tötenden Mitteln auf, kehren sie daher mit der Zeit wie selbstverständlich in ihren friedlichen Stoffwechsel zurück. Die Erfahrungen ihres Leids legen sie allerdings auf Plasmiden gespeichert in die Ecke. Dort ruhen sie in Frieden. Sollte sich die quälende Situation dann einmal wiederholen, kramen sie die Survivaltechnik sofort wieder hervor und sind schneller als zuvor gegen entstehenden Schaden gewappnet.

Die praktische Anwendung der Effektiven Mikroorganismen bei resistenten Bakterien hat erfahrungsgemäß zur Folge, dass diese veränderten Stämme ihre problematisch gewordenen Eigenschaften nicht mehr ausleben. Nach kurzer Zeit sind keine Resistenzen mehr nachweisbar. Ob die EM direkt zur Stilllegung von Resistenzgenen führen oder ob sie dies indirekt bewirken und welche Rolle Plasmide dabei spielen, wurde noch nicht untersucht.

Nachdem man erkannt hatte, dass gewisse Fähigkeiten von Einzellern auf Plasmiden kodiert sind, und nachdem es gelungen war, DNA aus Chromosomen zu isolieren, begann man gentechnologisch damit zu hantieren und sie zu verändern. Hemmungslos wird heute zweckgerichtet in das Informationsgut der Bakterien eingegriffen. Die Weiterentwicklung genmanipulierender Techniken hat scheinbar unbegrenzte Eingriffe des Menschen in das Volk der Mini-Urlebewesen möglich gemacht. Sie werden zu industriellen Produktionen missbraucht und, ihrer genetischen Ganzheit beraubt und mit fremden Genen bestückt, dazu gebracht, Substanzen billiger für uns herzustellen, als dies vorher üblich war. Wir halten sie als mikrobielle Sklaven, um Gewinne zu maximieren, und entwürdigen sie zutiefst. Dabei machen wir nicht davor halt, willkürlich bakterielle Gene in Pflanzen und Tiere zu injizieren. Nicht Kommunikation, sondern Vergewaltigung prägt unseren Umgang mit der mikrobiellen Welt. Was von Natur aus als Abgrenzung zwischen Arten vorgesehen ist, deren jede sich im Schutz genetischer Spielräume evolutionär entfalten kann, in jahrmilliardenlangem Entwicklungsprozess vom Einzeller zum hochkomplex geordneten Wesen, wird nun von uns Menschen hemmungslos zerstört. Was das bedeutet, werden spätere Generationen womöglich bitter zu tragen haben. Es ist jedenfalls weit, weit entfernt von einem fürsorglichen Miteinander, von respektvoller Pflege und liebevoller Kommunikation.

Schon die wenigen Erkenntnisse, die wir über die Kommunikation in und mit unserer Mikrowelt erlangt haben, erlauben uns einzusehen, dass es sich um die hochdifferenzierte Abstimmung aller Ebenen eines Biotops handelt. Sie geschieht aus einer höheren Weisheit heraus, die wir größtenteils noch nicht verstehen. Wie können wir damit besser umgehen? Indem wir Menschen anerkennen, dass wir nicht der Maßstab allen Lebens sind und es uns gut anstünde, mit Urteilen darüber zurückhaltender zu sein. Es täte uns gut, etwas respektvoller auf diese weise, geordnete und wunderbare Sphäre unserer Welt zu schauen.

Effektive Mikroorganismen haben in ihrer jahrzehntelangen Anwendung vielfach gezeigt, dass Probleme ohne den Einsatz von Gentechnologie gelöst werden können, indem man einen Impuls gibt, der die Bakterien untereinander selbst die Lösung finden lässt.

Welche Arten von Kommunikation dabei eine Rolle spielen, wissen wir noch nicht. Vielleicht solche, die wir mit unserer bisherigen Wissenschaft aufgrund ihres spezifischen Blickwinkels überhaupt noch nicht kennen.

Effektive Mikroorganismen anzuwenden ist ein Akt bewusster Kommunikation mit der Mikrobenwelt. Es ist das Signal an die Bakterien vor Ort: »Ich nehme euch wahr und respektiere euer Wirken. Ich erkenne ein Ungleichgewicht und ich unterstütze euer Bemühen um Harmonie, indem ich euch mit einem bewährten Team zusammentue. Bitte arbeitet zusammen zum Wohle des Ganzen.« Den Rest regeln die Mikroorganismen dank ihrer Verständigungsfähigkeiten unter sich. Wir brauchen ihnen nur ein geeignetes Milieu anzubieten und können darauf vertrauen, dass sie alles Übrige tun.

Man mag sich ob solch einer naiv-romantisch anmutenden Haltung Mikroorganismen gegenüber die Haare raufen und unterstellen, dies sei nun gänzlich unwissenschaftlich und skurril. Das macht nichts. Haben Sie jemals erlebt, dass eine Liebesbeziehung anders als vollkommen unwissenschaftlich ist? Dennoch geht aus ihr die größte Energie, der größte Schwung, gehen Zukunftsoptimismus und neues Leben hervor.

6 Die Besiedelung der Menschen

Im Jahr 1908 schrieb der anerkannte Zoologe und Mikrobiologe Prof. Elias Metschnikow, der als Erstbeschreiber der Makrophagen in die Medizingeschichte eingehen sollte, in seinem Buch *Beiträge zu einer optimistischen Weltauffassung* folgende Sätze: »So können die Darmmikroben trotz ihrer übermäßigen Menge vom Organismus in den Fällen ertragen werden, in denen er mit einem starken Vernichtungs- oder Neutralisationsvermögen gegenüber den Mikrobengiften ausgestattet ist …« Und: »So gelangen wir zu dem Schluss, dass, je mehr Mikroben der Verdauungskanal enthält, desto leichter Störungen, die das Leben verkürzen können, verursacht werden.«

Als Ausweg aus dieser misslichen Lage diskutiert er neben operativer Entfernung die Desinfizierung des Darms, die aber in »mehr als zehn Jahren […] Verwendung antiseptischer Mittel gegen Darmmikroben«, darunter die Einnahme von Quecksilbersalz oder Naphthalin[10], wenig ermutigende Resultate geliefert habe, und empfiehlt schließlich den Verzehr von Milchsäurebakterien. Als Pulver oder Pastillen zu sich genommen, entfalteten diese von ihm aus bulgarischem »yahourt« präparierten Kulturen eine befriedigende Wirkung »im Kampf gegen die« bakteriellen Vorgänge im Darm. Nur müsse man sie, wenn als Reinkultur ohne Milch eingenommen, zusammen mit zuckerhaltiger Nahrung essen, mit »Konfitüren, Bonbons und vor allem Zuckerrüben«.

Nach diesem der antipathischen Bakteriologie des 19. Jahrhunderts entsprungenen Tiefststand unseres Verhältnisses zur körpereigenen Mikrobenflora sind wir heute, immerhin hundert Jahre später, einen Schritt weiter. Allmählich entdecken wir ihr segensreiches Wirken neu. Zumindest teilweise. Auch im Jahr 2010 empfiehlt eine »Internationale Ärztegesellschaft für biokybernetische Medizin« wärmstens ein Produkt mit der Fähigkeit, »den Darm zu desinfizieren«. Das Produkt trägt im Namen die Bezeichnung *miracle,* englisch für »Wunder«, und es wäre wirklich ein

Wunder, wäre die Tötung der Darmbakterien eine medizinische Wohltat.
Bis heute hält sich in der Umgangssprache hartnäckig der Begriff der »Darmreinigung«. So als sei dieser ein Durchgangsrohr für Dreck, der dort kleben bleiben kann. Dabei gäbe es darin nichts, was der »Reinigung« bedarf, wenn wir ausschließlich gesunde, natürliche Lebensmittel zu uns nähmen, die harmonisch in einen Dialog mit der dynamischen Verdauung gehen können, wie sie im Darm gesunderweise lebt. Alles, was künstlich hergestellt wurde, was verdorben oder degeneriert ist, bestrahlt, mit Giften behaftet oder auf andere Weise licht- und energieleer, all dies stört, überfordert oder blockiert das sensible Miteinander von Mikroorganismen und körpereigenen Epithelzellen im Darm.
Es ist doch bemerkenswert, dass unsere Ausscheidungen so unangenehm sind, dass sie weder Wohlgeruch verbreiten noch direkt in die Umwelt rückführbar sind. Was machen wir eigentlich mit uns selbst? Wenn wir Menschen die Krone der Schöpfung sind, müssen wir uns ehrlicherweise fragen: Warum wird das, was durch unseren Körper hindurchgeht, dabei nicht bereichert? Warum brauchen wir hochmoderne, aufwendige Kläranlagen, um den Schaden zu begrenzen, den wir tagtäglich in die Welt setzen? Deren Klärschlämme wir schließlich doch auf die Äcker fahren, weil wir ansonsten nicht wissen, wohin damit, und wo wir erwarten, dass Bodenlebewesen den Mist verarbeiten, bevor wir die darin aufgewachsenen Nahrungspflanzen wieder verspeisen. Für die dabei womöglich erzeugten Schäden sieht das deutsche Düngemittelgesetz wohlweislich einen Entschädigungsfonds vor, der auf 250 Millionen Euro angesetzt ist. Vielleicht wären wir erfolgreicher mit unseren Reinigungsbemühungen, wenn wir konsequent die Motive unseres Handelns klärten. Ein Drittel unseres Stuhlgewichts besteht immerhin aus Bakterien. Es lohnt sich, ihnen unsere Aufmerksamkeit zu schenken.
Heilung kann auf außerordentlich vielfältige Weise geschehen, doch gehört zur allgemeinen Gesundheit selbstverständlich auch eine vielfältige und umfangreiche Bakterienbesiedelung dazu.

Diese beschränkt sich keineswegs auf den Darm. So wie der Makrokosmos Planet Erde gänzlich von Mikroben bevölkert ist, so ist auch der Mikrokosmos Mensch von Mikroben bewohnt. Sie verhelfen uns zum Leben, und ohne sie wären wir nichts. Unsere Körperzellen allein reichen für unsere Existenz auf der Erde nicht aus. Ein Teil unserer Fähigkeit, auf Veränderungen und die ständigen Wechsel der uns rhythmisch umgebenden Natur rasch zu reagieren, ist der Flexibilität der auf, in und mit uns lebenden Kleinstlebewesen zu verdanken.

Sie vermögen in Blitzesschnelle ihren Stoffwechsel auf neue Umstände einzustellen und umgehend angemessen darauf zu reagieren. Alle unsere Grenzflächen, alle Übergänge zwischen außen und innen, Umgebung und Mensch sowie fremd und eigen sind daher von Bakterien besiedelt. Sie helfen uns, Grenzen sowohl angemessen zu beschützen als auch sie bei Bedarf zu überwinden. Sie sind wie eine lebendige Brücke zur ganzen übrigen belebten Welt. Mensch und Mikrobe lassen sich bei bestem Willen nicht voneinander trennen. Wir sind eine Einheit, und es tut uns gut, dies in vollem Umfang zu würdigen.

Gemeinsam mit Mikroben strömen wir durchs Leben. Unsere Körperzellen erneuern sich kontinuierlich in organspezifischer Zeit, und das Gleichmaß von Abwerfen alter Körperzellen und Wachstum neuer ist existenziell für unsere leibliche Integrität. Ein Zuviel oder Zuwenig in einer Richtung macht krank. Ebenso entsprechen die Aufnahme, die Vermehrung und die Abgabe von Bakterien in und an uns im Gesunden einem Fließgleichgewicht. Auch in diesem macht ein Zuviel oder Zuwenig krank.

Dieses Kapitel behandelt, quasi exemplarisch, die Mikrobenflora des Menschen. Bakterien mögen bei uns genauso spezifische Lebensräume wie außerhalb unser selbst. Im Magen leben andere als im Mund, in Zehenzwischenräumen andere als auf dem Kopfhaar, auf dem Oberschenkel, im Blinddarm oder im Bauchnabel, dem Kleinfingernagel, unter den Achseln oder auf dem Penis. Es liegt an uns, welche Bedingungen wir ihnen im jeweiligen Lebensraum bieten und wie wir sie hegen und pflegen.

Unsere erste mikrobielle Prägung erlangen wir im Mutterleib. Darmbakterien der Mutter, deren bakterielle Gesundheit in der Schwangerschaft daher besonders wichtig ist, werden mit Hilfe spezieller Zellen über das Blut in die Plazenta und zum Embryo transportiert und bilden dort das Menschenkind mit aus. Die Entwicklung von Immunsystem, Blutgefäßen, Nervenzellen und vielem mehr hängt davon ab, und die Forschung hierzu ist hochaktuell. Das Kind lebt im Mutterleib, mikrobiell jedenfalls, ganz mit der Mutter mit. Weitere Mikroben kommen bei der Geburt dazu.

Entscheidendes für das zukünftige Bakterienleben auf dem Menschen spielt sich während dieses Hinausgleitens ab. Die mütterliche Scheide ist mit Bakterien, insbesondere mit Lactobazillen, also Milchsäurebakterien, bewachsen, die nach ihrem Entdecker im Jahre 1892, dem Arzt Albert Döderlein, auch die »Döderleinischen Stäbchen« genannt werden. Jeder Gynäkologe überprüft ihr Vorkommen bei Vorsorgeuntersuchungen mit Hilfe des Mikroskops. Insbesondere zwischen erster und letzter Monatsblutung der Frau, in den Jahren, in denen sie gebären kann, leben diese Lactobazillen in der Vagina. Sie ernähren sich vom Glycogen der Epithelzellen, das diese in Abhängigkeit vom Hormonspiegel des weiblichen Geschlechtshormons Östrogen bilden. Fehlen die Lactobazillen, fehlt einer Frau auch deren Schutz, denn sie bilden Stoffe aus, unter anderem Wasserstoffperoxid (H_2O_2), die das Wachstum anderer Mikroben hemmen. Wandern beispielsweise unpassende Bakterien aus dem nahen Darmausgang herüber, können Entzündungen entstehen, und wenn aufgrund unzureichender Scheidenflora solche Bakterien von außerhalb bis in die Gebärmutter gelangen, können Fehlgeburten auftreten.

Lactobazillen bilden in der Scheide ein saures Milieu, das sie durch den Abbau von Glycogen zu Milchsäure selbst ständig aufrechterhalten. Stört man dieses Gleichgewicht, zum Beispiel durch übertriebene Hygienemaßnahmen, kommt es leicht zu Problemen. Die Benutzung von Tampons außerhalb der Blutungsphase entzieht dem Scheidenepithel Feuchtigkeit und damit den Bakterien dort ihre Lebensgrundlage. Auch Waschungen mit Seife verändern empfindlich das Milieu, denn selbst sogenannte pH-neutrale Produkte sind mit einem pH-Wert von fünf oder darüber noch zu basisch dafür. Der als Hausmittel gern empfohlene Joghurt zur Verbesserung der Scheidenflora dient in Wirklichkeit wenig, da die heute käuflichen Produkte nicht die Lactobazillen der Vaginalbesiedelung, dafür aber unter Umständen Pilzkulturen wie *Candida albicans* enthalten, die dort nicht förderlich sind. Die Einnahme der »Pille«, bestimmte Sexualtechniken und Entzündungen verändern ebenfalls die Vaginalflora.

Gesunderweise ist also die Scheide ganz mit Bakterien, insbesondere mit Lactobazillen, besiedelt, die sich während der Geburt als eine schleimige Hülle dem Neugeborenen auflegen, gleich gewürzt mit Bakterien aus der mütterlichen Darmflora. Kaum ist das Kind der schützenden Hülle des Mutterleibs entschlüpft, übernehmen Bakterien diese behütende Aufgabe. Zu denen der Vagina gesellen sich diejenigen der Umgebung hinzu. Die des mütterlichen Bauches, auf den das Kind am besten als Erstes gelegt wird, die der liebkosenden väterlichen Hand, bald darauf die von Oma und Opa oder Geschwisterchen, der Mutterbrust und wovon auch immer die Umgebung besiedelt ist.

Wir erben von unseren Vorfahren ihre Bakterienflora mit, natürlich mitsamt deren bakterieller genetischer Substanz. Auch die Bakterien des Geburtsorts erben wir. Man weiß mittlerweile, dass im Krankenhaus zur Welt gekommene Neugeborene genau diejenigen Mikroorganismen mit nach Hause tragen, die im jeweiligen Krankenhaus vorkommen, die resistenten Stämme selbstverständlich gleich mit.

Bei der Geburt empfangene Bakterien werden auch geschluckt und verbinden sich mit den vorgeburtlichen zum gemeinsamen Wirken im Mikrobiom. Von dessen Vielfalt, Fülle und Kommunikation ist für das ganze Leben die Gesundheit abhängig. Fehlen sie, steigt das Risiko für Fehlentwicklungen und spätere Krankheiten.

Unterstützt wird das natürliche Mikrobiom durch das Stillen mit Muttermilch. Es sind unter anderem die geschluckten Lactobazillen der mütterlichen Vaginalflora, die nun die Verdauung der Milch

im Darm vollziehen. Spezielle Nähr- und Wirkstoffe aus der Muttermilch lassen wiederum genau diese Mikroorganismen gedeihen. Milchsäure- und Bifidusbakterien für die Erstbesiedelung des Babydarms finden sich sogar zusätzlich in der gesunden Muttermilch und werden daher täglich mitgefüttert.
Auf diese Weise wird jedes Menschenkind von Geburt an regelmäßig mit frischen Bakterien versorgt. Vom Anfang bis ans Ende unseres Lebens ist das tägliche Schlucken von Bakterien Teil unserer gesunden Ernährung. Es kommt natürlich sehr darauf an, welche es sind.
Etwa drei Wochen dauert diese erste Darmbesiedelungsphase, dann haben sich die Bakterien in der Darmschleimhaut wohnlich eingerichtet. Dort bleiben sie fortan, fröhlich ihren Dienst verrichtend, und bilden die belebte Brücke zwischen Nahrung und Blut. Im Dickdarm beginnen die ersten Bakterien sofort damit, den dort vorhandenen Sauerstoff aufzubrauchen und ein anaerobes Milieu zu kreieren. Ist dies geschafft, können auch sauerstoffmeidende Bakterien dort siedeln. Dieser Biofilm aus sauerstoffliebenden und -verbrauchenden mit sauerstoffmeidenden Mikroben auf der Darmschleimhaut bleibt beim Gesunden das gesamte Leben bestehen. Er bildet die Übergangsschicht zwischen dem eigentlichen Darminneren mit dessen ständigen Wechseln unterworfenem Speisebrei und den Epithelzellen, die die kontinuierliche Grenze zum Körperinneren hin markieren. Dieser Übergang wird von den Bakterien nicht nur gehütet, sie übernehmen hier auch die Ausbildung der körpereigenen Möglichkeit, Fremdes und Eigenes zu unterscheiden, für die Entwicklung des Immunsystems.

Es sind also die Bakterien der Erstbesiedelung, die für die erste Ausprägung des Immunsystems sorgen. Mehr Immungewebe als im ganzen übrigen Körper befindet sich unter der Darmschleimhaut, und über den Kontakt der Mikroorganismen mit eigens dafür vorgesehenen Zellen der Darmschleimhaut findet vor und nach der Geburt und das ganze weitere Leben eine Impulsierung des Immunsystems statt. Noch zwei Tage lang nach der Geburt können

mütterliche Immuneiweiße die Darmschleimhaut des Kindes durchwandern, um in ihm wirksam zu sein. Danach wird die Grenze für sie geschlossen, und die mit der Muttermilch weitergegebenen Antikörper müssen sich auf eine Tätigkeit im Darminneren beschränken.
Tiere, die man sofort ab der Geburt steril aufzog, sogenannte Gnotobioten, bildeten kein lebensbefähigendes Immunsystem aus, und Thymus, Milz und das gesamte Magen-Darm-Organ blieben unterentwickelt. Kaum entließ man sie an die frische Luft, gingen sie elendiglich ein. Unsere Bakterien sind also diejenigen, die jede und jeden von uns mit der Geburt auf ein gelingendes Leben auf der Erde vorbereitet haben.

Was aber geschieht bei einer Kaiserschnittgeburt? Die Besiedelung wird unnatürlich. Die Mutter wird auf den Eingriff mit der Einnahme von Antibiotika vorbereitet, was die Bakterienbesiedelung ihres ganzen Körpers ändert. Zusätzlich entbehrt das Baby die Begrüßung durch Bakterien im Geburtsdurchgang. Seine Besiedelung findet nicht mit vaginalen Lactobazillen statt, sondern, wie Studien gezeigt haben, mit denjenigen Krankenhausmikroben, die es bei der Geburt umgeben. Menschliche Hautbewohner wie Staphylokokken sind häufig dabei und darunter natürlich auch solche, die aufgrund der vielen bakterientötenden Maßnahmen im Klinikalltag verändert und womöglich resistent geworden sind. Nimmt das Neugeborene diese Mikroben in seine Verdauungsorgane auf, werden diese von vornherein ungünstig besiedelt, die Verdauung der Muttermilch ist mühsam, und das Immunsystem wird suboptimal geprägt. Blähungen, Koliken und die Neigung zu Entzündungen im weiteren Kindesalter können die Folge davon sein. Auch spätere Lebensmittelunverträglichkeiten und Allergien werden auf eine frühe bakterielle Fehlbesiedelung zurückgeführt. Überlegungen gehen inzwischen so weit, dass auch Fettleibigkeit mit der Bakterienbesiedelung in Zusammenhang gebracht wird.
Die allererste Ernährung ist ebenfalls für die Bakterienpremiere von Belang. Während gestillte Kinder überwiegend die babytypi-

schen Bifido- und Lactobazillen im Stuhl tragen, trifft man bei flaschengefütterten Babys eher Erwachsenenkeime wie *Escherichia coli* und sogar Clostridien[11] im Darm an.
Was immer ein Neugeborenes erlebt, ist bakteriell bedeutsam und kann gegebenenfalls mit Bakterien unterstützt werden. Der Leiter der Ernst-von-Bergmann-Kinderklinik in Potsdam verhilft Frühgeborenen zu stabiler Darmflora, indem er ihnen zu Milch, die von stillenden Müttern gespendet wird, passende Bakterien füttert. Die so ernährten Kinder gedeihen besser, nehmen schneller zu und sind für Erkrankungen weniger anfällig als die mit üblicher, bakterienfreier Sondenkost ernährten Frühchen.
Wir werden also von Beginn an von Bakterien berührt. Sie verteilen sich zunächst unspezifisch überall, doch bald bildet jeder Körperraum seine eigene Population aus, die dem jeweiligen Milieu angemessen ist. Dabei »besiedeln« sie uns keineswegs einfach nur so, als säßen sie irgendwie auf uns drauf. Vielmehr bewegen sie sich unentwegt als Dialogpartner zwischen Außenwelt und körpereigenen Zellen. Sie leisten Synthesearbeit, bilden eine Präsenz gegenüber Einflüssen von außen, versorgen unsere Zellen und teilen uns die Erfahrungen all ihrer Einzellergefährten mit.

Am meisten wissen wir bisher über das mikrobiell-menschliche Zusammenwirken im Mund-Magen-Darm-Organ. Im Jahr 1908 war man stolz, im »Verdauungskanal der Papageien« fünf verschiedene Mikrobenarten gefunden zu haben. Mittlerweile benennen wir in dem des Menschen, der uns naturgemäß am allermeisten interessiert, schon über eintausend.
Die Mundhöhle bietet dank der Vielfalt an Strukturen einer Fülle von Mikroben Wohnraum. Ihre Zusammensetzung während der Säuglingszeit wandelt sich, sobald Zähne wachsen, und verändert sich auch späterhin, abhängig von Ernährung, Mundpflege und vom Speichel, dessen Zusammensetzung sich je nach Nahrung und emotionalen Faktoren wie Stress jederzeit ändern kann.
Der britische Forscher Colin Hendrie von der Universität Leeds hat zudem festgestellt, dass Küssen ein wirksamer Mikrobenaus-

tausch ist. Dabei erreichen zunächst nur wenige Mikroben den Partner, in dem langsam eine Immunantwort dazu aufgebaut wird, bei fortschreitender Leidenschaft steigt der Austausch, und nach sechsmonatigem Küssen derselben Person ist ein optimaler Immunstatus erreicht. Kommt es schließlich zu einer Schwangerschaft, ist das Baby durch die in der Mutter entstandenen Immunglobuline auch auf väterliche Mikroben bereits bestens vorbereitet. Wohl denn!

Gern wohnen Bakterien als Grenzgänger zwischen Zahn und Zahnfleisch. Hier entsteht, putzt man die Zähne zu wenig, als Erstes ein sogenannter Zahnbelag. Er ist ein in Schichten wachsender Biofilm, in dem sich zunächst einzelne Kugelbakterien auf der glatten Zahnoberfläche anheften und zu Gruppen heranwachsen. Ist ihre Schicht dick genug, beginnen faserige Bakterien sich darin breitzumachen. Sie profitieren vom Sauerstoffverbrauch der Ersten und lieben ein anaerobes Milieu. In diesem vermehren sich schließlich Bakterien, die Zucker in Milchsäure umwandeln. Sobald die Säure beginnt, die calciumphosphathaltigen Gerüststrukturen des Zahns aufzulösen, dringen eiweißspaltende Enzyme in die entstehenden Lücken ein und bewerkstelligen, was wir »Karies« nennen (vom lateinischen *caries* für »Morschheit«): schwarze Löcher im Zahn.

Es ist nachgewiesen, dass außer einer fehlenden mechanischen Reinigung das Vorkommen spezieller Bakterien im Mundraum für die Kariesentwicklung eine Rolle spielt. Durch eine gezielte Bakterienführung lässt sich die Mundgesundheit also positiv beeinflussen.

Lange Zeit glaubte man, Bakterien könnten im Magen nicht überleben. Vor hundert Jahren ging man sogar noch davon aus, die Darmbakterien wanderten durch den Darmausgang rückwärts ein. Mit verbesserten Forschungstechniken wurden wir jedoch bekehrt. Je mehr Bakterien an Extremstandorten der Erde entdeckt wurden, desto mehr Mikroben entdeckte man auch in extremen Milieus in uns selbst. Über 120 verschiedene Arten hat man mittlerweile im

Magen gefunden, trotz seines extremen Säuregrads von bis zu pH 2. Deren berühmteste ist sicherlich *Helicobacter pylori,* eine spiralförmige Bakterie mit einem Büschel von Geißeln, die bereits Ötzi, die Gletschermumie aus der Jungsteinzeit, nachweislich im Magen trug. *Helicobacter* vermag um sich und seinesgleichen herum eine basische Hülle zu bilden, indem er Harnstoff aus dem Magensaft einfach in Ammoniak umwandelt. Obwohl weltweit vermutlich die Hälfte der Bevölkerung *Helicobacter* in sich trägt, in Deutschland sind es sogar 75 Prozent der Senioren, und obwohl keineswegs 75 Prozent der älteren Menschen und 50 Prozent der Weltbevölkerung an Magengeschwüren leiden, hat man den Ärmsten der Verursachung selbiger für schuldig befunden und rückt ihm mit Säurehemmern und Antibiotika zu Leibe.
Dabei vermehrt sich *Helicobacter* möglicherweise erst infolge einer anderweitig verursachten Störung im Übermaß und dringt bei deren Schwächung tiefer in die Magenwand ein. Die Erfahrung zeigt, dass die Einnahme einer Bakterienmischung hier heilsam sein kann, ebenso wie der bewusste Verzehr bakterienkommunikativer Gewürze.[12]

Bakterien gelangen, vorzugsweise vermengt mit dem Speisebrei, durch den Magen hindurch in den Dünndarm. Dieser harmonisiert die Bakterienflora für den gesamten Verdauungsbereich. Verdauungssäfte schließen im Dünndarm die Nahrung für den Organismus auf, wobei die Bakterien normalerweise in einem gesunden Gleichgewicht sind. Fehlen allerdings Verdauungsenzyme und/oder Gallensalze, so dass die Nahrung im Dünndarm nicht aufgeschlossen werden kann, versuchen bestimmte Bakterienarten, die jeweiligen Stoffe zu verdauen. Sie vermehren sich dadurch übermäßig und bewirken eine Fehlbesiedelung, die an den Dickdarm weitergegeben wird, wo sie ebenfalls zu Störungen führt. Nimmt die Zahl der Milchsäurebakterien im Dickdarm ab und der pH-Wert im Darminneren zu, kann der Magen mit einer höheren Säureausschüttung reagieren, mit der er versucht, den Säuregehalt im Darm zu regulieren. Das Schlucken von Bakterien kann dann unter Umständen hilfreicher sein, solch eine Situation zu kurieren, als das Einnehmen von säurehemmenden Mitteln.

Die Durchlässigkeit der Darmschleimhaut unterliegt einer feinen Regulation, die durch Bakterien mitgesteuert wird. Sie ist durch die gezielte Aufnahme von Bakterien beeinflussbar. Den körpereigenen Darmschleimhautzellen liegt gesunderweise ein dichter Biofilm auf (daher stammt auch der Name »Schleimhaut«), dessen Zusammensetzung einer individuellen Prägung entspringt. Bakterielle Neulinge im Darm dringen durch ihn nicht hindurch. Die Epithelzellen selbst sind durch sogenannte Kittleisten wie durch Türchen verbunden, die die Durchlässigkeit für größere Moleküle nur in dem Maß erlauben, wie es der Körper als zuträglich erfahren hat. Gifte, auch solche fremder Mikroorganismen, zum Beispiel von Schimmelpilzen, bestimmte Arzneimittel, Bestrahlungen, übermäßiger Alkoholkonsum oder seelisches Leid können, insbesondere wenn der bakterielle Schutzfilm auf der Darmschleimhaut fehlt, dazu führen, dass diese Kittleisten sich lockern und auf einmal Partikel übertreten, die im Körperinneren nichts zu suchen haben. Das nennt man fachsprachlich *leaky gut,* englisch für »löchriger Darm«. Da darauf das Immunsystem reagiert, können Lebensmittelunverträglichkeiten die Folge sein. Fremdstoffe überschreiten unverdaut die Schwelle zum Blut. Über die den Darm durchblutende Pfortader können auf diesem Wege vermehrt Gifte in die Leber gelangen und Leberschwäche bis hin zu ernsthafteren Lebererkrankungen daraus resultieren. Alexander Schmidt, Forscher der Universität Münster, konnte zeigen, dass die gezielte Gabe von bestimmten *Escherichia-coli*-Bakterien diese gelockerten Kittleisten wieder zum Schließen bringt. Somit sind unsere Bakterien entscheidende Wächter unserer inneren Pforten.
Auch auf andere Weise hüten sie unsere Abgrenzung zur Außenwelt. In der Tiefe unserer Dünndarmfalten ruhen Zellen, »mikrogefaltete Zellen« genannt, die sich genau darüber informieren lassen, was mikrobiell im vorbeiströmenden Speisebrei so los ist. Kontaktieren Einzeller deren Membran, lösen sie eine Folge von Reaktio-

nen aus, beginnend mit der Aufnahme von Teilchen, die sie an darunterliegende Zellen weiterreichen. Dort warten immunkompetente Zellen auf Information. Unreife Immunzellen werden nun auf das angebotene Material hin informiert, wandern zur weiteren Wandlung durch benachbarte Lymphknoten hindurch und mit dem Hauptlymphstrom ins Blut. In feinen Kapillaren aller schleimhauttragenden Organe werden sie von wiederum speziell darauf eingerichteten Zellen in Empfang genommen. Durch diese ins Gewebe hindurchgewandert und jetzt dicht unter der Schleimhaut wohnend, wandeln sie sich wiederum und beginnen, lösliche Immuneiweiße zu bilden, sogenannte sekretorische Immunglobuline A. Augen und Atemwege, Harnwege und Brustdrüse, Mund, Speiseröhre, Magen und Darm sind mit sekretorischen Immunglobulinen A versehen, die aus dem Kontakt von Einzellern mit Darmzellen entwickelt worden sind. Vor Ort bewirken diese Immuneiweiße einen Schutz vor Eindringlingen. Auf diese Weise bekommen alle Organe mit, welche Bakterien in unserem Inneren wohnen.

Es verwundert nicht, dass unser Körper darauf eingerichtet ist, die Außenwelt über unsere Innenwelt wahrzunehmen. Faltet man alle feinen Falten unserer verdauenden Organe flächig auf, entsteht daraus eine bis zu 2000 Quadratmeter große Kontaktfläche. Das ist erheblich mehr als die circa 2 Quadratmeter fassende Fläche unserer Außenhaut. Bakterien im Darm bereiten unsere anderen Organe kontinuierlich auf den Kontakt mit der Außenwelt vor.

Dieses sogenannte Darmmucosa-assoziierte Immunsystem wird von Anfang an durch Bakterien eingerichtet und durch fortlaufenden Kontakt mit ihnen lebenslänglich trainiert. Sobald Bakterien im Darm fehlen, leiden auch das Immunsystem und alle ihm angeschlossenen Organe. Bewusster Verzehr gesunder Bakterien kann über den Darm hinaus alle anderen Organe erreichen und dort Heilungsprozesse in Gang setzen.

Es ist nicht etwa so, dass unsere Bakterien auch unsere Nahrung teilen. Bescheiden, wie sie sind, bedienen sie sich bei dem, was wir ihnen übrig lassen. »Ballaststoffe« nennt man irrigerweise das

Bakterienfutter, das als Pectine und Zellulosen, Glucane, Tannin und Phytinsäure nach der Verdauung von Obst, Getreiden und Gemüsen im Dünndarm in den Dickdarm weiterwandert. Gesunde vollwertige Nahrung, vorzugsweise Vollkorngetreide, ernährt immer auch unsere Mikroorganismen mit. Und diese ernähren mit ihren Stoffwechselprodukten wiederum unseren Körper.

Ballaststoffe sind Kohlehydrate, die durch unsere Verdauungssäfte nicht aufgeschlossen werden. Sie würden besser »Energieträger« oder »Mikrobennahrung« genannt, denn kaum sind sie im Dickdarm angekommen, dem Organ, das in uns die höchste Dichte und Vielfalt an Mikroorganismen beherbergt, machen diese sich daran, sie aufzufuttern. Dadurch werden sie nun nicht nur selbst ernährt. Kurzkettige Fettsäuren werden frei, die den pH-Wert senken und wohlgesinnten Mikroben das Wohlbefinden erleichtern, die zugleich osmotisch bedingt Wasser im Darm halten und die Stuhlkonsistenz verbessern sowie obendrein die Darmschleimhaut versorgen, deren Zellenergiehaushalt zu 40 Prozent von diesen bakteriellen Stoffwechselprodukten gedeckt wird. Sind die Darmschleimhautzellen durch diese Energie optimal versorgt, können sie nicht nur gut für angemessene Wasser- und Salzrückführung aus dem Stuhl in den Körper, sondern auch für eine gute Darmbeweglichkeit sorgen. Regelmäßiges Durchkneten und Weitertransportieren des Darminhaltsbreis ist den ballaststoffversorgten Bakterien zu verdanken, und Darmträgheit und Verstopfung können durch Aufnahme und adäquate Versorgung von Bakterien gelöst werden. Da die Kontaktdauer von Darminhalt zur Darmschleimhaut sich damit verringert, verkürzt sich auch der Einfluss schädigender Substanzen, wie wir sie heutzutage täglich zu uns nehmen, und das Risiko, deshalb zu erkranken, auch an Krebs, sinkt.

Da der Darmwanddruck mit Zunahme des Stuhlvolumens, das zu einem Großteil aus Bakterien und Wasser besteht, abnimmt, sinkt gleichzeitig die Wahrscheinlichkeit, Darmdivertikel auszubilden, und vorhandene werden entlastet. Darüber hinaus sorgen die dank Ballaststoffen aktiven Darmbakterien für den Abbau von Stickstoffverbindungen wie Ammoniak und vermindern dessen Rückresorption. Insbesondere die Nieren werden dadurch entlastet, was bei Nierenschwäche mit der Gabe von Bakterien und Ballaststoffen therapeutisch eingesetzt werden kann. Auch die Entgiftungskapazität der Leber kann dadurch entlastet werden. Und damit nicht genug: Unsere Darmbakterien synthetisieren auch Vitamine für uns. Vitamin B_{12}, Cobalamin, das weder von pflanzlichen noch menschlichen Zellen gebildet werden kann, kommt sogar bei Vegetariern ausreichend vor, wenn sie ihre eigenen Mikroorganismen gut versorgen. Die Vitamine B_1, B_2, B_6, Folsäure, Biotin, Niacin, Pantothensäure und das für die Blutgerinnung notwendige Vitamin K werden uns von Mikroorganismen im Darm gegeben, von Letzterem 50 Prozent des körpereigenen Bedarfs. Deren Aufnahme durch die Schleimhaut wird wiederum durch die kurzkettigen Fettsäuren gefördert, die von den Darmbakterien synthetisiert werden.

Nimmt man nun noch die Rolle der Darmbakterien für das Recyceln der Gallensäuren hinzu, die, von der Leber ausgeschieden, nach Erfüllen ihrer Aufgabe zu 80 Prozent im Dünndarm rückresorbiert werden, und nimmt man zusätzlich ernst, dass wir erst wenig vom wirklichen Umfang der Tätigkeit unserer Darmbakterien wissen, können wir gar nicht anders, als zutiefst glücklich über alles zu sein, was sie in uns tun. Neue Erkenntnisse unterstreichen nur ihre Wichtigkeit, von der wir offenbar bislang lediglich einen Ausschnitt kennen. Was werden wir noch alles entdecken? Elizabeth Jeffery von der Universität Illinois stellte zum Beispiel kürzlich fest, dass Darmbakterien aus Senfölen, die in Gemüse wie Brokkoli vorkommen, das Sulforaphan herstellen, das im Körper krebsvorbeugend wirkt.

Wir dürfen uns daran erinnern, dass die Mikroben über alles dies miteinander kommunizieren, sich auf neue Erlebnisse einstellen und sich stets bemühen, umzusetzen, was wir ihnen in Form unserer Ernährung bieten. Niemals würden wir unseren Haustieren Katze, Hamster, Goldfisch oder Hund absichtlich Gift ins Futter mischen. Hingegen bekommen unsere Körperbakterien Pestizide, Herbizide, chemisch-synthetische Farb- und Konservierungsstoffe – all diese Fremdsubstanzen – ständig mit unserem Essen mit. Wir füttern sie mit Gift. Es ist absurd, dass wir unseren Lebensmitteln Grenzwerte dafür gegeben haben. Was hat Chemie in unserem Essen zu suchen? Nichts davon würden unsere Darmmikroben freiwillig wählen. Es behindert, blockiert und verändert sie. Wollen wir ihnen das wirklich antun?

Im Darminneren wird also eine wesentliche Weiche für unsere gesamte Gesundheit gestellt. Alles, was wir auf Acker-, Garten- und Wiesenboden geben, auch an Spritzmitteln giftiger Art, verändert nicht nur Bakterien in Boden und Pflanzen, es kehrt unweigerlich mit dem Essen wieder zu uns zurück. Mag ein Teil davon netterweise außerhalb unser selbst von Bakterien bereits wieder umgebaut worden sein, können wir dennoch niemals gesünder sein als das, worin unsere Nahrung gewachsen ist.

Der Boden als Verdauungsorgan der Erde und unser Verdauungsorgan Darm sind unentrinnbar miteinander verknüpft. Durch die Aufnahme von solcher Nicht-Nahrung, die weder den gesunden Darmbakterien noch unserem Körper nützt, verschiebt sich im Darm das mikrobielle Gefüge, und es entsteht ein Ungleichgewicht. Bakterien, die Fremdstoffe umsetzen, werden dominant, die eigentlich stoffwechselaktive Flora verkümmert, und ihre wichtigsten Aufgaben bleiben ungetan. Fremdbesiedler werden bedeutsame Störenfriede, weil die Dauerbewohner der Schleimhautoberfläche nicht mehr stark genug sind, um für die Schutzschicht auf den Darmzellen zu sorgen. Heften sich Fremdlinge unerlaubt an die Darmzellen an, reagieren diese mit Rausschmiss, »Durchfall« genannt, um wieder für Ordnung zu sorgen. Solch ein Durchfall lässt sich durch eine Versorgung mit Bakterien plus Bakterienfutter wie geriebenem Apfel, der viel Pectin enthält, heilen. Bewusst geschluckte Bakterien, dann »Probiotika« genannt, helfen nachweislich, wie eine Auswertung von 63 Einzelstudien durch das Cochrane-Netzwerk ergeben hat, akuten Durchfall rasch und nebenwirkungsfrei zu kurieren. Besser ist es natürlich, von vornherein seine Bakterien fürsorglich und liebevoll zu behandeln.

Sind Gifte im Übermaß, insbesondere Schwermetalle, in den Darm gelangt und/oder haben bakterientötende Mittel wie Antibiotika oder Bestrahlungen die Darmflora teilweise eliminiert, treten gern an ihrer statt Pilze auf den Plan. Sie gehören nicht dorthin, aber sie abzutöten hat wenig Sinn. Monatelange »Pilzdiäten« hungern sie auch keineswegs aus, wie es oft heißt. Gründliche Entgiftung, Ernährungsverbesserung und bewusster Wiederaufbau der Bakterienflora können das Gleichgewicht hingegen wiederherstellen. Am besten ist auch dafür eine möglichst vielfältige Bakterienmischung geeignet, verbunden mit vollwertiger, bakteriennährender Kost.
Dass die Darmbakterien auch eine soziale Komponente haben, weiß jeder, dessen einer überforderten Mikrobenflora entfleuchten Darmgase sich als Blähungen in die Umgebung entladen haben. Das unangenehme Gefühl dabei könnte uns diesen unerwünschten Duft sofort in ein bewusstes Mitgefühl und die Pflege unserer mikrobiellen Mitbewohner umsetzen lassen. Er ist ein Hinweis darauf, dass unsere Nahrung ungesund oder unsere Darmflora heilungsbedürftig ist.
Nachdem Jeremy Nickolson, Forscher am Imperial College London, festgestellt hat, dass Blut und Urin des Menschen jede Menge Stoffwechselprodukte der Darmbakterien aufweisen, und daraus schloss, dass diese Mikroben auch Einfluss auf unseren Gehirnstoffwechsel nehmen können, dürfen wir gespannt sein, welche Bedeutungszusammenhänge uns noch in der Zukunft aufgehen werden.

Lange Zeit blickten wir nur auf die Bedeutung unserer Bakterien für den Darm, sie kennen wir also schon ganz gut. Inzwischen hat sich das wissenschaftliche Interesse auch auf die Mikroorganismen unserer anderen Körperregionen ausgeweitet.
Unsere Atemwege werden ununterbrochen von Luftbakterien umspielt. Nase und Rachen sind ebenso wie der Mund mit einer bakteriellen Wohngemeinschaft besiedelt, und Fremdlinge werden mit den Schleimhautsekreten wieder vor die Tür gesetzt. Störungen und Gifte führen auch hier unter Umständen zu einem Ungleichgewicht. Luftröhre, Bronchien und Lunge sind auch besiedelt und

bedienen sich des Flimmerepithels, um Eindringlinge am Anhaften an Zellen zu hindern und sie wieder hinauszubefördern. Das geht natürlich nur, wenn kein Zigarettenrauch diese feinen Härchen vernichtet hat. Auch auf unserer Außenhaut werden immer mehr verschiedene Bakterienarten entdeckt, die uns individuell umhüllen. Ein Teil von ihnen wohnt von Geburt ab dauerhaft da, andere nur zeitweise. Oder, darüber schweigen die Forscher sich bislang aus: Sie sind zwar immer da, aber sie tauchen nicht immer auf. Liegen sie derweil in einer versteckten Entwicklungsphase bereit, um bei Bedarf in Erscheinung zu treten? Wir wissen es nicht.
Forscher der Universität Colorado haben versucht, einen Bakterienatlas der Haut zu erstellen. Auf 102 untersuchten Händen entdeckten sie mehr als 4200 verschiedene Bakterienarten, und nur fünf davon waren bei allen Teilnehmern zu finden. Kein Wunder, dass ein gewöhnlicher Fahrstuhlknopf beinahe 40-mal so viele Bakterien beherbergt wie ein öffentlicher Toilettensitz, wie Nicholas Moon von der Universität Arizona berichtet. Da eine Bakterienvielfalt der Gesundheit grundsätzlich förderlich ist, ist dies kein Grund zur Besorgnis. Wir teilen ja auch ständig alle Bakterien unserer Atemluft und würden deshalb nicht aufhören wollen zu atmen. Wer seine persönliche Bakterienbesiedelung fördert und pflegt und mit ihr auf gutem Fuße lebt, braucht sich vor weiteren Begegnungen mit Bakterien nicht zu fürchten.
Wir gestalten durch unsere persönliche Körperpflege selbst, wer auf uns wohnt. Jede Creme, jedes Shampoo, jede Kleidung, alles, was unsere Haut berührt, einschließlich Zärtlichkeiten und unsere Seele, bestimmt ihre bakterielle Besiedelung mit. Ob Garderobe aus Natur- oder aus Kunststofffasern hergestellt ist, spielt dabei natürlich auch eine Rolle. Man hat sogar festgestellt, dass schon die Tatsache, ob ein Arm bekleidet oder unbekleidet ist, bei derselben Person kurzfristig einen bakteriellen Floraunterschied ausmacht. Frische Luft tut unseren Hautmikroben gut, zu viel UV-Licht auf einmal mögen sie nicht. Wer weiß, wie viele Erkrankungen der Haut auf eine veränderte Bakterienbesiedelung zurückzuführen sind? Von manchen Hautekzemen sind Zusam-

menhänge mit der Bakterienbesiedelung bereits nachgewiesen. Wo immer wir bakterientötende Mittel, zum Beispiel antibakterielle Flüssigseife, mit der Haut in Kontakt bringen, zerstören wir das von Geburt an gewachsene Miteinander der Mikroben. Das gilt auch für die Füße, wenn sie in silberionengetränkte Sportsocken, auf antimikrobielle Einlegesohlen oder gar in bakterientötende Schuhe gesteckt werden. Und es gilt für unsere Hautfalten, in denen stattdessen dann gern Pilze wachsen.
Wie alle Körpergerüche ist auch Fußgeruch die bakterielle Umsetzung unserer inneren Körpersäfte, spiegelt also deren Zusammensetzung wider. Gezielte Bakterienbesiedelung, am besten, wenn sie mit einer allgemeinen Stoffwechselentgiftung einhergeht, kann hier für wundersame Klärung sorgen. Was unsere Hautmikroorganismen alles bewirken, wurde bislang kaum untersucht. Warum sollen sie nicht ähnlich vielseitige Kooperationspartner auf der Grenze zur Außenwelt sein wie unsere Darmbakterien in uns?

Fassen wir also zusammen: Es gibt auf uns Menschen keinen Körperlebensraum, der nicht gesunderweise bakteriell besiedelt ist. Diese Mikroorganismen kommunizieren untereinander und bilden dadurch ein gemeinsames, uns quasi durchwebendes Mikrobenorgan, das als Ganzes auf Einflüsse seiner Teile reagieren kann. Unsere Erstbesiedelung erfolgt vor und mit der Geburt und bedingt unsere gesamte Körperentwicklung sowie mit ihr verbundene seelische Prozesse. Lebenslänglich besteht unsere Gesundheit in einem harmonischen Miteinander von Mikroorganismen und Körperzellen, wobei Bakterien Aufgaben für uns übernommen haben, zu denen die Körperzellen allein nicht fähig sind. Jede Gestaltung unserer Lebensweise, Nahrung, Kleidung, Körperpflege, der Umgang miteinander und jeder Kontakt mit der Umwelt beeinflussen unser persönliches Mikrobiom. Indem wir es pflegen und fördern, tun wir nicht nur etwas Gutes für unsere Gesundheit, wir übernehmen auch die Verantwortung für die Art Mikroorganismen, die wir, weil wir sie auf uns kultivieren, an unsere Mitwelt weitergeben.

7 Mikrobenmord macht Mühe

Alljährlich sterben mindestens 50 000 Menschen in deutschen Krankenhäusern, weil sie dort mit Bakterien besiedelt wurden, die durch den Einsatz von Antibiotika und Desinfektionsmitteln verändert worden sind. Das sind zehnmal so viel Tote wie im Straßenverkehr. Etwa 800 000 Menschen kommen mit dem Leben davon, nachdem sie sich in einer Klinik mit solchen Mikroben infiziert haben, manche aber mit bleibenden Schäden wie amputierten Gliedmaßen nach monatelangem schmerzvollem Leiden.

Das ist die Bilanz eines Irrtums, der überflüssigerweise alle Beteiligten belastet: die Bakterien, die einfach nur ihrer Aufgabe nachkommen wollen, alles auf der Erde zu bewohnen, die Umwelt, die mit Giftwirkungen befrachtet wird, die Kranken, die im Krankenhaus Heilung erhoffen, Schwestern und Pfleger, die helfen wollen, und Ärzte, die nach bestem Gewissen tun, was sie gelernt haben. Nicht zuletzt zahlen wir alle zusammen dafür, denn mit unserem Geld werden die damit verbundenen Maßnahmen finanziert. Die Entfernung des sogenannten »Krankenhauskeims« MRSA (Methicillin-resistenter *Staphylococcus aureus*) von einem einzigen Patienten dauert mit den derzeit üblichen Bekämpfungsmaßnahmen bis zu einem Jahr, und die damit verbundenen Kosten belaufen sich auf 6000 bis 20 000 Euro. Im Jahr 2004 kostete ein Patient mit solchen Bakterien auf der Intensivstation täglich 1622 Euro zusätzlich zum Tagessatz.

Dass Bakterien auf diese Weise zu beseitigen sinnlos und unmöglich ist, hätten wir längst begreifen können. Jahr für Jahr steigt der Anteil an Bakterien, die tapfer trotz Todesgefahr in Krankenhäusern weiterleben, Schritt für Schritt verändert, mit neuen Überlebensstrategien, die sie sich rascher untereinander weitererzählen, als wir Menschen neue, stärkere Mordmittel entwickeln können. Weniger als zwei Prozent der an sich harmlosen Hautbakterien *Staphylococcus aureus* waren im Jahr 1990 gegen wesentliche Antibiotika gefeit. Inzwischen sind es über 20 Prozent, Tendenz steigend. Das Gleiche gilt für viele andere Stämme. »Resistent« werden solche Bakterien genannt (vom lateinischen *resistere* für »sich widersetzen, verharren«). Laufend gibt es mehr davon. Würden wir sie einmal fragen, was sie denn von uns Menschen halten, würden sie uns wahrscheinlich als »renitent« bezeichnen, was aus dem Lateinischen übersetzt »sich entgegenstemmend« heißt. Mit welcher Renitenz sträuben wir uns gegen die Weisheit der Erde, die alle ihre Lebensräume von Mikroorganismen besiedelt sein lässt, und zwar gesunderweise in einer Vielfalt und Fülle? Wir verwechseln Sauberkeit mit Keimfreiheit. Anstatt zu reinigen, morden wir. Hygiene heißt: Hände und was auch immer waschen, heißt allersorgfältigsten Umgang mit Kranken, mit Geräten und Materialien, heißt auch Schutz und Gleichgewicht. Es muss nicht zwangsläufig bakterienfrei heißen. Seit dem vorletzten Jahrhundert wird Keimfreiheit gepredigt. Je länger sie praktiziert wird, desto größer werden die dadurch entstehenden Probleme, und immer neue resistente Stämme rütteln nicht nur die Klinikhygieniker auf. Und da, wo Mikroben am massivsten massakriert werden, sind die Probleme natürlich am größten. Der Anteil mehrfach resistenter gramnegativer Bakterien an Infektionen auf Intensivstationen ist laut einer internationalen Studie von 39 Prozent im Jahr 1992 auf 62,2 Prozent im Jahr 2007 gestiegen. Und es kann weitergehen. Sie haben es nicht mehr weit bis zu 100 Prozent.

In solch einer Situation sagt schon der gesunde Menschenverstand, dass es Zeit ist, die bisherige Strategie zu ändern. Nachdem wir wissen, dass Bakterien gesunderweise alles auf der Erde besiedeln, dass sie in höchstem Maße imstande sind, sich neuen Gegebenheiten anzupassen, dass sie die Information über solche Anpassung dank ihrer Kommunikationsfähigkeit sofort dem gesamten Bakterienkollektiv weitergeben und dass solcherart veränderte Bakterien sich grenzenlos durch alle Lebensbereiche bewegen können, gibt es nur eine logische Schlussfolgerung: Es ist besser, sie als gute Freunde zu behandeln und sie in Liebe zu würdigen. Die weltweiten Erfahrungen mit Effektiven Mikroorganismen zeigen, dass es sich lohnt, mit ihnen zusammenzuarbeiten.

Antibiotikaresistente Bakterien gibt es inzwischen überall auf der Welt. Man hat sie in Füchsen ebenso wie in Zugvögeln gefunden, fast jeder zweite Bauernhof Deutschlands beherbergt sie im Stallstaub, 58 Prozent der geschlachteten Schweine tragen sie in ihrem Körper. Sie finden sich im Boden und in der Luft, in unserem Trinkwasser ebenso wie in der Antarktis, auf der Müllkippe und in den Tropen. Was immer wir örtlich mit Bakterien anstellen, verbreitet sich über die ganze Welt. »Kampf den Killerkeimen«, heißt es in einer Überschrift im *Deutschen Ärzteblatt* im Dezember 2010. »Killer in der Klinik«, schreibt eine Apothekenzeitung und meint die Bakterien. Doch wer killt hier wen? Wir killen die Bakterien, jedenfalls versuchen wir es, und haben dafür naturgemäß die Konsequenzen zu tragen. Allein 2789 verschiedene Antibiotika sind im Jahr 2010 in Deutschland als Arzneimittel für den Menschen zugelassen, über 8000 antibiotische Substanzen sind dafür bekannt. Doch wir beschränken uns nicht auf die bakterienfeindliche Haltung gegen uns selbst. Pflanzen, Boden, Häuser, Tiere, alles wird mit Aktivitäten unseres irregeleiteten Handelns überzogen. Nötig wäre das nicht, denn häufig geht es dabei gar nicht um Gesundheit, sondern um den scheinbaren Gewinn von Geld.

In dem Teil der Landwirtschaft mit dem höchsten Industrialisierungsgrad, der Hähnchenmast, ist auch die Bakterienflora am stärksten gestört. Das Anbieten des Fleisches zu »Kampfpreisen« lässt den Gebrauch von Antibiotika im Stall zur Regel werden. Auf engstem Raum zusammengepfercht, vegetieren Masthähnchen unter unwürdigen Bedingungen in Aufzuchtanlagen vor sich hin und erhalten mehrere Antibiotikabehandlungen, zusammengerechnet während bis zu zwei Dritteln ihres 35 Tage dauernden Daseins. Natürlich haben diese Antibiotika sich am Ende ihrer Mast nicht in Luft aufgelöst. Sie gelangen über Exkremente in den Mist und über dessen Ausbringen auf Felder in den großen Kreislauf. Reste können auch im Fleisch verbleiben, mit dem der Mensch sie isst. In Massentierhaltung kann man keine Einzeltiere kennen und behandeln. Immer muss der gesamte Bestand medikamentiert werden. Diese Behandlungen sind derzeit billiger, als tote Tiere und kleinere Zuwachsraten zu dulden. Es liegt daher auch an jeder und jedem Einzelnen von uns, sich für artgerecht gehaltene Tiere zu einem angemessenen Preis zu entscheiden. Die teure Quittung für eine antimikrobielle Störung der gesamten Umwelt zahlen wir letztendlich doch wieder alle selbst. Biologisch arbeitende Landwirte beweisen, dass Tierhaltung auch ohne Anwendung von antimikrobiellen Mitteln möglich ist. Viele von ihnen arbeiten bereits mit bakterienfördernden Methoden. Wir sollten sie in ihrem Bemühen unterstützen.

Es sind beileibe nicht nur Mensch, Pflanze und Tier, die antimikrobiell behandelt werden. In Papier- und Kunststoffherstellung, bei Holz-, Leder- und Metallverarbeitung, in Erdölförderung und Kraftwerken, der Lebensmittelverarbeitung und der Informations- und Technologiebranche werden Desinfektionsmittel eingesetzt. Privathaushalte werden mit antimikrobiellen Plastikkugeln für die Waschmaschine ausgestattet, mit Matratzen, die von Bakterien befreien sollen, mit bakterienabweisendem Kinderspielzeug, bakterientötenden Klobrillen, Zahnbürsten, Computertastaturen, Wandfarben oder Türklinken. Vom Brauseschlauch über Lebensmittelverpackungen, Unterwäsche, Kühlschränke oder Wandfarben ist alles in antimikrobieller Ausstattung zu haben. Mehr als 18 000 Biozid-Produkte waren im Jahr 2009 in Deutschland gemeldet. Die irrige Vorstellung, dies würde die Ausbreitung von Krankheiten vermeiden, lässt Menschen danach greifen, denn »bakterientötend« wird mit »gesund« verwechselt. Dabei ist wissenschaftlich nachgewiesen, dass in Haushalten, die mit Desinfektionsmitteln putzen und mit antimikrobiellen Produkten ausstaffiert sind, keineswegs weniger Krankheiten auftreten als in anderen. Ob die kräftig beworbene und oft teuer bezahlte Keimfreiheit überhaupt Realität wird, sei einmal dahingestellt. Oft genug sind solche Produkte jedenfalls mit giftigen Chemikalien oder mit Silberpartikeln versetzt, die Stoffwechselstörungen zur Folge haben können. Viele sind mit metallischen Nanopartikeln versetzt, deren Winzigkeit inzwischen ebenfalls als Risiko für die menschliche Gesundheit angesehen wird.

Was geschieht bei der Verwendung eines Desinfektionsmittels, eines Antibiotikums? Am Ort des Eingriffs wird ein Teil der vorhandenen Bakterien am Wachstum gehemmt oder getötet. Ein anderer Teil überlebt. Schon damit ist das womöglich alteingesessene Miteinander der Mikroben grundlegend gestört, ihnen auch die Möglichkeit genommen, heilend auf eine kranke Situation einzuwirken. Was wir landläufig »Antibiotikum« nennen, waren ursprünglich mikrobeneigene Stoffe, die dazu dienten, den Bestand untereinander zu regulieren. Frei nach dem Motto: »Heute vermehre ich mich, und deine Tätigkeit wird reduziert.« Es waren also natürliche Substanzen, die von Einzellern als Botenstoffe zur Kommunikation untereinander abgesondert wurden (siehe Kapitel 5). Später hat man sie künstlich nachgebaut, um andere Wirkmechanismen erweitert und neue Mittel entwickelt. Dabei wurde die friedliche Regulation der Mikrobenwelt als ein Kampf gegeneinander gedeutet, den der Mensch angeblich nur imitiert. Wo wir uns aber pilz- oder bakterieneigener Botenstoffe bedienen, um sie zu töten, ist unser Kampf besonders perfide. Es ist so, als würden sich Übeltäter unter den Menschen des Telefons bedienen, um jemanden, der ahnungslos den Hörer abnimmt, umzubringen. Genauso wenig wie unsere Kommunikationswege, die natürlichen wie die technischen, zum Umbringen entwickelt wurden, genauso wenig sollten wir die mikrobiellen Verständigungsmittel missbrauchen.
Neben den ursprünglich natürlichen Antibiotika gibt es zahlreiche Chemikalien, die gegen Mikroorganismen eingesetzt werden. Man nannte sie ursprünglich »Chemotherapeutika«, deren erstes im Jahr 1909 das Salvarsan war. Inzwischen fasst man auch synthetische Produkte unter dem Begriff »Antibiotika« zusammen und bezeichnet mit »Chemotherapeutika« Substanzen, die bei Krebserkrankungen eingesetzt werden. Im Jahr 1994 betrug die Gesamtmenge der weltweit verwendeten Antibiotika 500 Tonnen. Das ist eine gewaltige Menge an Kampfstoff, der unentwegt in die Welt gesetzt wird. Ganz abgesehen von der Anwendungswirkung, werden zur Produktion von Antibiotika meistens der Natur entnomme-

ne Bakterien selektiert, isoliert, zwecks kommerzieller Produktion zu »Hochleistungsstämmen« herangezüchtet, womöglich wird ihr Genom manipuliert, und die derart zugerichteten Monokulturen werden in großen Fermentern gezwungen, möglichst viel der gewünschten Substanz zu produzieren. Man macht Mikroben also zu Zwangsarbeitern, die ungefragt und in ungewollter Weise Giftstoffe zu synthetisieren haben, welche anschließend gegen ihresgleichen verwendet werden. Bemerkenswerterweise fällt die Entwicklung dieser Antibiotika in die Zeit des Zweiten Weltkriegs, als auch Menschen als Zwangsarbeiter Waffen gegen ihre Landsleute zu produzieren hatten. Mangelnder Respekt vor der schöpferischen Ordnung und ein Kampf, der sich gegen kleinste Wesen richtet, ist eine Geisteshaltung, die offenbar in der Folge auch vor Mitmenschen nicht haltmacht.

Mit einer veränderten Einstellung gegenüber Mikroben kann sich etwas Grundlegendes in uns wandeln, hin zu mehr Liebe und zu heilsamen Beziehungen auch unter uns großen Geschöpfen.

Es wurden verschiedene Wege entwickelt, um Bakterien am Leben zu hindern. Manche Antibiotika stören sie beim Bau ihrer Hülle, manche lassen ihre Haut so löchrig werden, dass sie ihr Inneres nicht länger zusammenhalten können. Andere hemmen bakterielle Stoffwechselschritte oder blockieren die Selbstversorgung durch Eiweißsynthese. Wieder andere legen falsche Moleküle anstelle der richtigen ab oder stören die Ablesung von Genen. Eine jeweilige Wirkung ist häufig auf bestimmte Bakterienarten beschränkt. Die Leichen der Einzeller werden danach der Entsorgung durch das Gewebe überlassen, beim Menschen dem Immunsystem. Sie belasten den betreffenden Organismus.

Bakterien wären nicht Bakterien, ließen sie sich in ihrer unbegrenzten Kreativität nicht etwas einfallen, was solche lästigen menschlichen Manipulationen behindert. Wenn in einem Lebensraum eine bakterientötende Substanz ankommt, gleich, ob es sich um ein Desinfektionsmittel am Waschbecken, eine antimikrobielle Socke oder ein geschlucktes Antibiotikum handelt, wird ein Teil der dort lebenden Mikroben davon erwischt. Andere, die mit dem Schrecken davonkommen, sagen sich quasi: »Das soll mir nie wieder passieren. Ich verändere dies und das, und dann wollen wir doch mal sehen.« Kommt das gleiche Mittel noch einmal an, stört dies die veränderten Mikroben nicht mehr. In der Absicht, sich dennoch durchzusetzen, denkt sich der Mensch daraufhin etwas Stärkeres aus. Jetzt sterben neben dem unveränderten auch ein Teil der veränderten Einzeller, doch ein Teil wird wieder überleben, vielleicht geschwächt, und beschließen: »Ich muss also noch mehr verändern, um in Zukunft am Leben zu bleiben.« Tut's und ist damit gewappnet, wenn dieses Mittel noch mal zu ihm kommt. Der Mensch, empört, dass den Keimen immer noch kein Garaus zu machen ist, verwendet nun wiederum ein stärkeres Mittel, doch es geschieht dasselbe wie zuvor: Ein Teil der Bakterien überlebt und verändert sich, und liebevoll, wie man in der Mikrobenwelt zueinander ist, speichert man die Informationen darüber keineswegs bloß im eigenen Chromosom, sondern legt es als Plasmid ins Zytoplasma ab, wo es unabhängig von der Bakterienteilung in beliebiger Zahl vervielfacht und freigebig an alle benachbarten Bakterien weitergegeben werden kann. Vom Ort des Geschehens, egal, ob von einer Intensivstation oder einer Hähnchenmast, können Bakterien mit solchen vom Menschen antrainierten Eigenschaften im Genom in beliebige Himmelsrichtungen unbegrenzt verbreitet werden. Jeder bakterienhemmende oder -tötende Eingriff verändert nicht nur sofort die mikrobielle Zusammensetzung am Einsatzort, die verbleibenden Bakterien verändern sich ebenfalls, und zwar umso mehr, je mehr Anlass sie dazu bekommen haben.

Berühmtester Wandlungskünstler unter den resistenten Bakterien ist der obengenannte, an sich harmlose Hautbewohner *Staphylococcus aureus,* übersetzt »goldene Haufenkugel«. Er hat in dem Wettrennen zwischen Mensch und Mikrobe die Oberhand behalten und trägt seither den Ehrentitel »Methicillin-resistent«, kurz MRSA. Nur dumm, dass er durch sein fleißiges Bemühen, seiner Aufgabe auf der Erde weiterhin nachzukommen und den Beseitigungsbestrebungen des Menschen zu widerstehen, so stark verändert ist, dass er nun zu diesem nicht mehr passt. Erbrechen, Durchfall, Lungenentzündungen, Wundheilungsstörungen und weitere elende Erkrankungen können dadurch folgen.

Anstatt daraus den rechten Schluss zu ziehen, dass nämlich an unserer Vorgehensweise etwas nicht stimmen kann, werden nun Schuldige gesucht.

Die Hausärzte seien schuld, denn sie würden Antibiotika zu häufig verschreiben und kümmerten sich nicht ausreichend um deren korrekte Einnahme. Tatsächlich nahm das Volumen der von niedergelassenen Ärzten verschriebenen Antibiotika laut Gesundheitsreport der Techniker Krankenkasse von 2005 auf 2010 um 25 Prozent zu.

Die Pharmaindustrie sei schuld, denn in den achtziger Jahren sei man den resistenten Keimen mit Neuentwicklungen noch fünf Jahre voraus gewesen. Jetzt werde zu wenig geforscht, und stärkere Antibiotika fehlten.

Das Pflegepersonal im Krankenhaus sei schuld. Sie hielten die Vorschriften nicht ein, sich konsequent nach jedem Patientenkontakt die Hände zu waschen, es würde nicht alles gründlich genug desinfiziert, und sie gingen nicht achtsam genug mit Geräten um.

Die Deutsche Gesellschaft für Krankenhaushygiene fordert eine verbindliche Krankenhaushygieneverordnung mit der Möglichkeit, Sanktionen gegen Kliniken auszusprechen, die gegen die Grundprinzipien der Verordnung verstoßen. Weil in Großbritannien, wo bereits über 40 Prozent der Krankenhauskeime resistent sind, inzwischen Kranke aus berechtigter Angst davor, dort kränker anstatt gesund zu werden, nicht mehr in Kliniken behandelt werden wollen, prüfte der ehemalige britische Gesundheitsminister John Reid sogar Vorschläge, Klinikchefs vor Gericht zu bringen. Ihr Vergehen: gemeinschaftlich begangener Totschlag – nicht etwa der Bakterien, sondern der Patienten, die wegen Bakterienstämmen starben, die durch Bekämpfungsmaßnahmen tödlich verändert worden waren.

Deutlicher lässt sich der Zusammenhang unseres Tötens der

Kleinstlebewesen mit nachfolgendem Tod in unserem eigenen Leben kaum zeigen.

Wurde nun, um beim Beispiel der Staphylokokken zu bleiben, MRSA an einem Menschen nachgewiesen, der im Krankenhaus liegt, tritt ein Aktionsplan in Kraft, der pro Patient nicht nur eine sofortige Isolation und Schutzmaßnahmen wie Einmalkittel, -handschuh und Mund-Nasen-Schutz bei jedem Betreten des Zimmers vorsieht, sondern auch separates Untersuchen und Therapieren, tägliche antiseptische Ganzkörperwäsche, antiseptische Behandlung der besiedelten Areale wie des Mund-und-Rachenraums, tägliches Wechseln von Bettwäsche, Kleidung und Hygieneartikeln einschließlich Zahnbürste und Waschlappen, mehrfach tägliches Desinfizieren patientennaher Flächen, Fußbodendesinfektion und selbstverständlich die Einnahme stärkerer Antibiotika. Das alles muss man natürlich auch den Angehörigen erklären. Durchschnittlicher Mehraufwand: mindestens zwei Stunden pro Patient pro Tag und hohe Zusatzkosten, ganz abgesehen von der enormen psychischen Belastung des quasi in Einzelhaft genommenen Kranken. Was immer in ein MRSA-Patientenzimmer gelangt ist, muss anschließend weggeworfen werden. Säckeweise teurer Sondermüll resultiert daraus. Das alles macht keinen Spaß. Kein Wunder, dass man das Vorhandensein von MRSA im Krankenhaus, wie Hygieneexperten beklagen, auch gern einmal verschweigt.

Mit einem »Aktionsplan Hygiene« will die Landesregierung von Nordrhein-Westfalen nun das Problem lösen. Mit ihm soll der »Kampf gegen eine weitere Ausbreitung resistenter Keime nachhaltig verstärkt« werden. Eine Million Euro stellt sie für das Jahr 2011 unter anderem für einen »Ausbau des Frühwarnsystems« für multiresistente Keime zur Verfügung. Gleichzeitig hat sie sich innerhalb eines Euregio-Netzwerks zum Ziel gesetzt, »durch Aufklärung, Zusammenarbeit und Ursachenanalyse Krankenhausinfektionen zu reduzieren und den Umgang mit multiresistenten Erregern in den betroffenen Institutionen zu harmonisieren«. Weitere 2,4 Millionen Euro stellt sie dafür bereit. Von einer echten Lösung des Problems ist in beiden Projektpapieren nirgendwo die Rede.

Natürlich sind die Rufe nach stärkeren Antibiotika seit dem ersten Aufkommen von Resistenzen gleichbleibend laut. Zu allem Überfluss entdeckt man aber jetzt sogar noch Bakterien, die unter Antibiotikabehandlung besser gedeihen als ohne. Erstmals wurden solche Antibiotikaliebhaber bei einem an Tuberkulose erkrankten 35-jährigen Mann in China entdeckt. Anstatt zu sterben, blühen die Tuberkelstäbchen unter Gabe von vermeintlich sie beseitigendem Rifampicin geradezu auf. Züchten wir also demnächst durch Antibiotikagabe die Bakterien, von denen wir denken, wir müssten sie bekämpfen? Es wäre nicht verwunderlich. Wir können machen, was wir wollen: Solange wir Mikroorganismen ihr Existenzrecht auf der Erde selektiv absprechen, schlagen sie uns einfach Schnippchen um Schnippchen.

Auch wer für eine einfache Entzündung ein Antibiotikum schluckt, bringt nachhaltig sein bakterielles Innenleben durcheinander. Forscher der Stanford-Universität untersuchten anhand von Stuhlproben die Auswirkung einer fünftägigen Einnahme eines Breitband-Antibiotikums. Sofort nach Beginn nahm die Gesamtzahl der Darmbakterien um ein Drittel ab. Einige Arten verschwanden völlig, andere vermehrten sich unverhältnismäßig stark. Drei Wochen nach Ende der Einnahme hatte sich die Bakterienflora wieder einigermaßen erholt. Kaum nahmen die Probanden ein halbes Jahr später das gleiche Antibiotikum wieder ein, waren die Veränderungen jedoch stärker als zuvor. Und nicht nur das: Die Darmflora erholte sich auch im Laufe mehrerer Monate nicht. Nahmen Patienten eine Woche lang ein Antibiotikum ein, das gegen *Helicobacter* im Magen gerichtet war, konnten noch drei Jahre später Resistenzen dagegen in Enterokokken nachgewiesen werden, die ursprünglich zur gesunden Darmflora gehören. Es ist unmöglich, ein Antibiotikum ausschließlich gegen ausgewählte Arten anzuwenden. Wo immer wir Maßnahmen gegen Bakterien ergreifen, erziehen wir ihre ganze Umgebung um. Dass die Bakterien dann nicht mehr ihre eigentlichen Stoffwechselaufgaben erfüllen können, liegt auf der Hand. Selbst wenn Resistenzen keine Probleme mehr bereiten, behalten Bakterien ihre erlernte Information bei. Kaum

kommt ein Desinfektions- oder antibiotisches Mittel mit ihnen in Kontakt, kramen sie ihr Plasmid aus der Ruhepause hervor, aktivieren den erlernten Mechanismus und verändern sich wieder.
Antibiotika destabilisieren das gesamte Milieu und können erhebliche Nebenwirkungen haben. Beim Menschen sind es je nach Mittel Leber- und Nierenschädigungen, Blut- und Knochenmarkzerstörung, Ausschläge, Erbrechen und Durchfall, Krämpfe und Psychosen, bei örtlicher Injektion auch Gewebenekrosen. Nicht zuletzt bergen Antibiotika auch ein Allergiepotenzial. Allein gegenüber Penicillin reagieren über 10 Prozent der Bevölkerung bereits allergisch. Welche Lebensmittelunverträglichkeiten wegen Störungen der Darmflora durch Antibiotika ausgelöst wurden, weiß niemand. Zu viele Antibiotika werden dafür versteckt durch Nahrung und Umwelt aufgenommen.
Die Konsequenzen unseres derzeitigen Handelns sind also Tod, Leid, Krankheit und Zerstörung, Angst vor einer zunehmenden Bedrohung, Frustration bei allen Betroffenen und jede Menge Müll, explodierende Kosten und hoffnungslose Aussichten.
Warum ist angesichts dieses Horrorkabinetts an Auswirkungen, der eindeutigen Tendenzen, der Ängste und Mühen und der Millionenbeträge, die dieses Spektakel kostet, bisher kaum jemand auf die Idee gekommen, den Ansatz des Vorgehens zu hinterfragen? Warum ist niemand darauf gekommen, den Kampf an sich in Frage zu stellen? Obwohl niemand gern Leben tötet und wir doch selbst nichts lieber als geliebt werden wollen …?
Warum Bakterien auf der Unterwäsche, dem Kinderspielzeug, im Magen und auf der Wandtapete töten? Sie gehören dorthin. Entscheidend ist, welche und wie viele es sind, und dies kann man durch die Wahl von Umfeld, Material und Umgang mit den Prozessen steuern.
Vielleicht mussten erst die Effektiven Mikroorganismen auf den Plan treten und uns eines Besseren belehren. Mit ihnen ist der Weg in die Zukunft erfrischend einfach: Frieden mit den Mikroben schließen und zurück zur Natur. Natur heißt hier: eine üppige Bakterienflora in größtmöglicher Vielfalt, die sich selbst kommunika-

tiv organisiert. Wir können darauf vertrauen, dass die Einzeller darin mehr Erfahrung haben als wir.
Rechnet man die 3,4 Millionen Euro, die das Land Nordrhein-Westfalen für 2011 »zur Bekämpfung« der MRSA bereitstellt, auf den Einsatz von Effektiven Mikroorganismen um, so erhielte man dafür gut 5,5 Millionen Liter EMa[13] (siehe Kapitel 17). Man könnte damit bei gut 1,8 Millionen Patienten einschließlich Krankenzimmern eine mikrobielle Sanierung durchführen. Jedes Krankenhaus im Land ließe sich mit über 12 000 Liter EMa versorgen und könnte über 4000 Patienten und Umgebung mit einer bakteriellen Umstimmung beglücken.

Es geht um die bakterielle Ordnung, um ein Fließgleichgewicht. Um Bakterien als Lebensstrom, der sich durch alle Bereiche zieht. An jeder Stelle, an der wir gegen Mikroorganismen handeln, schneiden wir den Strom des Lebens ab, blockieren die zarten Wesen, die durchs Dasein ziehen, und berauben nicht nur sie, sondern auch uns selbst unserer fließenden Lebendigkeit. Dies aber ist Heilung: ins Fließen bringen, was gestaut oder abgekapselt ist, was getrennt ist vom alles miteinander verbindenden Strom des Seins. Die Anreicherung von bakterienstörenden Substanzen in uns und um uns herum ruiniert das zarte Gefüge der milliardenalten Mikrobenwelt, die als alles durchdringendes Organ durch und um die Erde webt. Unsere Antibiose ist, wie wenn man im Märchen einem wachsenden Riesen mörderischer Art gegenübersteht, der größer wird, solange man versucht, ihn zu erschlagen. Nicht entweder erschlagen oder selbst erschlagen zu werden ist dann die Lösung, denn der Riese sind in Wirklichkeit wir selbst. Sondern ihm im Geiste der Wahrheit mutig und entschlossen entgegenzutreten und ihn zu fragen: »Was ist dein Begehr?« Und die Antwort wird lauten: »Lass mir mein Leben, ich wünsche mir Liebe und Frieden, nicht mehr.«

8 Mit Bakterien heilen

Die Idee, mit Bakterien zu heilen, ist uralt. So wie mit jedem Untergang das Rettende naht, lebte sie wieder auf, als das Bekämpfen von Bakterien Mode geworden war, nämlich vor rund einhundert Jahren. Es war eine Gruppe weitblickender Ärzte, die aus der Einsicht heraus, dass Mikroorganismen unsere Lebensgrundlage darstellen, heilsame Wirkungen der Bakterien erforschten und daraus das Konzept der mikrobiologischen Therapie entwickelten.

Ist das bewusste Aufnehmen von Mikroorganismen Ernährung oder ist es Therapie? So wie Einzeller in allen Lebensbereichen Grenzgänger sind, bewegen sie sich auch hier nicht im Entweder-Oder, sondern im Sowohl-als-auch. Gesunde Nahrung sollte Mikroorganismen enthalten, denn unser Magen-Darm-Organ freut sich über Zuwachs und erlebt die Außenwelt durch die innere Berührung, nämlich über den Kontakt der geschluckten Bakterien mit dem Immunsystem im Darm (siehe Kapitel 6).

Kommen kaum oder keine Bakterien mehr im Körper an, schaltet dieser innere Kontakt auf Sparflamme, und das tut dem gesamten Organismus nicht gut. Es gibt kaum eine Erkrankung, die nicht auch durch eine fehlende oder disharmonische Bakterienflora entstanden sein kann. Natürlich spielt es eine bedeutende Rolle, welcher Art und Herkunft Mikroorganismen sind, die wir zu uns nehmen, und was sie mit sich bringen. Niemand wird erwarten, dass ein mit Fäulnismikroben gespicktes verdorbenes Lebensmittel oder eine schimmelgesättigte Atemluft irgendwie zum Wohlbefinden beitragen können. Auch beim Schlucken von Mikroben spielt die gesunde Mischung eine Rolle, und je vielfältiger und je mehr in sich selbst harmonisch abgestimmt sie sind, desto eher sind sie geeignet, das bereits vorhandene körpereigene Mikrobiom zu unterstützen. Die Mikroben finden ein gewisses örtliches Milieu vor, das entweder glücklich und zufrieden ist, dann werden sie kaum gebraucht, oder die Kommunikation vor Ort ergibt ein disharmonisches Bild, dann machen sie sich an die Arbeit, siedeln sich vorübergehend dort an und beginnen etwas für das Gesamtgleichgewicht zu tun. Je stärker ein Lebensraum gestört ist, sei es die Nagelhaut eines Menschen, der Gartenboden oder das Euter einer Kuh, desto größer ist die Wahrscheinlichkeit, dass die Zugabe harmonisierender Bakterien eine Veränderung bewirkt. Es kann unter Umständen lange dauern, bis ein gestörtes Milieu sich wieder umgestimmt hat, die Erfahrung mit Effektiven Mikroorganismen zeigt jedoch, dass es in fast jedem Lebensraum gelingt.

Was für uns heute selbstverständlich ist, dass es nämlich eine gesunde Bakterienflora gibt, die beispielsweise beim Menschen im Darm durch Verzehr von Sauerkraut oder Joghurt unterstützt werden kann, war im 19. Jahrhundert noch ein befremdlicher Gedanke. Zu wenig vertraute man dem, was die Natur geschaffen hatte. Seit das wissenschaftliche Urteil über die angeblich so mörderischen Mikroben gefällt war, mutete jede Entdeckung irgendeiner ihrer nützlichen Eigenschaften jedes Mal wie ein Wunder an. Dabei hatte schon im Jahr 1877 J. Joubert, Forscher bei Louis Pasteur, beobachtet, dass Bakterien andere Bakterien beeinflussen und potenzielle Erkrankungen verhindern können. Elias Metschnikow war im Jahr 1908 einer der ersten Wissenschaftler, die, und zwar zwecks Verlängerung des Lebens, nahelegten, Milchsäurebakterien zu schlucken. Als therapeutisches Mittel bei Erkrankungen empfahl bald darauf der Arzt Alfred Nißle die Einnahme der von ihm kultivierten *Escherichia coli.* Er hatte diesen, später »*E. Coli* Nißle 1917« genannten und bis heute auch zu Forschungszwecken häufig verwendeten Stamm aus dem Stuhl eines Soldaten isoliert, der während des damaligen Balkanfeldzugs im Gegensatz zu allen seinen Kameraden von jeglichen Darmerkrankungen verschont geblieben war.

Obwohl auch andere Forscher von heilsamen Wirkungen geschluckter Bakterien berichteten, galt bis in die sechziger Jahre die Lehrmeinung, die Antibiotikatherapie sei *das* »Wundermittel«, mit dem in baldiger Zukunft sämtliche Infektionserkrankungen vom Planeten ausgerottet sein würden. Voller Elan forschte und praktizierte die Wissenschaft diesem Ziel entgegen. Dennoch taten sich einzelne Ärzte zusammen, gründeten 1954 den »Arbeitskreis Mikrobiologische Therapie« und versuchten, zur Ehrenrettung der Einzeller als Lebensvermittler beizutragen. »Gesundheitserreger« nannte der Kinderarzt Helmut Mommsen die Bakterien und setzte mit einem zunächst kleinen Kreis von Kollegen der »antibiotischen Chemotherapie« die bakterielle »Symbiose-Lenkung« durch Einnahme von Einzellern entgegen. Bezeichnenderweise waren mit Dr. Hans Kolb (1915–2009) und insbesondere Dr. Hans-Peter Rusch (1906–1977) Ärzte in diesem Kreis, die sich im Sinne der »Unteilbarkeit der Schöpfung« zugleich der Erforschung der Bodenmikrobiologie als Grundlage der menschlichen Gesundheit widmeten. Aus diesem Bestreben heraus wurde von Dr. Rusch, Dr. Maria Müller und ihrem Ehemann Hans der Bioland-Verband gegründet, der zweite Gemeinschaftsimpuls zur biologischen Bodenbewirtschaftung nach dem Demeter-Verband, der bis heute wesentlich die biologische Landwirtschaft fördert.

Die Erfolge der Mikrobiologischen Therapie waren bald beachtlich. Mandelentzündungen, akute und chronische Entzündungen von Atemorganen, Niere, Harnwegen und Blase, sämtliche Darmerkrankungen und Krankheiten des rheumatoiden Formenkreises ließen sich ebenso gut heilen wie solche, die auf Fehlreaktionen des Immunsystems fußten. Dabei wurde schnell deutlich, dass es nicht darum ging, geschluckte Bakterien im Körper anzusiedeln. Höchstens bei kleinen Kindern, deren Darmflora noch unausgeprägt ist oder nach Auslöschung einer Darmflora durch Gifte, Bestrahlung oder Antibiotika lassen sich aufgenommene Bakterien später dauerhaft wiederfinden, während beim Erwachsenen die Darmflora gesunderweise als komplexer Biofilm so gut strukturiert ist, dass geschluckte Bakterien mit diesem in Dialog gehen, ihn auch modifizieren, ohne jedoch als Dauerbewohner darin Platz zu nehmen.

Dieser Dialog birgt Geheimnisse, die die Forschung erst allmählich zu entdecken im Begriff ist. So weiß man inzwischen, dass die Bakterien das Immunsystem modulieren. Eine in Asthma, Nessel-

fieber, Neurodermitis oder Heuschnupfen, Allergien oder Unverträglichkeiten überschießende Reaktionsbereitschaft wird ins Gesunde gedämpft, eine schwache, die den Betreffenden immer wieder kränkeln lässt, wird gestärkt. Und zwar anders als eine zur raschen Gesundung, aber häufig zur Wiedererkrankung führende Antibiotikabehandlung, nämlich grundlegend und langfristig.
Auch Stoffwechselprodukte von Mikroorganismen sowie Präparate aus abgetöteten Bakterien wurden zur Heilung entwickelt. Sie werden geschluckt oder, wie auch die Lebendkeimpräparate, unter Umständen in die Haut oder ins Blut gespritzt. Seit den fünfziger Jahren hat sich die Mikrobiologische Therapie, von vielen Therapeuten weiterentwickelt, bewährt und findet zunehmend Bestätigung durch wissenschaftliche Erkenntnisse. Doch damals, in der Euphorie der Bakterienbekämpfungsidee, verhallten ihre Bemühungen leise. Ungehört blieben Warnungen wie die des Dr. Rusch, der vorhersagte, was sich mittlerweile bewahrheitet hat: dass die beim vergeblichen Versuch, sie auszurotten, zwangsläufig entstehenden Resistenzen uns eines Tages über den Kopf wachsen und uns Probleme bescheren würden, die größer wären als je zuvor. Zu groß war die Begeisterung über die scheinbar großartigen Erfolge antimikrobieller Behandlungen, gepriesen wurden die Triumphe der neuen Medizin. Erst einige Jahrzehnte und etliche wissenschaftliche Einsichten über das segensreiche Wirken unserer mikrobiellen Mitbewohner später flammte das Interesse an der gezielten Einnahme von Bakterien wieder auf, und zwar im Zusammenhang mit der Ernährung.
Werner Kollath (1892–1970) war es, der im Jahr 1954 den Begriff »Probiotikum« prägte (aus dem lateinischen *pro,* das »für« heißt, und dem griechischen *bíos* für »Leben«). Ein Begriff, der genauso schnell populär wurde, wie er positiv klang, und der sich dabei verschiedenen Verwendungen unterlegte, sich wandelnd mit unserer allmählichen Weiterentwicklung zur Wahrheit über die Welt der Winzlinge. Erst nannte man »Probiotikum« alle für den Menschen lebensnotwendigen Makromoleküle, dann die Substanzen, die von Bakterien zum Wachstum ihrer Kameraden abgegeben

werden, dann geschluckte Bakterien, die die Verdauungsorgane positiv beeinflussen. Und heute wird man unserem Wissen über die bakterielle Besiedelung des gesamten Lebens gerecht, indem die WHO Probiotika als »lebende Mikroorganismen« definiert, »die, wenn in ausreichender Menge verabreicht, dem Wirtsorganismus einen gesundheitlichen Nutzen bringen«. Das kann jetzt alles sein, solange es lebende Mikroben enthält: Bakterien zum Gurgeln oder Schlucken, auf die Haut gestrichen oder als Wickel angelegt, im Sitzbad oder zum Nasenspülen, als Fußbad oder auf blaue Flecken, auf Pickel gepinselt, auf offene Wunden gesprüht, gerochen, getrunken oder geschluckt, all dies für alle lebenden Wesen auf der Welt. Heilbringende Bakterien für alles und jeden. Juchhu! Endlich kehren wir zum Ursprung zurück.

Streng genommen, sind alle Lebensmittel, die Mikroben mit sich bringen, Probiotika: Brot und Käse, Champagner und Weintrauben, Sojasoße und Joghurt, Schnibbelbohnen und Sauerkraut, Obst, Bier, Pudding und Salat und auch die Möhre, die, frisch aus dem Gartenboden verspeist, noch dessen Fülle an Bakterien an sich trägt. Ab sofort dürfen wir jeden Pflaumenpfannkuchen probiotisch nennen.

Macht das nicht deutlich, wie kurios unser Zugang zur Bakterienwelt ist? Ja geradezu lächerlich? Erst kannten wir sie nicht. Da waren Bakterien im Essen normal. Sie wurden in der Antike in den Göttern der Fermentation wie Bacchus und Dionysos verehrt. Dann entdeckten wir sie und hielten sie in unserer Fremdes verteufelnden Angst für Bösewichter. Folglich erfanden wir die Antibiose. Als wir zu spüren bekamen, welche Konsequenzen dies hat, erfanden wir zum Ausgleich die Probiotika. Jetzt ist es Zeit, aus Anti und Pro wieder das werden zu lassen, was das Natürlichste von der Welt ist: die Normalität der Mikroben in der Einheit des Lebendigen. Es ist schlichtweg überflüssig, Lebewesen erst für viel Geld zu töten, um sie anschließend für viel Geld wieder zu kultivieren und zu schlucken.

Denn meistens redet man ja nicht vom »Probiotikum«, wenn das Mittagessen auf dem Teller vor uns steht, sondern von phantasie-

voll neuproduzierten Produkten, die für viel Geld auf Augenhöhe im Supermarktregal stehen. Der Umsatz mit »probiotischen« Milchfrischerzeugnissen in Deutschland stieg von 1996 bis 2004 von circa 75 auf 485 Millionen Euro pro Jahr an. Im Jahr 2009 waren es einem bekannten Marktforschungsinstitut zufolge satte 1,4 Milliarden Euro. Das ist ziemlich viel Geld für etwas, was man natürlicherweise gratis bekommen kann. Inzwischen gehen die Umsätze bereits wieder zurück. Vielleicht dämmert es der Allgemeinheit allmählich, dass es sich bei »probiotischem« Joghurt mehr als alles andere um einen erfolgreichen Werbegag handelt.
Dennoch: Wären unsere Garten- und Ackerböden bakteriell liebevoll versorgt und blieben unsere Lebensmittel mit ihren natürlichen Bakterien versehen, würden wir zudem aufhören zu desinfizieren und uns stattdessen – im Großen wie im Heimischen – für eine gesunde und lebensfreundliche Umwelt einsetzen, wir könnten sehr, sehr viel Geld sparen.
Für die Schwächung unserer Körper aufgrund fehlenden Bakterienkontakts in den hochentwickelten Industrienationen hat sich inzwischen tatsächlich schon der wissenschaftliche Begriff der »Hygiene-Hypothese« etabliert. »Dreck reinigt den Magen« heißt hier so viel wie »Bakterienkontakt trainiert das Immunsystem«. Wem dieser fehlt, wird anfällig und krank. Wer frühzeitig und lebenslang mit vielen verschiedenen Mikroorganismen zusammenlebt, erfreut sich nachgewiesenermaßen einer besseren Gesundheit.

Während ein *Pro*biotikum lebende Mikroben enthält, ist ein *Pre*biotikum (vom lateinischen *prae* für »vor, voran«) eine Substanz, die das Wachstum bestimmter Bakterien fördert. Bislang werden hierunter nur Pectine und Inuline sowie wenige weitere Kohlehydrate gefasst, die zusätzlich zum Essen verzehrt werden und ähnlich den in der Nahrung vorkommenden Ballaststoffen unverdaut im Dickdarm als Bakteriennahrung dienen. Sie sollen dort gezielt das Wachstum vor allem von Milchsäurebakterien fördern, damit diese andere, unerwünschte Bakterien verdrängen.
Wer weiß? Vielleicht wird sich der Bedeutungshorizont auch

dieses Begriffs mit der Zeit wandeln, wenn wir eines Tages mehr über die Bedürfnisse unserer Bakterien in anderen Körperregionen, in der Nase, auf den Zähnen, den Achselhaaren oder der Haut wissen und diese besser bedienen können. Vielleicht werden dereinst auch natürliche Kosmetika »prebiotisch« genannt. Umgangssprachlich bezeichnet man ja heute schon generalisierend alle bakterienfördernden Lebensmittel als »prebiotisch«.

Ein gemischtes Vollwertessen ist also naturgemäß sowohl pro- als auch prebiotisch – oder auf gut Deutsch: schmackhaft und gesund. Werden lebende Mikroorganismen und Bakterienfutter, also Probiotikum und Prebiotikum, in einem Produkt kombiniert, spricht man von einem Synbiotikum. Die Begriffe »Prebiotikum« und »Synbiotikum« wurden erst im Jahr 1995 von M. B. Roberfroid und G. R. Gibson geprägt. Seit den sechziger Jahren boomt auch das Interesse an Bakterien unter dem Begriff der »Probiotika«. Ihre positiven Auswirkungen auf das Gleichgewicht des Lebens sind in zahlreichen Studien nachgewiesen.

Wann es sich bei der Verwendung lebender Bakterien um Ernährung, wann um Kosmetik, Körperpflege oder Therapie handelt, ist eher eine Frage der Absicht als eine Frage der Mikroorganismen. Gehören sie zu den zugelassenen Arzneimitteln, fallen sie in die Gruppe der Mikrobiologika, die alle arzneilich wirksamen Präparate mikrobiellen Ursprungs umfassen. Sie können aber auch als Nahrungsergänzungsmittel, als Tierfutter oder wie im Falle der Effektiven Mikroorganismen zunächst als Bodenhilfsstoff im Handel zugelassen sein. Da Bakterien sich nicht in ihrem Bestreben nach Bewegung im Kreislauf des Lebens einschränken lassen, sind solche Zulassungen auch nur ein ordnendes menschliches Werkzeug, dem sich die Einzeller grundsätzlich entziehen. Ob ein als Arznei oder Nahrung geschlucktes Bakterium oder eines, das im Shampoo sitzt: Sie begegnen sich spätestens in der Kläranlage wieder und kehren von dort in die weite Welt zurück. Umso wichtiger ist es, dass es grundsätzlich Organismen sind, die einen natürlichen Ursprung haben, und keine, die auf irgendeine Weise künstlich verändert worden sind.

Trotz der zunehmenden Akzeptanz der Probiotika, die sich auch in einer wachsenden Zahl ernstzunehmender wissenschaftlicher Studien zu ihren Wirkungen niederschlägt, ist das allgemeine Vertrauen in unsere Mini-Mitbewohner noch nicht uneingeschränkt groß: Immer noch geht man in der Regel davon aus, dass es sich bei Probiotika um definierte Einzelstämme handeln sollte, die strengen Sicherheitskriterien genügen müssen, bevor sie an oder in ein Lebewesen gelangen dürfen. Trotz des Wandels unserer Haltung ihnen gegenüber scheint also immer noch unterschwellig die Angst vor bakterieller Gefahr hindurch. Einzelstämme, vermeint man, ließen sich kontrollieren, und lieber möchte man kontrollieren, was im Einzelnen geschieht, als zuzulassen, dass ein Gefühl der Bedrohung aufkommt.

Neu ist daher der Gedanke, sich einer Bakterienmischung aus mehreren unterschiedlichen Mikroben wie den Effektiven Mikroorganismen anzuvertrauen. Letztendlich sind auch sie aus bekannten Einzelstämmen komponiert und kultiviert, die natürlichen Ursprungs sind, so dass man weiß, worum es sich handelt. Und doch ist der dahinterstehende Gedanke neu: Vertrauen in die Fähigkeit der Mikroorganismen, als Gemeinschaft untereinander und in Kommunikation mit der Umgebung ein gegebenes Problem selbständig zu lösen. Man darf es ihnen zutrauen, denn sie haben dies schließlich schon Milliarden von Jahren lang erfolgreich praktiziert.

Für diesen Zugang zu Bakterien, der den Respekt vor ihrer eigenständigen Fähigkeit zur Harmonisierung im Sinne eines größeren Ganzen einschließt, wurde von mir der Begriff »conbiotisch« geprägt, übersetzt »mit dem Leben«.

»Conbiotisch« berücksichtigt den gesamten mikrobiellen Kreislauf des Lebens und holt die Mikroben als Ausdruck eines durch die Einzeller hinfließenden elementaren Materiestroms ins Bewusstsein. Es drückt aus, dass alles im Leben mit Mikroben zu denken ist und ein Zusammenwirken mit ihnen eine Selbstverständlichkeit. Damit wird gesagt, dass Bakterien überall heilbringend sein können.

Die conbiotische Haltung umfasst ein liebevolles und respektvolles Miteinander und wohlwollendes Akzeptieren der verschiedenen Aufgaben und Entwicklungen innerhalb unserer planetarischen Evolution.
Im Prinzip geht es beim pre-, pro-, con- oder synbiotischen Arbeiten um das Wiederherstellen einer aus welchen Gründen auch immer gestörten Ordnung. Dabei wissen wir bis heute weder bis ins Einzelne, wie die natürliche Ordnung eigentlich aussieht, noch, wie genau die Bakterien sie wiederherzustellen vermögen. Conbiotika sind Mikrobenmischungen, die imstande sind, mit uns Menschen zusammen zum Wohle des Lebens zu wirken. Sie sind eine Kulturleistung, wie es auch Probiotika sind, entsprechen aber dem Grundgedanken der Einheit und des Friedens der Mikroorganismen untereinander und des Menschen mit der Natur.

II Die Effektiven Mikroorganismen

9 Das sind EM

Um zu verstehen, was Effektive Mikroorganismen sind, muss man ihre Zusammensetzung nicht kennen. Sie sind mehr als eine pure Zusammenfügung einzelner Mikroorganismenstämme. Trotzdem, die offizielle Antwort auf diese Frage lautet: EM sind eine Mischung aus Milchsäurebakterien, Hefen und Photosynthese-Bakterien, fermentiert in Melasse und Wasser. Ihre Einzelteile sind jedoch nur Teil ihrer Existenz. Wichtiger ist: Sie sind ein Miteinander, ein Team aus der Welt der Mikroben, das als Gemeinschaft tätig wird, wohin auch immer wir Menschen sie bringen. EM sind ein Kulturprodukt, aus der Natur abgelesen und in handliche Form gebracht sowie auf verschiedenste Weise weiterentwickelt. Ihre Standarddarreichung ist eine flüssige Lösung.

Die Gesamtheit der aus EM entwickelten Anwendungsprodukte wird als »EM-Technologie« bezeichnet, übersetzt vom englischen *technology*, ein Begriff, der leider viel zu wenig die Lebendigkeit von Mikroorganismen zum Ausdruck bringt. Zur EM-Technologie gehören zum Beispiel EM-Vermehrungen und EM-Keramik.

EM wurden in Japan entwickelt und werden weltweit angewandt. Viele aus dem Japanischen ins Englische und schließlich ins Deutsche übersetzte Bezeichnungen rund um EM entstammen also ursprünglich dem asiatischen Raum und stimmen nicht immer mit unserem historisch gewachsenen Wortgebrauch überein. Da sie sich aber eingebürgert haben, verwende auch ich sie in diesem Buch.

EM sind also eine Mikroorganismenmischung aus Bakterien und Pilzen. Ihre genaue Zusammensetzung ist nur den Herstellern bekannt, es sind laut ihrer Auskunft Stämme der Lactobazillen, Bifidobakterien, Streptokokken aus der Gruppe der Milchsäurebakterien, die als Brau- oder früher auch als Bäckerhefe bekannten *Saccharomyces cerevisiae,* Streptomyces aus der Gruppe der Aktinomyceten (fädig sich verzweigende Bakterien), Pilze der Gattungen *Aspergillus* und *Mucor* und Photosynthese-Bakterien der

Gattung *Rhodopseudomonas*. Sie sind eine im milchsauren Milieu bei etwa pH 3,3 bis 3,5 stabilisierte Mischkultur.
Es heißt immer wieder, in EM seien über achtzig Mikrobenstämme vereinigt. Dem ist nicht so. Vielleicht handelte es sich irgendwo um einen Übersetzungsfehler. Jedenfalls sind heute in den klassischen EM, der von den Herstellern so genannten »Stammlösung«, etwa 15 unterschiedliche Stämme von Milchsäurebakterien, Hefen und Photosynthese-Bakterien vereint und auf besondere Weise gemeinsam kultiviert. Änderungen sind möglich. Die Hersteller haben letztendlich die Zusammensetzung in der Hand.

So wie die EM gemeinsam tätig sind, waren Menschen gemeinsam tätig, um sie zu manifestieren. Es verbanden sich Forschergeist und materielle Mittel mit einer Philosophie.
Über die Ursprünge der EM gibt es widersprüchliche Geschichten, die von Europa aus nicht wahrheitsgemäß zu ermitteln sind. Fest steht, dass ihr Entstehen von Okinawa ausging, einer zwischen Japan und Taiwan liegenden, zu Japan gehörenden Insel am Philippinischen Meer, die für die große Anzahl auf ihr lebender mehr als hundertjähriger Menschen berühmt ist. Dort wurde bereits seit Vorzeiten und bis zum heutigen Tage die Tradition fermentierter Lebensmittel im Alltag beibehalten.
Der Erwerbsackerbau allerdings war auch dort wie überall darauf ausgerichtet, mit großen Mengen chemischer Düngemittel hohe Erträge zu erzielen. Wer wann was zur Entwicklung der EM beigetragen hat, lässt sich von heute aus rückblickend schwerlich rekonstruieren; das ist für ihre praktische Anwendung auch bedeutungslos. Es handelte sich von Anfang an aber anscheinend um eine Kooperation, ein kreatives Miteinander, so wie es auch die Mikroben am liebsten praktizieren.
Beteiligt waren jedenfalls die Firma Sanko Sangyo mit ihren Mitarbeitern und der Agrarwissenschaftler Teruo Higa, der ab 1982 als Professor für Gartenbau an der Ryukyu-Universität auf Okinawa tätig war.
Nach Vorgängerkombinationen und mancherlei Experimenten mit

Mikroben im Ackerbau wurde 1982 ein marktfähiges Produkt der Allgemeinheit vorgestellt, dem man schließlich den Namen »Effektive Mikroorganismen« gab, abgekürzt »EM«. Dieser Name sollte ausschließlich für diese Mischung verwendet werden, ist jedoch nicht schützbar, so dass einige raffinierte Firmen, die Bekanntheit des Namens und seinen guten Ruf missbrauchend, diese Bezeichnung für den Vertrieb von imitierten Mikrobenmischungen benutzen, die EM ähnlich sehen, aber in Wahrheit keine sind. Dies ist Betrug am Käufer, aber machbar, indem aus den Einzelstämmen der zugehörigen Bakterien, die man zum Beispiel in gefriergetrocknetem Zustand im Bakterien-Großhandel kauft, eine Lösung hergestellt und mit entsprechendem Marketing in den Verkauf gebracht wird. Von derartigen Mixturen ist die Wirkung der EM, wie sie hier beschrieben wird, allerdings nicht zu erwarten.

Wesentlich für die weltweite Verbreitung der EM in der Anfangszeit war die Zusammenarbeit mit der 1935 gegründeten religiösen Gemeinschaft Sekai Kyusei Kyo (von den japanischen Begriffen *sekai*, »Welt«, *kyusei*, »retten«, und *kyo* für »Religion«), deren Philosophie eine praktizierte Liebe zur Erde in Form naturgemäßen Landbaus impliziert. Ihre grundlegenden Prinzipien umfassen Anforderungen, die von guter Lebensmittelqualität für den Erhalt der menschlichen Gesundheit über wirtschaftlichen und spirituellen Gewinn für Produzenten und Verbraucher bis zu nachhaltiger und einfacher Anwendung der Methoden reichen. Außerdem gilt es, in Einklang mit der Natur zu wirken, die Umwelt zu schützen und auf diese Weise genügend Nahrung zur Versorgung der Weltbevölkerung hervorzubringen.
Diese Gemeinschaft war im Bestreben um düngemittelfreie Bodenbewirtschaftung auf der Suche nach Mitteln zur Förderung der Bodenfruchtbarkeit, und in diese hohen Ziele passten EM ausgezeichnet. So wurden die EM auf landwirtschaftlichen Flächen der Kyusei Kyo angewendet, und Professor Higa machte sich zugleich mit der Philosophie von deren Gründer Mokichi Okada (1882–1955) vertraut. Diese enthielt neben einer völlig giftfreien

Behandlung der Umwelt auch die Vision einer Erde, auf der Menschen in Respekt und Frieden miteinander leben, in einer Welt, die frei ist von Hunger, Krankheit, Armut und Krieg.

Diese Ideen spiegelten sich später in Higas 1994 in Japan erschienenem, 1996 ins Englische übersetztem Buch *An Earth Saving Revolution*[1] wider. Aus seinen Erfahrungen mit Mikroorganismen in Labor und Feldpraxis, inspiriert durch die Schriften Mokichi Okadas, entwickelte Higa darin eine den EM als Wunsch in die Welt mitgegebene Philosophie, deren Kerngedanke das Prinzip der »friedlichen Koexistenz« ist. Wie in EM verschiedene, ja sogar gegensätzliche Stoffwechselprozesse vollziehende Einzelstämme erst gemeinsam ihre segensreiche Wirkung entfalten, und zwar zum Wohle aller, so hat jedes Lebewesen seinen Platz und seine Aufgabe auf der Erde zum Segen des Ganzen. Nicht Konkurrenz, sondern Koexistenz soll die Gemeinschaft von Menschen prägen. EM wurden daher nicht patentiert.
Weil immer dann, wenn Einzelne einen Besitz haben, den andere nicht bekommen, Neid entsteht, war es der Wunsch der Pioniere, EM möchten allen Menschen auf der Erde nach ihren Möglichkeiten zugänglich sein. Kein Händler solle eine Monopolstellung erhalten. Denn immer wenn ein Monopol bestehe, neigten diejenigen, die dem Monopol angehören, zur Gier, während diejenigen, die außerhalb des Monopols blieben, in Schwierigkeiten gerieten. Daher sollten EM frei handelbar und uneingeschränkt für jedermann verfügbar sein. Natürlich setzt dies eine allseitige Aufrichtigkeit voraus.

Je mehr erstaunliche Erfahrungen Menschen mit EM machten, desto mehr verbreitete sich auch die durch sie vermittelte Philosophie. Mit EM ist dank der verbesserten Ernteerträge Nahrungsmangel zu beheben, durch die Umwandlung organischer Abfälle in fruchtbaren Dünger verschwinden Müllprobleme, und durch die Verstoffwechselung von Giften kann die Umweltzerstörung aufgehoben werden. Insbesondere bei verschmutzten Gewässern gibt es

nichts, was so gut hilft wie EM. Sogar radioaktive Strahlenbelastung kann durch EM umgewandelt werden. Die Stärkung des lebendigen Kreislaufs durch EM steigert die allgemeine Gesundheit, und ihre Verwendung spart Energie, Kraft und Geld. Mit EM ist es also möglich, die großen globalen Probleme der derzeitigen Menschheit zu lösen: Nahrungsmangel, Krankheit, Umweltverschmutzung und Energiemangel. Immer deutlicher wurde, dass darin ein Weg liegt, die Zukunft unserer Erde entscheidend mitzugestalten. Hierbei ist Wissenschaft nicht ein Weg zur Erfindung von Neuem, sondern ein Werkzeug, um zu verstehen, was in der Natur bereits angelegt ist.
Gewöhnlich werden an einer Universität Forschungen durchgeführt, deren theoretische Erkenntnisse schließlich in die Praxis umgesetzt werden. Bei den Effektiven Mikroorganismen ist es andersherum: Viele ihrer praktischen Erfolge motivieren Wissenschaftler dazu, herauszufinden, wie sie zustande kommen. Zum Beispiel ist das Verschwinden giftiger Schwermetallverbindungen aus Kläranlagen nachgewiesen, deren Abwässer von EM durchgearbeitet wurden, doch weiß niemand, wie sie dies bewerkstelligen. Auch wieso der Dioxingehalt in Abgasen sinkt, wenn EM-Keramik bei den Verbrennungsvorgängen beteiligt wird, wurde noch nicht vollständig verstanden. Es gibt eine ganze Reihe von Anwendungserfahrungen, deren Erklärungen die Wissenschaft noch finden muss. Da stehen zukünftigen Forschungen weite Felder offen.

Im August 1986 wurden EM auf der vom internationalen Dachverband für ökologischen Landbau IFOAM[2] organisierten 6. Wissenschaftlichen Konferenz in Kalifornien erstmals in Übersee präsentiert. Im Jahr darauf geschah dies auf der IFOAM-Konferenz in Afrika. In immer mehr Ländern wurden EM eingeführt.
Von Kyusei Kyo eingerichtete Tagungen waren fortan das Forum, durch das EM weltweit bekannt wurden. 1989 fanden in Thailand, 1991 in Brasilien, 1993 in Kalifornien und 1995 in Paris mehrtägige Kongresse statt, auf denen die EM-Technologie im Rahmen des ökologischen Landbaus der Kyusei Kyo vorgestellt wurde. In

Thailand, dem ersten asiatischen Land, das EM etablierte, entstand ein EM-Forschungs- und Ausbildungszentrum in Sara Buri. Dort unterstützte das regierende Königshaus die EM-Anwendung im Land. Bis heute werden an Geburtstagen von Mitgliedern des Königshauses vom Volk Aktionen mit EM durchgeführt. Beispielsweise wurde säckeweise mit EM fermentiertes organisches Material in Wäldern ausgebracht. Besseres Wachstum und höherer Artenreichtum im Unterholz und verringerte Waldbrandanfälligkeit entwickelten sich daraus.

Mit der Konferenz in Paris waren die EM in Europa angekommen. In Dänemark, Holland und Österreich, bald darauf auch in Deutschland gab es Menschen, die sich für EM und ihre Möglichkeiten interessierten. Es entstanden eigene EM-Produktionen in Europa, und seit 1998 sind EM auch in Deutschland erwerbbar, zunächst aus Holland importiert. Sie werden heute von drei verschiedenen Herstellern für den Handel in Deutschland kultiviert. Seither hat es die EM-Technologie bis in Kaufhäuser und Versandkataloge geschafft. Anfangs gab es sie nur mit der Zulassung als Bodenhilfsstoff und Silierhilfsmittel; je weiter die guten Erfahrungen mit und das Interesse an EM zunahmen, wurden viele Sonderprodukte mit EM entwickelt, die an jeweils besondere Bedingungen angepasst sind, wie sie beispielsweise bei Lebewesen und in öffentlichen Einrichtungen gelten. So gibt es inzwischen Putzmittel, Nahrungsergänzungsmittel und Futtermittel mit EM, die sinnvollerweise den entsprechenden Gesetzen und auch den Hygienevorschriften Genüge tun. Für den Anwender wird das Spektrum damit allerdings unübersichtlich. Um das Risiko für Missverständnisse zu senken, empfiehlt sich daher der Kontakt zu einem Händler, der auch eine gute Beratung anbietet.

Alle Anwendungsbeispiele in Teil III dieses Buches beziehen sich auf die Verwendung der Stammlösung, also der klassischen Lösung der EM.

Leider sind wie gesagt inzwischen sogar Produkte auf den Markt gekommen, die mit der Bezeichnung »Effektive Mikroorganismen« beworben werden, ohne dass sie überhaupt EM sind. Das mag ein Kompliment an ihre Bedeutung sein, bringt aber mit sich, dass man jeweils genau prüfen muss, ob die Mikrobenzusammensetzung der Mischung aus Milchsäurebakterien, Hefen und Photosynthese-Bakterien entspricht, die die gewünschte Wirkung hervorbringt (siehe das folgende Kapitel), und ob es überhaupt deren gemeinsame Kultivierung gab. Jeder Hersteller darf rein rechtlich gesehen alle Mikroorganismen als »effektiv« bezeichnen. Wenn eine gewünschte Wirkung nicht eintritt, lohnt sich diese Überprüfung in besonderer Weise.

Wobei es auch mit den tatsächlichen EM mittlerweile Produkte gibt, deren Sinn fraglich ist, wie Süßstoffbonbons oder Bambusfaserschlafanzüge.

Nicht immer wird dabei bedacht, dass EM Lebewesen sind, die uns einen Dienst erweisen und die mit uns zusammen die Erde zu heilen vermögen. EM sind weder Dünger noch Putzmittel, noch ein anderes Produkt, sondern Wesen des lebendigen Kreislaufs unserer Erde. Es steht ihnen zu, als solche behandelt zu werden und nicht als ein kommerzielles Produkt mit Marketingstrategien einer Verkaufspalette und gewinnbringenden Vertriebsstrategien.

Der Wunsch der Pioniere war immer, dass in jedem Land EM zu einem Preis erhältlich seien, der jedem die Anwendung ermöglicht, und dass die Einwohner reicher Länder diejenigen unterstützen, die ärmer sind. Dieser Wunsch geht vielfach in Erfüllung, und EM werden immer wieder für Bedürftige gesponsert. Als in Nordkorea Hungersnot herrschte, wurden aus anderen asiatischen Ländern EM dorthin gegeben. Man zog Rinnen in die Erde, füllte sie mit Grünabfällen und goss sie mit EM, welche diese rasch in fruchtbare Erde umwandelten. Darüber ausgesäte Pflanzen wuchsen zügig und gut genährt auf. Als im Jahr 2005 der Tsunami in Thailand ganze Orte zerstörte, wurden EM gesponsert, um Trinkwasser aufzubereiten und den Leichengeruch der Totenlager aufzulösen. Nach dem Erdbeben in Haiti im Jahr 2010 wurden EM zur Behandlung von Verletzten eingesetzt und in Zusammenarbeit mit jeweils dem Umwelt- und dem Gesundheitsministerium zur Beseitigung des Verwesungsgestanks und zur Prophylaxe von Epidemien angewendet. Spenden von EM-Anwendern aus Europa unterstützten den EM-Nachschub aus der Dominikanischen Republik nach Haiti.

EM arbeiten selbstlos und öffnen dadurch auch uns mit ihrer praktischen Anwendung Wege zur Solidarität. Als in Deutschland im Jahr 2002 die Elbe über ihre Ufer trat und die öl-, müll- und giftgetränkten Wassermassen an Gebäuden stinkende Schlämme zurückließen, stellten sofort holländische und deutsche EM-Großhändler Tausende von Liter EM zur Auflösung des Gestanks zur Verfügung. Von Freiwilligen im Rheinland in Kanister gefüllt und kostenlos von einer namhaften Spedition nach Sachsen-Anhalt gebracht, wurden sie dort an die Bevölkerung verschenkt. Dank EM verschwand der unangenehme Geruch, Dreck löste sich leichter von den Wänden, Schimmel in Holzbauten verschwand, und überflutete Gärten und Gewässer wurden gereinigt.

Auch innerhalb der Länder wächst mit EM ein Füreinander, je mehr, desto bekannter die Erfolge mit EM werden. Zunehmend beteiligen sich öffentliche Einrichtungen an Aktionen wie nach einem schweren Hochwasser in den Alpenländern im Jahr 2005, wo die Vermehrung der von einer Gemeinde in Südtirol und Österreichs Hersteller gesponserten EM im örtlichen Heizwerk erfolgte und die Feuerwehren sie verteilten.

Nach dem Weichselhochwasser in Ostpolen 2010, als bei hochsommerlichen Temperaturen der vom Wasser zurückgelassene Unrat einen beißenden Geruch über die betroffenen Orte legte, wurde nicht nur, unter anderem durch Spenden aus Japan finanziert, EM zur Sanierung und Reinigung der Gebäude an die Bevölkerung verteilt. Zusätzlich fuhr die Feuerwehr durch den Ort und sprühte EM über Straßen, Häuser und Gärten aus, was im Nu den Gestank eliminierte.

Aber nicht nur in Katastrophenfällen regt EM zum Miteinander an. In Berlin werden die bei der »Tafel«, einer Ausgabestelle gespendeter Lebensmittel für Bedürftige, beim Gemüseputzen anfallenden Grünreste mit EM fermentiert und anschließend zur Bodenverbesserung unter anderem in öffentlichen Grünanlagen ausgebracht. So regen EM überall das Miteinander an.

Als EM nach Deutschland kamen, gab es nur wenige und sehr bruchstückhafte Informationen über ihre Anwendung. Man musste schon nach Sara Buri in Thailand fahren, um in einem dortigen Seminar fundiertes Wissen zu erlangen. Sofern es Informationen auf Japanisch gegeben haben mag, lagen sie weder als Original noch als Übersetzung vor, noch gab es zugängliche internationale Literatur. Erst das Erscheinen des Buches von Teruo Higa auf Englisch und Deutsch gab Einblick in Entstehung und Sinn der EM. Deren Verbreitung erfolgte weitgehend übers Weitererzählen. Auf diesem Wege hörte auch Adolf Daenecke, als Landwirt frisch im Ruhestand, von EM, während er ein biologisch-dynamisches Hofgut in der Voreifel als Beirat betreute. Am selben Tag erzählte er mir von der Neuigkeit. Gemeinsam bemühten wir uns vergeblich, mehr Hintergrundinformationen zu EM zu erhalten. Schließlich begannen wir uns diese selbst zu erarbeiten. Adolf Daenecke führte landwirtschaftliche Feldversuche durch, die bestätigten, was über EM gesagt wurde: Die Erträge der zusätzlich mit EM bearbeiteten Zuckerrüben-, Getreide- und Kartoffelfelder überstiegen diejenigen der nur konventionell bewirtschafteten Vergleichsparzellen. Gleichzeitig waren die Pflanzen gesünder. Frühkartoffeln erbrachten nicht nur eine höhere Gesamterntemenge, sondern die Menge der verkaufsfähigen Kartoffeln mittlerer Größe war bei der EM-Parzelle proportional größer. Es gab weniger kleine und übergroße. Offenbar hatten die Kartoffelpflanzen sich »zentriert«.
Mich überzeugte ein erstes EM-Erlebnis mit einer Blumenvase. Ich liebe frische Blumen im Zimmer und hatte einige Tage zuvor Dahlien dafür im Garten gepflückt. Deren Stengel führen recht bald zu modrigem Wasser, das daher täglich hätte gewechselt werden müssen. Dazu war ich aber nicht gekommen. Nachdem ich erstmals mit EM meine Zimmerpflanzen umgetopft hatte, blieb etwas von den EM übrig, und weil ich nicht wusste, was ich damit tun sollte, goss ich sie einfach in die Vase. Völlig verblüfft sah ich, als ich am nächsten Morgen das Wasser erneuern wollte, dass dies nicht mehr nötig war. Über Nacht war es glasklar geworden und vollkommen geruchlos. Die EM hatten ganze Arbeit geleistet.

Überzeugt von der Wichtigkeit der EM, vertieften Adolf Daenecke und ich uns in die Mikrobiologie des Bodens, des lebendigen Kreislaufs und in die heimische Geschichte der Mikrobiologie, die uns wichtiger erschien als die des fernen Japans. Vor dem Hintergrund der EM-Wirkungen offenbarte sich uns ein völlig neuer Denkhorizont: Mikroorganismen können die Erde heilen.
Da es in Europa keinerlei Ausbildung oder Unterricht zu EM gab, begannen wir selbständig, unser Wissen mit anderen zu teilen. Im Jahr 2001 boten wir in Nettersheim in der Eifel die ersten Seminare über EM an, die sich sofort einer großen Beliebtheit erfreuten. Bald unterrichteten wir in Vorträgen und Seminaren im In- und Ausland auch Multiplikatoren, die ihrerseits vor Ort über EM informieren konnten. Rasch verbreiteten sich die fachlichen Hintergründe zu EM und wurden auch hier und da aufgeschrieben. Die Erfolge der EM sprachen für sich. Viele Menschen an vielen Orten nahmen die Idee von EM auf, probierten ihre Anwendung aus, staunten über deren Wirkung und begeisterten sich für die daraus entstehenden Möglichkeiten. Stammtische und EM-Treffs bildeten sich, und zahlreiche Initiativen lösten zahlreiche Probleme in ihrem Umfeld.
In einer Kleinstadt waren beispielsweise Wohnbebauung und Müllkippe so dicht aneinandergeraten, dass die Anwohner in ihren hübschen Häusern häufig weder die Fenster öffnen, geschweige denn des Sommers gemütlich in ihren Gärten sitzen konnten, weil der heranwehende Geruch einfach unerträglich war. Auf Anregung einer Bürgerinitiative hin wurde versuchsweise aller angekarrter Müll mit EM besprüht – mit Erfolg: Der Gestank verschwand. Die Bürger brauchten fortan nicht mehr um die Schließung der Müllkippe zu kämpfen, und die Stadtverwaltung war aus ihrem Dilemma befreit, Müll entsorgen, aber ihn in niemandes Nähe abzulagern. Für die Erde vor Ort bedeuteten die EM gleichzeitig eine Reduzierung des Giftes, das mit den Abfällen zu ihr zurückkehrt.

Es braucht Menschen, die die EM anwenden. Menschen, die offen für Neuigkeiten sind, die Lust haben, etwas Ungewohntes auszuprobieren, und Spaß haben, dies mit anderen zu teilen. Gelegentlich braucht man Geduld, bis die Wirkungen von EM sichtbar werden. Ein Teichbesitzer aus Schweden erzählte uns, er sei zunächst enttäuscht gewesen, als in seinem über die Jahre zunehmend veralgenden Gartenteich im ersten Jahr der EM-Anwendung kein Erfolg sichtbar zu werden schien. Nach dem darauffolgenden Winter war der Teich aber ohne neuerliche Zugabe von EM klar geworden und geblieben.

Manchmal braucht man Durchhaltevermögen, manchmal trifft man auf Unverständnis, auf Skepsis oder Misstrauen. Immer aber lohnt es sich, dranzubleiben, Erfahrungen zu sammeln und Anwendungen auszuprobieren. Mitunter erscheint die Änderung auf eine Weise, die man nicht erwartet hat. Eine ältere Frau, die wegen häufiger Verstopfung des Darmes tropfenweise EM zu den Mahlzeiten eingenommen hatte, beklagte sich nach mehreren Wochen, es ändere sich gar nichts. Zwei Tage später wurde sie jedoch von einer Nachbarin gefragt, was sie denn neuerdings für ihr Haarwachstum tue. Tatsächlich: Die Frau hatte fast flaumgleiches dünnes und daher kurzes Haar gehabt, und nun wuchsen deutlich sichtbar kräftigere Haare darunter nach. Offensichtlich hatten die EM eine bessere Nährstoffresorption im Darm bewirkt, was die Frau, völlig fixiert auf die Veränderung der Stuhlkonsistenz, noch nicht bemerkt hatte. Letztere änderte sich eines Tages dann auch.

EM sind kein Wundermittel und können keine Naturgesetze außer Kraft setzen. Sie sind weder ein Allheilmittel noch die einzige Lösung für unsere Probleme. Allerdings machen sie uns auf Naturgesetze aufmerksam, die wir bislang übersehen haben und die erfrischend anders sind, als wir bisher dachten. Das Wunder ist unsere Erde, ist unsere Natur in ihrer Einzigartigkeit und Schönheit, in der wir aufgerufen sind, in Einklang und Frieden zu leben. EM können viele Probleme lösen. Es liegt an uns, ob wir sofort damit beginnen.

10 Die Zusammensetzung der EM

Effektive Mikroorganismen sind eine Mischung aus mehreren Milchsäurebakterienstämmen, Bäcker-Hefen der Gattung *Saccharomyces* und Photosynthese-Bakterien. Jeder dieser Mikrobenstämme hat außergewöhnliche Fähigkeiten, zusammengenommen steigern sich diese.

Milchsäurebakterien und Hefen gehören seit alters zu den Lebensmittelbakterien, mit denen der Mensch im Haushalt am häufigsten zusammenarbeitet. Sie zu mischen ist nichts Besonderes, kommen sie doch in jedem Joghurt, in Bier und gemeinsam im Brot vor. Was EM zu etwas Außergewöhnlichem macht, sind die hinzugefügten Photosynthese-Bakterien. Erst durch sie werden EM zu dem, was sie sind. Die in EM enthaltene Gattung *Rhodopseudomonas* zählt zu der Gruppe der sogenannten phototrophen Purpurbakterien[3], genauer gesagt den Nicht-Schwefel-Purpurbakterien. Es sind auf zwei Seiten mit Geißeln versehene Stäbchenbakterien, die sich nicht wie die Milchsäurebakterien durch Querteilung, sondern durch Knospung vermehren.

Purpurbakterien gehören zu den sehr alten Bakterienstämmen auf der Erde. Sie haben in ihrem Inneren zahlreiche Membranen, die ähnlich wie Pflanzenzellen Chlorophyll enthalten und dadurch als Energiequelle auch Licht verwenden und trotzdem im Dunkeln wachsen können. »Purpurbakterien« werden sie genannt, weil sie je nach Gattung leuchtende Farben annehmen können: Rot, Orange, Gelb, Blau oder Braun. Sie brauchen für ihre Zellatmung keinen Sauerstoff, produzieren auch keinen und sind geradezu Alleskönner, was ihre Umwandlungsfähigkeiten anbelangt: Fette, organische Säuren oder Aminosäuren, Zucker, Alkohole und sogar aromatische Verbindungen wie Benzolderivate können von ihnen verstoffwechselt werden. Gleichzeitig gehören sie zu den Einzellern, die das Enzym Nitrogenase enthalten, mit dessen Hilfe sie Stickstoffgase zu Ammonium und dann weiter in organische Verbindungen umwandeln können. Dies verleiht den EM die Fähigkeit,

Gerüche zu neutralisieren. Inzwischen hat man entdeckt, dass diese Nitrogenase auch andere chemische Verbindungen reduzieren kann, beispielsweise das für uns giftige Cyanid (Blausäure). Das erklärt vielleicht die erstaunliche Entgiftungsfähigkeit der EM. Wir wissen noch nicht, was diese Photosynthese-Bakterien sonst noch alles vermögen. Wichtig ist, dass sie chemisch gesehen nicht oxidieren[4], sondern reduzieren, und daran beteiligt sind, dass die EM insgesamt stark antioxidative Fähigkeiten haben. Viele Gifte entstehen durch Oxidation, während Reduktion häufig Entgiftungsreaktionen entspricht.

Jedenfalls verdanken wir den Photosynthese-Bakterien ziemlich vieles, was uns ungewöhnlich vorkommt und was einen Teil der verblüffend anmutenden Fähigkeiten der EM ausmacht. Diese verwirklichen sie aber eben nicht allein. Sie sind auf ein Miteinander angewiesen, auf ein sich untereinander ergänzendes Team. Nur dann beispielsweise, wenn sauerstoffliebende Mikroorganismen ihnen ein an Sauerstoff armes Milieu schaffen, kann sich ihre Enzymaktivität entfalten. Das gewährleisten in den EM unter anderem die Hefen.

Dieses Zusammenwirken in gegenläufigen Stoffwechselprozessen in den EM brachte die Pioniere darauf, von »friedlicher Koexistenz« zu sprechen. Kein Mikrobenstamm ist wichtiger als ein anderer, keiner darf fehlen. Jeder hat seine Aufgabe, und nur gemeinsam sind sie stark. Damit verbindet sich die Philosophie, dass auch wir Menschen lernen können, uns in unseren verschiedenen Fähigkeiten zu ergänzen, ohne dass einer als wertvoller oder wichtiger gilt als ein anderer, so wie die Mikroorganismen es uns in den EM erfolgreich vorleben.

11 So werden EM hergestellt

Die Herstellung der EM, wie man sie kauft, erfolgt in einem mehrstufigen Prozess. Zunächst werden drei einzelne Gruppen von Mikroorganismenstämmen in sich kultiviert und ergeben die sogenannten »Seeds« (im Englischen eigentlich »Samen«). Diese werden dann in bestimmter Weise so nacheinander zusammengeführt, dass nach einem mehrwöchigen Fermentationsprozess die eigentlichen EM entstehen. In der stabilisierten Form, wie sie im Handel erwerbbar sind, sind sie ungeöffnet sehr lange haltbar, erfahrungsgemäß länger als das Mindesthaltbarkeitsdatum, das vom Hersteller angegeben wird.

Ursprünglich wurden die drei Ausgangskulturen »EM 1«, »EM 2« und »EM 3« genannt und das Endprodukt »EM 4«. Man dachte zunächst, jeder Anwender produziere für sich aus EM 1 bis 3 seine eigenen EM 4. Diese Bezeichnung hat sich in manchen Ländern gehalten, beispielsweise in Südamerika. Doch da sich dies als zu kompliziert erwiesen hat, wird stattdessen die fertige Kultur gehandelt. Diese sogenannte Stammlösung wurde in Europa anfangs »EM 1« genannt, ist also dasselbe wie EM 4. Seit es mehr als einen Händler für EM gibt und handelsrechtlich weitere Benennungen für dasselbe Produkt nötig wurden, gibt es für EM mehrere Bezeichnungen wie »Farming«, »EM 1« oder »EM Urlösung«. Das braucht nicht zu Irritationen Anlass zu geben.

Als Bakterienfutter wird während der Herstellung Zuckerrohrmelasse gegeben, die der EM-Lösung schließlich ihre braune Färbung verleiht. Die Melasse ist aufgrund ihrer sogenannten C4-Zucker besser geeignet als andere Kohlehydratquellen.

Da Zuckerrohrmelasse bekanntlich in Deutschland nicht wächst, experimentieren die Hersteller damit, alternative Kohlehydratquellen zu nutzen. Mit Getreide hergestellte EM, wie sie in Japan aus Reisprodukten fermentiert werden, haben eine helle Farbe und werden unter anderem »EM blond« oder »EM klar« genannt.

12 Die Vielfalt der EM-Technologie

Im Laufe der etwa dreißigjährigen Geschichte der EM haben sich aus der Ausgangskultur, der Bakterien-Pilz-Mischung in flüssiger Lösung, eine Reihe von Ergänzungen entwickelt, die insgesamt als »EM-Technologie« bezeichnet werden. Dazu gehören EM-Keramik, Bokashi, EM-fermentierte Getränke, Kräutergärsäfte, EM-Salz und Dangos.

Natürlich ist die Kreativität findiger Menschen groß, nun alles Mögliche mit EM zu versehen. Zahnpasta, Salz, Kopfkissen, Frischhaltedosen und Teddybären gibt es bereits. Daneben entsteht die Tendenz, die gleichen EM in verschieden etikettierte Flaschen abzufüllen und die eine »Anti-Milben-Spray«, die andere »Anti-Fußgeruch-Spray« oder noch anders zu nennen. Bereits die Wahl des Wortes »Anti« zeigt hierbei, dass das Grundprinzip des Miteinanders, das die EM verkörpern, nicht verstanden wurde. Gehandelt werden darüber hinaus auch eine Fülle von EM-Sonderprodukten, deren Mikroorganismenzusammensetzung für spezielle Einsatzbereiche modifiziert wurde. Für den Gartenteich, das Pferd, die Pflanzen oder für den menschlichen Verzehr gibt es verschiedene Präparate. Für lauter einzelne Arbeitsfelder gibt es also wieder lauter einzelne Produkte, was eigentlich dem Prinzip der EM widerspricht, die im lebendigen Kreislauf als Ganzes wirken.

Es ist der Entscheidung jedes Einzelnen anheimgestellt, ob er solche Spezifizierungen verwendet oder sich auf die Universalität der EM verlässt. Je bekannter die EM werden, desto mehr Folgeprodukte werden wohl auf den Markt kommen, und nicht immer entspringen diese der Liebe zum Leben, sondern vielmehr dem Sog des Kommerzes. Es ist zu empfehlen, sich im Zweifelsfall die Grundprinzipien der EM in Erinnerung zu rufen. Es geht nicht darum, nun die moderne Produktpalette der Welt mit EM anzureichern, sondern es geht um eine neue, heilsame innere Haltung zu unseren Kleinstlebewesen auf der Erde.

Dort, wo unsere Gesetzgebung es erfordert, kann es notwendig sein, auf spezielle EM-Präparate zurückzugreifen. Dies trifft beispielsweise für EM-Reinigungsmittel in Arbeitsbereichen zu, die der Hygieneverordnung unterliegen. Auch bei der Verwendung der EM als Silierhilfsmittel oder Futterzusatz müssen gesetzliche Vorgaben berücksichtigt werden. Trotzdem geht es darum, das Leben als Ganzes zu denken, anstatt es in lauter einzelne Arbeitsfelder zu teilen.

EM-Keramik

EM-Keramik ist Ton, der mit EM verknetet, einige Zeit gelagert, in Form gebracht und bei einer Temperatur von etwa 1300 Grad Celsius gebrannt wurde. Es gibt EM-Keramikröhrchen, -ringe und -pulver, darüber hinaus kann Ton natürlich in jede beliebige Form gebracht werden. EM-Keramikröhrchen und -pulver wurden anfangs aus Japan importiert. Sie bestehen zu 80 Prozent aus Silizium und zu 20 Prozent aus der Aluminiumverbindung Korund (Al_2O_3). Die Herkunft des Tons spielt für die Qualität der EM-Keramik eine wesentliche Rolle. Etliche Töpfereien in Deutschland fermentieren inzwischen ihren eigenen Ton mit EM und bieten daraus EM-Gebrauchskeramik an.

Es macht zunächst stutzig, zu hören, dass Mikroorganismen in Ton gebrannt werden und angeblich dabei überleben. Ob sie aber als Ganzes überleben, ist umstritten, vielleicht geschieht auch etwas ganz anderes. Forschungen der fünfziger Jahre in Deutschland von Dr. Hans-Peter Rusch erwiesen, dass Einzeller beim Abtöten durch Verbrennen in Teile zerfallen, die lebensfähig sind und aus denen sich wieder Einzeller entwickeln können (siehe Kapitel 4).

Ob in der EM-Keramik noch lebende Einzeller oder deren Teile wirksam sind, die in Ton eingeschlossen wurden, wie es Prof. Higa in seinem Buch schreibt, ob es sich um die reine Übertragung von EM-Information von den Mikroben auf den Ton handelt oder ob Phänomene eine Rolle spielen, die wir noch nicht kennen, wissen wir also bisher nicht. Es spielt für die praktische Anwendung auch keine große Rolle. Tatsache ist, dass EM-Keramik eine Wirkung hat, die nicht durch den Ton allein zu erklären ist.

In der japanischen Literatur spricht man von magnetischen Wellen und kurzwelliger Strahlung, die von EM-Keramik ausgehe.
In manchen ins Deutsche übersetzten Veröffentlichungen wird auch von »Gravitationswellen« gesprochen. Solche Erscheinungen lassen sich heute offensichtlich quantenphysikalisch zeigen. Sie liegen zum Teil in Bereichen, die mit den herkömmlichen physikalischen Methoden noch nicht messbar, durch feinfühlige Menschen und radiästhetisch[5] jedoch nachweisbar sind.
EM-Keramik kann überall dort eingesetzt werden, wo die direkte Stoffwechselwirkung der Mikroorganismen unerwünscht oder nicht möglich ist, und da, wo in einem beweglichen Milieu die EM-Wirkung an einem Ort fixiert werden soll. Das ist in der Regel bei der Anwendung in Frischwasser der Fall. EM-Keramik vermag die inneren Molekülverbindungen des Wassers, die sogenannten Cluster (englisch für »Verbund«), im Sinne einer Qualitätssteigerung zu verändern und verleiht dem Wasser eine optimierte Aufnahme- und Abgabefähigkeit von Stoffen. Das ist am verbesserten Geschmack von Trinkwasser wahrnehmbar und auch beim Kontakt von Wasser mit Geräten. Kalk bleibt besser im Wasser eingebunden, wenn EM-Keramik eingesetzt wird, so dass sich beispielsweise kaum Kalkkrusten bilden, wenn EM-Keramikröhrchen in einem Wasserkocher mitgekocht werden. In einem Beutel eingebunden und in der Waschmaschine mitgewaschen, steigert EM-Keramik die Reinigungskraft und erlaubt dadurch, die Waschmittelmenge zu reduzieren. Gibt man EM-Keramikröhrchen in den Spülkasten einer Toilette, lagern sich weniger Rückstände auf deren Keramikschüssel ab. Zum Netz aufgeknüpft, verbessern sie im Schwimmbad-Schwallwasserraum die Wasserqualität, was den Chlorbedarf verringert und die Reinigung der Becken, beispielsweise von Fetträndern, erleichtert. In Springbrunnen eingelegt, mindern sie den Algenbesatz, in Schwimmteichen die Trübung und steigern bei Luftbefeuchtern die Aerosol-Qualität.
EM-Keramik überträgt die EM-Information nicht nur auf Wasser, sondern auch auf andere Medien. Eine Schweizer Firma hängte EM-Keramikröhrchen in die Dieseltanks ihrer Lkw und sparte da-

durch im Lauf zweier Jahre zwischen 5,7 und 9,6 Prozent an Kraftstoff ein.
Verbrennungsprozesse können durch EM-Keramik optimiert, Baustoffe wie Beton und Lehm besser verarbeitet und Materialeigenschaften generell verbessert werden. Sie hilft auch, in Gewässern Schlamm zu regenerieren, der mit flüssigen EM nicht erreichbar ist. EM-Keramikpulver wird in Garten und Landwirtschaft zur Bodenverbesserung eingebracht, zusätzlich zu EM oder wenn zu niedrige Temperaturen keine Anwendung lebender Organismen im Freien erlauben.
EM-Keramik ist für den menschlichen Verzehr grundsätzlich nicht geeignet. Es ist vorgekommen, dass euphorische EM-Anwender täglich EM-Keramikpulver zum Essen einnahmen und sich dadurch Stoffwechselfunktionsstörungen zuzogen. Keramik ist nicht mit Heilerde zu verwechseln.

EM-fermentierte Getränke

In Japan gibt es wie überall auf der Welt eine reiche Tradition der Fermentation von Getränken. Bei uns gehören Bier und Wein zu den gängigsten Gärgetränken, Champagner zählt ebenso dazu wie fermentierte Milchprodukte, zum Beispiel der Kefir. Nachdem EM entwickelt waren, lag es nahe, mit ihnen auch Nahrungspflanzen zu fermentieren. Dies führte zur Entstehung von EM-Getränken. In Europa besann man sich auf die Verwendung bewährter Kräutermischungen und vergor sie mit EM zu handelbaren Trunken, von denen es inzwischen zahlreiche gibt.
Am bekanntesten wurde das Getränk EM-X aus Japan, das sich in seiner Wirkung von allen anderen abhob. In mehrmonatigem Prozess wurden Reiskleie, Algen und tropische Früchte wie Papaya mit EM vergoren. Nach dem Abfiltern entstand daraus ein fast geschmackloser, die mikrobiellen Stoffwechselprodukte der Ausgangspflanzen enthaltender Saft. Seine heilsame Wirkung und seine außerordentlich starke antioxidative Kapazität waren so groß, dass er bald in der japanischen Medizin zur Anwendung kam; und

zahlreiche wissenschaftliche Untersuchungen belegten die erfolgreichen Heilungen auch von schweren Erkrankungen wie Krebs und Aids. In Laborversuchen und in der klinischen Anwendung wurde nachgewiesen, dass der Effekt, den EM-X auf den Körper hat, unter anderem eine Modulation des Immunsystems, Schutz der Leberzellen vor toxischen Einflüssen, Schmerzreduktion, verminderte Zellalterung und eine Stärkung der körpereigenen Regenerationsmechanismen umfasst. Seine antioxidative Kapazität war größer als beispielsweise die des Vitamin C, seine Wirkung dosisabhängig. In Laborversuchen konnten selbst bei 1500-fach höheren als der in Japan üblichen Tagesdosis starke Wirkungen, aber keine unerwünschten Nebenwirkungen festgestellt werden.

EM-X war neben anderem imstande, die Empfänglichkeit von Krebszellen für die Elimination zu erhöhen, und reduzierte die Vermehrungsrate von HI-Viren im Körper dosisabhängig um 24 bis 40 Prozent. Es half bei Viruserkrankungen ebenso wie bei Rheuma oder Diabetes. Besonders interessant war seine Fähigkeit, radioaktive Vergiftung zu eliminieren. EM-X wurde daher mit großem Erfolg zur Heilung von Strahlenschäden durch Radionukleide bei Menschen eingesetzt. Es vermochte bei Menschen aus Weißrussland, die noch immer den Folgen radioaktiver Strahlung nach der Reaktorexplosion in Tschernobyl von 1986 ausgesetzt sind, die Menge radioaktiver Belastung von zum Beispiel 88,65 Becquerel pro Kilogramm Körpergewicht auf nicht messbare Werte zu reduzieren.

In Europa war EM-X zusammen mit EM eingeführt worden und entwickelte sich rasch zu einem bei Kranken beliebten Antioxidationsgetränk. Viele Menschen wurden durch EM-X geheilt, und Nebenwirkungen schwerer Therapien erfuhren durch EM-X eine Milderung. Um nicht vom energieaufwendigen Import aus Japan abhängig zu sein, wäre es sinnvoll gewesen, ein heimisches EM-Getränk mit vergleichbar starkem Antioxidationspotenzial zu entwickeln. Das ist in dieser Qualität noch nicht gelungen, auch wenn es Ansätze dazu gibt.

Leider wird seit 2009 das EM-X unter diesem Namen auch in

Japan nicht mehr hergestellt. Sein Nachfolgeprodukt aus denselben Zutaten und derselben Herstellungsweise heißt »Manju«, neuerdings gibt es auch ein vergleichbares Produkt namens »Mzyme«. Korrekterweise müsste man jedoch jetzt mit Manju und Mzyme alle bekannten Studien erneut durchführen, um zu belegen, dass diese tatsächlich dieselbe Wirkung haben. Bisherige Erfahrungen zeigen, dass die Ergebnisse des EM-X auf Manju und Mzyme übertragbar sind.

Seit 2008 wird ein Produkt mit dem ähnlich klingenden Namen »EM-X-Gold« vertrieben. Es wird aus anderen Zutaten hergestellt, unter anderem aus Korallenkalzium und Bittersalzen, und hat infolgedessen eine völlig andere Wirkung. Es soll angeblich noch besser wirken, wenn es auf 80 Grad Celsius erhitzt oder in heißem Tee oder Kaffee getrunken wird, was ich aus meiner Erfahrung nicht bestätigen kann. Zum EM-X-Gold sind bislang keinerlei wissenschaftliche Studien bekannt. Die von einigen Händlern propagierte »10-fach stärkere«, aber ansonsten gleiche Wirkung des EM-X-Gold im Vergleich zum EM-X ist nirgendwo belegbar und widerspräche jeder Logik, da es andere Ausgangsstoffe hat. Solche Äußerungen halte ich, insbesondere kranken Menschen gegenüber, für verantwortungslos.

Bokashi

Wer mit EM umgeht, lernt auch etwas Japanisch, und zwar zunächst den Begriff »Bokashi«. Er wird auch gern verwendet, um beim Fotografieren einer Gruppe alle gleichzeitig zum freundlichen Lächeln zu bewegen.

Das Wort »Bokashi« leitet sich vom japanischen Verb *bokasu* ab, das sich mit »abstufen« übersetzen lässt, und bedeutet, dass etwas schrittweise abgewandelt wird. Im Zusammenhang mit EM hat es sich für die – ja immer als Prozess ablaufende – Umwandlung von organischen Stoffen in nützliche Produkte eingebürgert, steht also in der Regel für ein mit EM fermentiertes organisches Material. Die Zusammensetzung von Bokashi kann demgemäß völlig ver-

schieden sein, sein Verwendungszweck auch. Es kann sich um umgewandelte Essensreste aus der Gastronomie handeln, die, mit EM fermentiert, zu gesundem Futter wurden, ebenso um fermentiertes Schnittgut von Rasen, der selbigem als Dünger zurückgegeben wird. Auch Küchenkomposte, die mit EM fermentiert wurden und anschließend Gartenbeete bereichern, werden »Bokashi« genannt – ebenso wie mit EM kompostierter Haushaltsmüll, der, wie Prof. Higa es von Kairo berichtete, als Dünger säckeweise wieder an die Bevölkerung verkauft wird.
Silage oder Sauerkraut, die mit EM fermentiert wurden, könnten auch »Bokashi« genannt werden, hierfür haben sich aber Benennungen wie »EM-Silage« und »EM-Sauerkraut« eingebürgert.

Bokashi wird in der Regel anaerob hergestellt, also unter weitgehendem Luftabschluss, entsprechend der Vorliebe der EM für ein sauerstoffarmes Milieu. Dies ist vergleichbar mit der altbewährten Herstellung von Sauerkraut. Der Vorteil dieser anaeroben Fermentation liegt im Erhalt von Energie und Nährstoffen unter Anreicherung mikrobieller Stoffwechselprodukte, die im Fall von EM reduktive, also antioxidative Kapazitäten haben. Während bei aerober Umwandlung, also mit Sauerstoff, Wärme entsteht und Gase gebildet werden, bleiben Energie und Ausgangsstoffe im anaeroben Bokashi organisch gebunden und stehen später zur Förderung des Wachstums wieder zur Verfügung.
Für die Herstellung von Bokashi aus Küchenabfällen im Haushalt wurden spezielle Bokashi-Eimer entwickelt. Sie lassen sich verschließen, und ein innenliegendes Sieb ermöglicht es, den bei der mikrobiellen Umsetzung entstehenden Gärungssaft aufzufangen und mittels eines eingebauten Kränchens abzulassen.
Bokashi kann von jedermann leicht hergestellt werden und ist auch fertig im Handel zu erwerben. Eine Anleitung und Rezepte zur Bokashi-Herstellung finden sich in Kapitel 21.

Dangos

Dangos dienen dem EM-Transport in Sedimente von Gewässern. Ursprünglich bezeichnet das japanische Wort *dango* eine kugelförmige Speise, wie sie in Asien aus Reismehl und Wasser geformt und gedämpft zum Tee gereicht oder zum Fleisch auf Spießen serviert wird, ähnlich unseren Klößen. Im Zusammenhang mit EM sind Dangos »Speise« für Teiche und Seen.

Es sind handliche Bällchen, die aus einer Masse geformt werden, welche verschieden zusammengesetzt sein kann. Sie enthalten EM als flüssige Kultur und/oder als Bokashi und/oder als Keramik, dazu Mikrobenfutter und Trägermaterial, um sie formbar zu machen. Sand und Lehm sind dafür besonders geeignet. Dangos müssen schwer genug sein, um auf den Grund eines Gewässers zu sinken, wo sie langsam ihre EM-Wirkung entfalten. Insbesondere in eutrophierten Gewässern darf der Gehalt an Bokashi die für die Mikrobennahrung nötige Menge nicht überschreiten.

Dangos werden nach Bedarf geformt und zunächst vollständig luftgetrocknet, damit sie sich im Gewässer nicht sogleich wieder auflösen. Das kann zwei Wochen dauern und bedarf einer mikrobenfreundlichen Temperatur. Auf ihrer Oberfläche kann sich dabei ein heller Pilzüberzug bilden. Anschließend werden sie je nach Gewässergröße von Booten oder vom Ufer aus gleichmäßig über den Grund des Gewässers verteilt. Dieses wird zusätzlich, und zwar zeitgleich oder zuvor, mit flüssigen EM behandelt.

Mit Hilfe von Dangos werden Fäulnisprozesse von Grund auf mobilisiert. Faulschlämme können sich auflösen, Algenbildung und schlechter Geruch werden reduziert, und das Wasser klärt sich.

Großen Spaß machen gemeinsame Dango-Aktionen. In Bangkok formten Schulkinder Dangos und warfen sie später in stinkende Kanäle der Stadt. Zwei Monate darauf war der Geruch deutlich verbessert. Auf Malaysia wurde mit Unterstützung von Regierung, Wirtschaft, Schulen und Vereinen am 8. August 2009 der »Internationale Dangotag« (»International EM Mudball Day«) ausgerufen. Unter dem Motto »Eine Million Entschuldigungen für Mutter Erde« (»One Million Apologies to Mother Earth«) wurden monatelang

Dangos geformt, insgesamt 1 200 000 Stück, und an diesem Tag von über 20 000 Freiwilligen in verschmutzte Flüsse und Meeresufer geworfen. Der Erfolg in den behandelten Gewässern begeisterte alle. Seither wird die Aktion an jedem 8. August wiederholt. Auch in Deutschland gab es schon Dango-Form-und-Wurf-Partys an sanierungsbedürftigen Gewässern.

Dangos können nach folgender Rezeptur hergestellt werden: EM-Keramikpulver wird mit der dreifachen Menge Urgesteinsmehl vermischt, mit flüssigen EM vermengt, bis es zusammenhält, und gemeinsam gründlich in Lehm eingeknetet. Manche Anwender empfehlen, Bokashi in Dangos einzumischen. Dabei ist jedoch zu bedenken, dass überfrachtetem Wasser bei einer Gewässersanierung so wenig organische Masse wie möglich zugeführt werden sollte.

EM 5

Als »EM 5« wird eine Mischung bezeichnet, die nebst EM und Melasse Alkohol und Essig enthält. In Japan, woher die Idee wohl stammt, heißt es »Sutochû« (von den japanischen Wörtern *su,* »Essig«, *to,* »und«, sowie *chu* für »Alkohol«). Es gilt als »nichtchemisches Insektenvertreibungsmittel«[6]. Seine Bezeichnung ergab sich aus der anfänglichen Entstehung der EM. Man fermentierte die drei Urkulturen EM 1 bis EM 3 zusammen und nannte das Ergebnis EM 4, danach entstand das EM 5.

Was über EM 5 verbreitet wird, ähnelt Geschichten aus dem Wilden Westen. Oder es folgt dem Prinzip der Flüsterpost. Irgendwer erzählt irgendwas, und jeder erzählt es weiter und dichtet womöglich irgendetwas dazu. Auf diese Weise gediehen zahllose verschiedene Rezepturen, Anwendungsvarianten und Erklärungskonzepte. EM sollen wahlweise mit Rum, Wodka und Whisky oder billiger mit Petroleum oder Äthylalkohol angesetzt werden, jedenfalls hochprozentig. Sie sollen zusammen mit Melasse und Essig wochenlang gären. Wer es ganz ernst meint, kann noch Knoblauch oder Chili hinzugeben, und das Endprodukt wird dann »gegen Schädlinge« auf Pflanzen gespritzt. Wohlgemerkt also *gegen* Lebewesen. Alternativ wird empfohlen, EM erst nach der Vermehrung zu EMa mit besagten Zutaten zu mischen.

Zur Begründung kursieren so abenteuerliche Erklärungen wie: »Wird EM 5 von Insekten zu ihrem Futtervorrat gebracht, kann der Vorrat mit EM 5 verseucht werden. Durch den dann stattfindenden Gärungsvorgang wird das Futter unbrauchbar, wodurch sich die Schädlingspopulation vermindert.«[7] Wunderbar! Einerseits werden mit EM also Pflanzen zu hochwertigem Bokashi als Futter fermentiert, »Schädlingen« soll EM-fermentiertes Futter aber plötzlich schaden. Das kann natürlich nicht sein. Vielleicht meint man, der alkoholisierte Kartoffelkäfer und die promillegetränkte Blattlaus torkelten nun hilflos durch die Welt und fänden ihre Futterpflanze ebenso wenig wie ein trunkener Karnevalist sein Zuhause? Eine andere Begründung lautet: »Der Alkoholanteil [...] ätzt bei Pflanzen kleine Löcher in die Cuticula (Wachshaut, eine schützende Schicht, meistens auf der Blattoberseite).«[8] Ehrlich gesagt: Ich wünsche mir nicht, dass jemand meine Haut anätzt, wenn ich krank bin, also werde ich auch keine Löcher in die Schutzschichten meiner Pflanzen bohren, indem ich sie mit Alkohol traktiere. Mag sein, dass die japanische Vegetation dies verkraftet, für meinen Garten passt es jedoch nicht. Auf jeden Fall müsste man sehr darauf achten, dass EM 5 nicht auf den Boden gelangt, da das mikrobielle Gleichgewicht dort durch den Alkohol gestört werden kann.

Welche Mikrobenstämme der EM die Mixtur mit Alkohol mögen und wie viele sie überhaupt überleben, wurde bislang nirgendwo untersucht. Auch für die Zugabe von Essig wird nirgendwo eine Begründung genannt. Er ist schlichtweg überflüssig. Da das EM 5 laut Empfehlung hochgradig verdünnt ausgebracht wird, beruhen Erfolge dieser Methode womöglich auf der Wirkung des mit einem Hauch von verbliebenen EM versehenen Wassers. Boden und Pflanzen mit EM zu stärken ist ein besserer Pflanzenschutz, als chemische oder aus alkoholisierten Mikroben generierte Präparate zu versprühen.

EM-FKE

Werden mit EM Kräuter für einen Gärsaft angesetzt, nennt sich das Ergebnis »EM-FKE« für »Fermentierter Kräuter-Extrakt« oder »EM-FPE« für »Fermentierter Pflanzen-Extrakt«. Die Begriffe werden synonym verwendet. Streng genommen sind sie falsch, denn es handelt sich dabei gar nicht um einen »Extrakt«, auch nicht um einen fermentierten. Ein Extrakt bezeichnet einen wässrigen oder alkoholischen Pflanzenauszug. Es entsteht vielmehr ein Saft vergorener Pflanzen. Er kann zur Pflanzen- und Bodengesundheit eingesetzt werden und ist dem Prinzip der guten alten Brennnesseljauche vergleichbar. Durch die Fermentation werden Kräfte und Inhalte der Pflanzen aufgeschlossen und zum Teil mikrobiell verdaut. Sie stehen unter anderem als Enzyme, Mineralien und Makromoleküle mitsamt lebenden Bestandteilen einer gezielten Anwendung zur Verfügung. Es ist wichtig, die verwendeten Kräuter und ihr Wirkspektrum zu kennen.

Zur *Herstellung* fermentierter Pflanzensäfte werden zu gleichen Volumenteilen zerkleinerte Pflanzen und Wasser mit 3 Prozent EM und 3 Prozent Melasse auf die gleiche Weise angesetzt wie bei der Vermehrung von EM zu EMa (siehe Kapitel 17). Hierfür ist ein Eimer als Vermehrungsgefäß besser geeignet als die für EMa benutzbaren Kanister, die sich schlecht mit Kräutern befüllen lassen:

- Die frisch zerkleinerten Pflanzen in das Gefäß geben.
- Melasse separat mit heißem Wasser auflösen.
- Kaltes Wasser zur Melasse dazugeben, bis die Mischung lauwarm ist, auf jeden Fall unter 40 Grad Celsius.
- EM hinzufügen und zusammen eine Viertelstunde lang stehen lassen.
- Die EM-Melasse-Mischung über die Pflanzen in das Gefäß geben. Es dürfen keine Lufträume zwischen den Pflanzenteilen verbleiben.
- Alles vorsichtig mischen.
- Die Masse luftdicht abdecken. Die Fermentation soll wie beim

Sauerkraut, also anaerob, ohne Luft, ablaufen. Man kann eine Plastiktüte oder einen mit Sand gefüllten Plastiksack oben auflegen, der die Oberfläche bedeckt.

- Das Gefäß bei etwa 35 Grad Celsius warm stellen. Nach spätestens zwei Tagen beginnt die Gärung, was sich am Entstehen von Gasbläschen ablesen lässt. Man rührt die Masse gelegentlich kurz um, damit Gas entweichen kann.
- Die Fermentationsdauer kann sehr verschieden sein, oft länger als sieben Tage. Lassen Sie sich ruhig von Ihrem Gefühl leiten. Steigen keine Bläschen mehr auf und beträgt der pH-Wert unter 3,7 (siehe EMa-Herstellung in Kapitel 17), ist sie abgeschlossen.
- Den Gärsaft durch Gaze, ein feines Sieb oder Tuch abseihen.
- Dio Lösung mit Wasser zwischen 3 und 15 Milliliter pro Liter verdünnt am gewünschten Ort verwenden. Die Verdünnung ist abhängig von Pflanzenart und Verwendungszweck. Auch hier gilt: Entscheiden Sie selbst nach den Gegebenheiten vor Ort. Der Gärsaft kann in einem verschlossenen Gefäß bei 12 bis 16 Grad Celsius mehrere Wochen lang aufbewahrt werden. Mit dem Trester, vermischt mit Erde oder reifem Kompost, können Brachflächen, Baumscheiben oder bedürftige Beete bedeckt werden.

EM-Salz

EM-Salz ist in Deutschland durch ein gleichnamiges Buch bekannt geworden, das im Jahr 2004 als Übersetzung aus dem Japanischen erschien.[9] Ich schüttelte bei dessen Lektüre immer wieder den Kopf. Fachliche Mängel, spekulative Heilversprechen und polarisierende Pauschalurteile wechselten sich in gewisser Regelmäßigkeit ab. Spätestens bei der Abgrenzung des EM-Salzes als »göttlichem« im Gegensatz zu anderem, dem »dämonischen« Salz hängte ich das Buch innerlich unter der Kategorie »In Japan denkt man ziemlich anders« an den imaginären EM-Schriften-Nagel.

»EM-Salz« ist die Bezeichnung für verschiedene im Handel er-

hältliche Salze, bei denen EM in der Verarbeitung eingesetzt werden. Es gibt EM-Salz, das aus Japan kommt, wo es unter großem Energieaufwand produziert wird: Vor der Nordostküste Japans während der Vollmondspringflut aus der Tiefe des Pazifiks gepumpt, wird es sofort mit EM-X-Gold versetzt. (EM-X-Gold ist nicht mit dem EM-X zu verwechseln, von dem im EM-Salz-Buch die Rede ist. Als dieses geschrieben wurde, verwendete man EM-X!) Es wird aufs Festland transportiert, mit EM und EM-Keramik versetzt und in andere Tanks gefüllt. Nach einer Reifezeit und erneuter Zugabe von EM-X-Gold wird es über Holzfeuer stundenlang gekocht und mehrere Tage luftgetrocknet, bevor es bei höchstens 800 Grad Celsius bis zu zwei Stunden lang in einem Ofen gebrannt wird. Die entstandenen Klumpen werden maschinell gemahlen und schließlich für den Handel in Plastikdosen verpackt. Bei einem dieser Schritte wird auch noch Salz aus Mexiko zugeführt, so dass der ökologische Fußabdruck, den es hinterlässt, bis es schließlich auf einem europäischen Esstisch ankommt, bedenklich groß sein dürfte.
Seit wenigen Jahren wird auch in Deutschland EM-Salz produziert. Ein Solesalz wird mit EM vermischt und zusätzlich mit EM-X-Gold versetzt. Zu dessen Wirkung gibt es noch keine langfristigen Erfahrungen und keine wissenschaftlichen Studien.
Salz an sich ist nicht nur ein notwendiges Lebensmittel, es trägt auch per se Heilkräfte in sich. Dazu braucht es nicht erst mit EM versetzt zu werden. Meines Erachtens kann man wunderbar EM und Salz unabhängig von ihrer gemeinsamen Verarbeitung verwenden. Dazu bedarf es keines teuren Extraprodukts. Reine Natursalze, also solche ohne Zusätze von Rieselhilfen oder Jod, sowie handwerklich verarbeitet und fair gehandelt, werden in Reformhäusern und Bioläden angeboten. In meiner Küche stehen für den täglichen Bedarf viele verschiedene Salze: Meersalze, Steinsalze, Solesalze, alle natürlichen Ursprungs, jedes mit einem eigenen Geschmack, alle aus Europa. EM-Salz benutze ich nicht.

13 Der Sinn der EM

Wäre die Welt nicht, wie sie derzeit ist, bräuchten wir die Effektiven Mikroorganismen nicht. Erst unsere Umweltzerstörung macht ihren Einsatz erforderlich. In jedem gesunden Lebensraum leben Mikroorganismen und richten ihren Stoffwechsel in einem harmonischen Miteinander nach den jeweiligen Erfordernissen aus. Daraus erwächst ein gedeihliches Leben für alle, für Boden, Pflanze, Tier und Mensch, bei reinem Wasser und frischer Luft. Unsere kulturellen Entwicklungen haben uns aber in den vergangenen Jahrhunderten in eine Einseitigkeit gebracht. Technische Neuerungen entwickelten sich nicht im Einklang mit der uns das Leben schenkenden Schöpfung, sondern beuten die Erde aus. Unentwegt entnehmen wir Rohstoffe aus Boden, Wasser und Atmosphäre, verbrauchen sie und geben Abfälle an die Erde zurück. Das dadurch ständig wachsende Ungleichgewicht, das wir als Menschheit inzwischen erkennen und bis in die persönliche Gesundheit hinein deutlich spüren, hat schon viele Wesen auf der Erde das Leben gekostet. Böden, Wasser und Luft, unsere Nahrung und wir selbst sind voller Gifte. Eine große Anzahl von Pflanzen und Tieren sind bereits ausgestorben.

Insbesondere die Energiegewinnung durch Verbrennung fossiler Rohstoffe führt zu einem Ungleichgewicht auf der ganzen Erde, das in besonderem Maße die Mikroorganismen betrifft. Kohle, Öl und Gas, die unter Sauerstoffzufuhr verfeuert werden, hinterlassen Rückstände, die sich in der Atmosphäre anreichern. Dort befinden sich zahllose Substanzen, die im ökologischen Gleichgewicht unseres Planeten nichts zu suchen haben. Da die mikrobielle Besiedelung immer den Bedingungen des Milieus folgt und da die Mikroorganismen stets das Bestreben haben, in einem Lebensraum ein lebensförderndes Gleichgewicht zu schaffen, findet sich in der Luft eine Vielzahl von Mikroben, die die kulturell bedingten Rückstände wieder abbauen. Das bleibt nicht ohne Folgen. Überall prägen degenerative Vorgänge unser Leben.

Dieses Überwiegen zersetzender Prozesse zeigt sich unter anderem daran, dass fast alles, was der Luft ausgesetzt ist, rostet, schimmelt, stinkt und fault. Während noch vor Jahrzehnten beispielsweise Brot lange gelagert werden konnte, schimmelt es heute bereits binnen kürzester Zeit. Wände fangen an zu schimmeln, Gewässer zu faulen, Pilze wuchern auf Pflanzen und in den Leibern von Mensch und Tier, und auch der Komposthaufen im Garten rottet nicht regenerativ vor sich hin, sondern zersetzt sich unter Fäulnisbildung. Diese bringt nicht nur entsprechende Gerüche mit sich, sondern trägt, zurück in die Erde gegeben, auch dort zur Entwicklung von Fäulnis bei. Bodenlebewesen und Pflanzen werden dadurch geschwächt und Konsumenten, wie Schnecken, angelockt (siehe Kapitel 4).
Besonders augenscheinlich ist die Veränderung des mikrobiellen Milieus dort, wo sich andere Umstände seit langem nicht verändert haben. Jahrhundertalte Orgeln beginnen neuerdings in alten Kirchen zu schimmeln, historische Bauten werden zersetzt. Überall ist das mikrobielle Gleichgewicht grundlegend gestört.

Effektive Mikroorganismen sind so konzipiert, dass sie die Einseitigkeit, die unsere technischen Entwicklungen in die Welt gebracht haben, auszugleichen vermögen. In einer Welt, in der Zersetzungsprozesse überwiegen, geben sie Impulse zur Harmonisierung und Regeneration und bahnen einen Weg, um den Strom des Lebens zurückzubringen. Sie können Ungleichgewichte ausgleichen und Fäulnis in Gedeihen verwandeln. Wo sie sind, stinkt es nicht mehr, sondern alles blüht und gedeiht.
Sollte unsere Erde eines Tages wieder im Gleichgewicht von Auf- und Abbauprozessen sein, werden wir EM nicht mehr benötigen. Würden wir eines fernen Tages eine Welt geschaffen haben, in der die Aufbauprozesse überhandnehmen, müssten wir eine Mikrobenmischung mit überwiegend abbauenden Mikroben mixen. Die Wahrscheinlichkeit, dass es dahin kommt, ist im Moment allerdings ziemlich gering.

Effektive Mikroorganismen können nahezu überall helfen, wo kein Problem besteht, braucht man sie aber nicht einzusetzen. Sie üben nicht wie künstliche Mittel in jedem Fall eine Wirkung aus, sondern helfen mit, blockierte Kreisläufe wieder in Gang zu setzen. Wo diese bereits gesund sind, werden EM naturgemäß nicht viel bewirken.

Der im wahrsten Sinne des Wortes grundlegende Anwendungsort der EM ist der Erdboden. Er ist die Wiege des Lebens, und ihm entspringt fast alles. An ihm wurde ihre Bedeutung entdeckt, und für ihn wurden sie als erstes offiziell zugelassen.

Der Boden, auf dem und aus dem wir leben, ist gleichsam das Verdauungsorgan der Erde. Er nimmt auf und gibt ab. Gestein aus der Tiefe und abgestorbene Pflanzenreste von oberhalb werden in ihm von Myriaden wimmelnder Winzlinge zerkleinert, umgewandelt und für neues Wachstum zur Verfügung gestellt. Alles, was wir sind, war einmal im Boden. Meine Nasenspitze, durchblutet und strukturiert, war einmal Möhre oder Müsli, die mein Magen-Darm-Organ – natürlich auch mit Hilfe von Mikroorganismen – in Moleküle verwandelte, deren Lebenskräfte mich bildeten und beständig erneuern. Sowohl Möhre als auch Müsli wuchsen ursprünglich als Nahrung im Boden. Wenn wir krank sind, hat die Gesundung auch mit dem Boden zu tun. Wenn Menschen Hunger leiden, hängt dies mit dem Boden und seinem Gebrauch zusammen, nicht nur, aber auch. Schon immer gründete der Wohlstand eines Volkes in der Bodenfruchtbarkeit seines Landes.

Der Erdboden ist nicht nur der Grund, auf dem wir gehen, er begründet gewissermaßen unser ganzes Sein. Effektive Mikroorganismen unterstützen den Boden. Sie helfen ihm, Steine und Pflanzenreste in neue Nahrung zu verwandeln. Da, wo Bodenmikroorganismen fehlen, bewirken EM eine Wiederanreicherung, so dass Lebendigkeit und Vielfalt zunehmen. Leben Mikroorganismen dort zwar in ausreichender Zahl, aber im Chaos, sorgen sie für Kommunikation und produktives Miteinander aller vorkommenden Wesen. Dominieren Fäulnisprozesse, die Schädlingsbefall, Minderwuchs und Unfruchtbarkeit mit sich bringen, stimmen EM das Milieu im Sinne einer Regeneration um. In jedem Fall stärken und stabilisieren sie ihn, bauen ihn auf und verbessern seine Fruchtbarkeit.

An vielen Orten der Welt haben EM wüsten Boden und magere Äcker wieder fruchtbar gemacht. Indem sie Hunger stillen können, leisten sie einen existenziellen Beitrag zum Frieden, nicht nur in den Herzen einzelner Menschen, sondern auf unserer ganzen Erde.

14 So wirken EM

EM bewirken in dem Lebensraum, in den sie ausgebracht werden, eine Belebung, bei der sich bis heute folgende Phänomene gezeigt haben:

- Ein mikrobiell verarmtes Milieu wird wieder mit einer Vielfalt von Mikroben besiedelt.
- Diese leben fortan miteinander in »friedlicher Koexistenz«.
- EM stimmen durch Kommunikation mit ihnen bereits vor Ort befindliche Mikroorganismen zu lebensfördernder Wirksamkeit um.
- Dies geschieht durch ein von Prof. Higa so genanntes Dominanzprinzip.
- Es harmonisieren sich Stoffwechselprozesse.
- Materie wird unter Bildung von Nährsubstraten umgesetzt.
- Dabei entstehende Katalysatoren wirken antioxidativ.
- Es entsteht ein Energiezuwachs.
- Wo EM angewendet werden, ändern sich feinstoffliche Schwingungsphänomene im Sinne einer lebensfreundlichen Harmonisierung.
- Es erfolgt die Umstimmung eines degenerativen in ein regeneratives Milieu.
- EM unterdrücken pathogene Prozesse, weil sie am Anwendungsort eine gesunde und harmonische Bakterien-Pilz-Besiedelung vorgeben.
- Es entwickelt sich Heilung.

Wie sie das alles anstellen, ist noch weitgehend ihr Geheimnis. Jedenfalls wirken sie nur in einem echten Lebensraum, also im Kontakt mit der Umgebung, und wenig oder gar nicht unter isolierten Bedingungen eines Labors, obwohl selbst dort die EM-Wirkung immer wieder nachgewiesen werden konnte. Auch wenn jeder Einzelstamm der in EM enthaltenen Bakterien und Pilze einzeln erforschbare Eigenschaften aufweist, entfaltet sich die Wirkung der EM dadurch, dass sich ihre einzelnen Partner untereinander fördern und ergänzen. Dieses unterstützende Miteinander geben sie an die Lebewesen der Umgebung weiter. Was ein Mikrobenstamm in seinem mikrobiellen Stoffwechsel hervorbringt, dient dem nächsten als Nahrung, dessen Stoffwechselprodukte ernähren wiederum den nächsten – und so weiter. Es entsteht ein sich untereinander versorgendes System, in dem weder Mangel herrscht noch Abfall übrig bleibt. Ein lebendiges Miteinander sorgt für das Wohlergehen aller. Wie im Kleinen der Mikroben untereinander wirkt der Einsatz der EM auch im Großen. Werden EM umfassend eingesetzt, können sie ausreichend Nahrung für die gesamte Menschheit wachsen lassen, und statt Müll gibt es wiederverwertbares Rohmaterial.

Prof. Higa sieht in der mikrobiellen Welt gegenläufige Stoffwechselprozesse, deren einen er »aufbauend, regenerativ« und dessen anderen er »degenerativ« nennt. Diese sind nicht zu verwechseln mit allgemeinen Auf- und Abbauprozessen, die bekanntlich stets Hand in Hand gehen. Während organisches Material abgebaut wird, entstehen daraus ja immer neue Verbindungen. Deren Qualität kann allerdings sehr verschieden sein. Entweder sind es energieärmere, oft stinkende und nicht mehr als Nahrung verfügbare Stoffe wie modernde Pflanzenreste, Faulschlamm und stinkende Exkremente. Oder es entstehen solche, die ihre Umgebung nähren können, angenehm oder gar nicht riechen und einen höheren Energiegehalt haben als zuvor. Der Unterschied entsteht aus den Aktivitäten der Mikroben vor Ort. Im EM-Schrifttum findet man für die verschiedenen dabei beteiligten Mikroorganismen immer wieder Bezeichnungen wie »gute« und »böse«, »nützliche« und »schlechte« Mikroorganismen. Das ist natürlich Unfug und eine moralische Wertung, die uns nicht zusteht. Alle Mikroorganismen erfüllen ihre Aufgaben, und wir Menschen sind dafür verantwortlich, welches Milieu wir ihnen bieten. Immer ist zunächst ein gewisses Ambiente vorhanden, aus ihm folgt dann die mikrobielle Aktivität.

Nimmt man beispielsweise einen Weißkohl, schneidet ihn in kleine Stücke, legt die Hälfte davon in einen Steinguttopf, gibt Wasser, Salz und Gewürze dazu, legt ein Brett und einen Stein darauf und lässt dies alles eine Weile lang stehen, wird Sauerkraut daraus. Legt man den anderen Teil desselben geschnittenen Weißkohls für die gleiche Zeitdauer auf den Küchenschrank, wird er dort schimmeln und faulen und zuletzt in braune, stinkende Brühe zersetzt. Im Fall des Sauerkrauts haben anaerobe Mikroorganismen den Weißkohl unter Produktion von Vitaminen und Nährstoffen regenerativ in ein hochwertiges Lebensmittel verwandelt, im anderen Falle Luftmikroben ihn degenerativ unter Oxidation in Fäulnis zersetzt. Die Entscheidung darüber, welchen Lebensraum wir dem Weißkohl bieten, liegt bei uns. Nicht Fäulnisbakterien sind »schuld«, dass er auf dem Schrank schimmelt, es sind auch keine »schlechten« Mikroben, sondern der Mensch hat ihm dort ein gewisses Milieu angeboten.

Bei der praktischen Arbeit mit Effektiven Mikroorganismen hilft es, sich stets das Sauerkrautprinzip vor Augen zu halten, da mit EM grundsätzlich anaerob gearbeitet wird.

EM bestehen aus regenerativ tätigen Mikroorganismen. Dass sie sich in einem degenerativen Milieu, also dort, wo es stinkt und fault, durchsetzen können, verdanken sie der bereits genannten »Dominanz«. Unter den Mikroorganismen gibt es Prof. Higa zufolge drei verschiedene Typen: dominant regenerative, dominant degenerative und eine große Schar indifferenter. Letztere schließen sich dem jeweils dominierenden Prozess an. Überwiegt irgendwo Fäulnis, lässt sich daraus schließen, dass degenerativ tätige Mikroben dominieren. Um diesen Prozess zu ändern, müssen folglich mehr dominant aufbauende, regenerative Mikroorganismen eingebracht werden, als dominante Fäulnismikroben vorhanden sind. Daraufhin werden die indifferenten Stämme sich umorientieren und ihren Stoffwechsel so umstellen, dass sie auch im Sinne einer Regeneration tätig werden.

Für die praktische Anwendung der EM bedeutet dies: Es ist notwendig, in einem Milieu von vornherein mit einer ausreichend großen Menge von EM zu arbeiten, um die Umstimmung zu bewirken. Es ist erforderlich, die Dominanz einer Regeneration herzustellen. Immer wieder ein bisschen EM zu geben bringt nicht viel. Wenn eine erwünschte Wirkung nach einer EM-Anwendung nicht eintritt, ist die Wahrscheinlichkeit groß, dass die Dosierung zu niedrig angesetzt war. Es empfiehlt sich, die Dosis dann so lange zu steigern, bis die Wirkung eintritt. Dabei sind natürlich die Grundvoraussetzungen einer erfolgreichen Anwendung zu berücksichtigen.

EM wirken dominant regenerativ. Da Mikroorganismen natürlicherweise in »friedlicher Koexistenz« leben und EM diese Qualität dominant in sich tragen, ermutigen sie die Mikroben am Anwendungsort quasi dazu, dies auch wieder zu tun.
In Kliniken wurde beobachtet, dass multiresistente Bakterien in ihren harmlosen Normalzustand zurückkehren, sobald ihre Umgebung mit EM besiedelt wird. Es kommt dabei offenbar zum Abschalten erworbener Eigenschaften in den Mikroben, die aufgrund unserer Bekämpfungsmaßnahmen entstanden sind. Tritt allerdings wieder Stress durch Antibiotika und Desinfektionsmittel auf, schalten die Bakterien ihre Resistenzfaktoren auch wieder ein.

15 Die Grundsätze der EM-Anwendung

Effektive Mikroorganismen sind Lebewesen und wünschen sich, als solche behandelt zu werden. Man darf ihnen ruhig Achtung, Respekt und Dankbarkeit entgegenbringen. Ein liebevoller Umgang mit ihnen vergrößert auch die Freude an EM.

EM wirken im Kreislauf des Lebendigen und sind in jedem seiner Bereiche anwendbar. Grundlage der Anwendung ist der Boden. Bringt man EM in den Boden ein, muss man Sorge für ihre Ernährung tragen. In reinem Sandboden werden sie beispielsweise für gesteigertes Pflanzenwachstum nichts nützen, solange ihnen nicht auch organisches Material zur Verfügung gestellt wird. Wo keines ist, können sie auch nichts umsetzen, geschweige denn sich vermehren. Landwirte in Brasilien erlebten schmerzlich, was geschieht, wenn man eine ausreichende Versorgung der Bodenmikroben versäumt. Sie gossen ihre Papayaplantagen mit EM und gewannen dadurch größere Ernten. Im kommenden Jahr gossen sie wieder mit EM. Eine Mosaikvirus-Epidemie ging durchs Land, doch die mit EM begossenen Papayabäume wurden nicht davon befallen, und die Begeisterung war groß. Auch im dritten Jahr mit EM gab es großartige Ernten. Im vierten Jahr jedoch brachen diese auf einmal ein. Was war geschehen?

Drei Jahre lang waren tonnenweise Papaya geerntet worden, ohne dass dem Boden durch Gabe organischen Materials etwas zurückgegeben wurde. Die Mikroorganismen hatten die vorhandenen Nährstoffe pflanzenverfügbar gemacht, doch nun waren diese quasi leichtverdaulichen Stoffe aufgebraucht. Der Boden war zwar noch reich an Mikroben, aber es fehlte die organische Nahrung zur Pflanzenversorgung. Den verbliebenen Boden stofflich umzusetzen, bräuchten sie nun Zeit, die die Pflanzen durch Reduktion des Wachstums überbrücken. Wo geerntet wird, muss also auch für Bodennahrung gesorgt werden. Da mit EM alle organischen Reste in Dünger umgewandelt werden können, gibt es dafür immer auch genügend Ausgangsmaterial.

Dass EM organische Substanz umsetzen, ist zu bedenken, sobald EM in Haus und Bau eingesetzt werden. Hier darf die verwendete Menge nicht übertrieben werden. Mischt man flüssige EM beispielsweise vor lauter Begeisterung in großer Menge in Tapetenkleister, muss man sich nicht wundern, wenn die frisch geklebte Tapete nach ein paar Tagen, in denen die EM den Kleister verzehrten, wieder von der Wand fällt. Der gesunde Menschenverstand wird hier vor Maßlosigkeit bewahren.

Da EM vorzugsweise im sauren Milieu wirken, können sie keinen Erfolg zeigen, wo der pH-Wert weit über das Neutrale hinausgeht. Bei jeder Teichsanierung muss daher beispielsweise zunächst der pH-Wert des Gewässers gemessen und gegebenenfalls gesenkt werden, bevor man EM gibt. Auch Meerwasser und Meerwasseraquarien sind ein alkalisches Milieu, weshalb man darin bevorzugt mit EM-Keramik arbeitet.
In Japan wurden allerdings Meerwasserbuchten, die als Müllkippen gedient hatten, saniert, indem den zulaufenden Flüssen große Mengen EM beigegeben wurden. Auch in Malaysia war die Meeresufersanierung mit EM durch Einbringen von Dangos erfolgreich.

Wo immer mit EM gearbeitet wird, ist es kontraproduktiv, zugleich bakterienhemmende Mittel einzusetzen. Ein Hersteller berichtete stolz, er habe ein Reinigungsmittel mit EM entwickelt, dem er Duftöle zur Geruchsverbesserung beigegeben habe. Diese seien »zugleich antibakteriell« wirksam. Das ist ein Widerspruch in sich. Offenbar hatte er seine innere Einstellung zu Bakterien noch nicht wirklich verändert, als er begann, sich mit EM zu beschäftigen.
Eine Heilpraktikerin empfahl ihren Patienten, EM mit Honig in Wasser zu geben, über Nacht stehen zu lassen und danach zu trinken. Das ist aus gleich mehreren Gründen unsinnig: Honig hat bekanntlich stark bakterienhemmende Eigenschaften, so dass die Pilze in solch einer Kultur bevorzugt gedeihen. Obendrein sorgt die Sauerstoffexposition zu einem Überwiegen der aeroben Stäm-

me, darunter den Hefen, weswegen eine Lösung entsteht, die nicht mehr EM repräsentiert. Auch hier gilt es, nicht alle Ideen unreflektiert zu übernehmen, sondern sich an den EM selbst zu orientieren. Grundsätzlich ist in jeder Situation zu hinterfragen, ob EM dafür geeignet und die Umstände angemessen oder ob andere Wege zu beschreiten sind. EM anzuwenden, ohne ein positives Verhältnis zu ihnen zu haben, macht keinen Sinn.

EM sind für jedermann zugänglich und dienen der Erde. Wichtiger als alles Erlernte über EM sind eigene Erfahrungen mit ihnen. So hilfreich das Wissen ist, das andere Ihnen über EM vermitteln können, kann es die eigenen Erlebnisse mit EM nicht ersetzen. Auch die Erfahrungen, die in diesem Buch weitergegeben werden, können nicht allgemeingültig sein. Überall auf der Welt liegen verschiedene Bedingungen vor, und die besten Erfolge hat man mit EM, wenn man sie sich zunächst vertraut macht, etwas ausprobiert und sich dabei nicht von vorgegebenen Dosierungen, sondern von seinem ganz persönlichen Gefühl leiten lässt. Manche Umstände können etwas ganz anderes erfordern als anderenorts. Es lässt sich nicht oft genug betonen, dass es sich beim Arbeiten mit Mikroorganismen um den Umgang mit Lebensprozessen handelt, die wandelbar sind. Sie brauchen eher Einfühlungsvermögen als starre Strategien. Trauen Sie sich, einfach anzufangen. Man kann zunächst in kleinem Rahmen beginnen und schrittweise entdecken, wie und wo überall EM im eigenen Umfeld hilfreich sein können. Mit der Zeit stellt sich ein schönes Gefühl der Sicherheit ein. Das Entdecken macht Spaß, und später geht man geradezu spielerisch mit EM um. Je mehr Menschen schließlich EM auf diese Weise anwenden, desto mehr Heilung geschieht in der Welt.

16 Die Handhabung der EM

Die Handhabung der EM ist einfach, wenn man sich die Eigenschaften von EM vergegenwärtigt: EM sind eine mikrobielle Mischkultur in flüssiger Lösung von säuerlichem Geruch und brauner Färbung, die bei einem pH-Wert von unter 3,5 anaerob stabilisiert ist. Wohin sie gelangen, treten sie in Beziehung zur Umgebung und beginnen zusammen mit den vorhandenen Mikroorganismen ihre Stoffwechselaktivität.

Aufbewahrung und Haltbarkeit

EM reagieren auf Temperaturschwankungen und Luftzufuhr. Je konstanter das Milieu ist, desto stabiler bleiben EM. Die ungeöffnete Flasche ist länger lagerbar, als das Mindesthaltbarkeitsdatum vorgibt, wenn sie kühl und dunkel steht. Eine im Keller vergessene EM-Flasche war, als sie nach drei Jahren erstmals geöffnet wurde, noch gut verwendbar, allerdings sollte man sich darauf keinesfalls verlassen. Die bevorzugte Lagertemperatur liegt laut Hersteller zwischen 8 und 18 Grad Celsius. In Frankreich hat sich die Aufbewahrung in Weinschränken bewährt, die auf 14 Grad Celsius eingestellt sind. EM sollten nicht im Kühlschrank verwahrt werden, es sei denn, seine Innentemperatur läge über dem üblichen Wert von 4 bis 6 Grad Celsius. Es gibt allerdings Ausnahmesituationen: Bei Raumtemperaturen über 34 Grad Celsius und zum Beispiel im Sommerurlaub in südlichen Ländern ist es besser, EM zu kalt als zu heiß zu lagern. Man sollte sie dann aber binnen etwa drei Wochen verbrauchen.

Ist man zu Hause unsicher, wo der geeignete Aufbewahrungsort ist, zum Beispiel weil man keinen Keller hat, prüft man am besten mit einem Thermometer, wo die Temperatur der gewünschten am nächsten kommt. Im Zweifelsfalle und bei geringem Verbrauch empfiehlt es sich, auf den Erwerb kleinstmöglicher Gebinde zurückzugreifen.

Hat man die EM-Flasche geöffnet, gelangt unweigerlich Luftsauerstoff hinein. Dies aktiviert Hefen und führt mit der Zeit zu einem Ungleichgewicht, weshalb es nötig ist, sie mit geringstmöglichem Luftraum wieder zu verschließen. Man drückt die Kunststoffflasche dazu so zusammen, dass der Flüssigkeitsspiegel innen bis unter den Rand hochsteigt, dann schraubt man sie wieder zu. Dies gelingt, bis die Flasche etwa halbleer ist. Danach sinkt die Haltbarkeit des Restes rascher. Man kann ihn auch in ein kleineres Gefäß umfüllen. Um die Originalflasche so selten wie möglich zu öffnen, empfiehlt es sich, für den Hausgebrauch die im Alltag benötigte Menge in handliche Fläschchen abzufüllen, deren Inhalt dann in Küche und Bad bei Raumtemperatur etwa eine Woche benutzbar ist. Was dann noch in den Fläschchen übrig ist, braucht man anderweitig auf, spült sie mit kochendem Wasser aus und befüllt sie frisch. Es gibt im Apothekenhandel geeignete Glasfläschchen mit Tropfpipetten- oder Sprühkopfaufsatz.
Je größer die Temperaturschwankungen und je größer und häufiger die Luftzufuhr, desto schneller verkürzt sich die Haltbarkeit, da sich dadurch das Verhältnis der in EM wirksamen Mikroben untereinander verschiebt. Dies lässt sich leicht am Geruch von EM feststellen.
Das Aroma der EM wird sehr subjektiv eingeschätzt. Die eine erinnert es an »Omas leckeren Sauerkrautsaft«, den anderen an »scheußliche Gülle«. Dies hängt mit persönlichen Prägungen zusammen. Um kennenzulernen, wie sich der Geruch bei allmählicher Verschlechterung verändert, kann man eine kleine Menge EM in einem Gläschen in den Raum stellen und sie täglich beobachten. An der Oberfläche vermehren sich bald die sauerstoffliebenden Hefen in Form eines weißlichen Belags. Mit der Zeit verändert sich der milchsaure Geruch und wird zuletzt beißend unangenehm. Man erlebt auf diese Weise einmal die verschiedenen Phasen und kann später auf diese Erfahrung zurückgreifen.
Meine EM machen meist eine Karriere durch. Sind sie frisch, verwende ich sie für Boden, Pflanzen, Tiere und für mich selbst. Weniger frisch können sie noch zum Putzen und für technische

Zwecke gehandhabt werden. Eine Phase weiter sind sie noch gut genug, um Abflüsse und Toilettensiphons zu reinigen, und sollten sie selbst dafür zu alt sein, gebe ich sie direkt ins Abwasser. Der Kanaldeckelduft in der Straße deutet darauf hin, dass sie dort immer noch einen guten Dienst verrichten können. In landwirtschaftlichen Betrieben können alte EM unter Umständen im Güllebehälter entsorgt werden.
EM sind sensibel für elektromagnetische Belastung. Man sollte sie von Störquellen fernhalten. Ein Landwirt, der seine EM-Vermehrungstonne unter dem Hauptsicherungskasten seines Betriebs aufgestellt hatte, hatte mit den entstandenen EMa kein Glück.
Direkte Sonneneinstrahlung auf EM sollte vermieden werden. Zu starke UV-Strahlen wirken zerstörend auf Eiweißmoleküle und können Mikroben töten.

Konsistenz

EM haben einen pH-Wert von etwa 3,5, liegen also in einer sauren Lösung vor. Dieser niedrige pH-Wert ist nötig, um sie zu stabilisieren und fremden Mikroben in der Flasche keinen Raum zu geben. In der Regel werden EM verdünnt angewendet, was den pH-Wert neutralisiert. Nur in Situationen, die so wenig Flüssigkeitszufuhr wie möglich erlauben, wie bei schimmelnden Wänden, oder wenn Flüssigkeit bei der Anwendung noch hinzugelangt, werden EM gar nicht oder wenig verdünnt in das gewünschte Mileu ausgebracht. Dies ist beim Versprühen und Gießen im Freien während des Regens oder bei der innerlichen Einnahme der Fall. Letztere erfolgt stets zusammen mit der Nahrungsaufnahme, zum Beispiel dem Futter, damit die Mikroben mit dem Speisebrei vermengt zu den Verdauungsorganen gelangen.
Auf säureempfindlichen Materialien hinterlassen unverdünnte EM Spuren. Eine Zinkblech-Fensterbank, auf der EM-Gefäße getrocknet wurden, zeigte beispielsweise dauerhaft die verfärbten Ringe deren jeweiligen Standorts.

Da EM eine braune Färbung besitzen, können sie auf hellem Grund Flecken hinterlassen. Sollte man helle Stoffmöbel sein Eigen nennen, empfehlen sich beim Versprühen zur Reinigung der Raumluft eine ausreichende Verdünnung und ein gebührender Abstand, ebenso zur Wand. Ob EM aus Tuchen wieder ausgewaschen werden können, hängt von deren Qualität ab. Mit EM lassen sich andererseits aber hartnäckige Flecken aus Textilien entfernen. Am besten, man probiert zunächst an einer unauffälligen Ecke aus, ob Material die EM-Färbung annimmt oder nicht. Fugenfüllungen reagieren ebenfalls unterschiedlich auf EM-Tingierung. Das ist beim Putzen im Bad zu beachten.

EM sind sensibel. Man darf ihre Wahrnehmungsfähigkeit nicht unterschätzen. Die Erfahrung zeigt, dass gute Gedanken ihre Tätigkeit unterstützen und dass Menschen, die mit EM einer eigennützigen Gier folgten, feststellen mussten, dass sie nicht mehr die Wirkung zeigten, die sie sich erhofft hatten.

17 EM zu EMa vermehren

Um keine großen Mengen EM für die Anwendung transportieren zu müssen, kann man sie sich vermehren lassen. Man tut dies, indem man ihnen Nahrung gibt und Energie in Form von Wärme zur Verfügung stellt. Für die vermehrten EM hat sich die Bezeichnung »EMa« eingebürgert, gelegentlich auch »EM-A« geschrieben. Das »a« steht für »aktiviert« und provoziert das Missverständnis, EM müssten erst »aktiviert« werden, bevor man sie anwenden kann. Das ist nicht der Fall. Eine Vermehrung erfolgt zwar stets unter Aktivierung der Verdopplungstendenz von Mikroorganismen. Der Stoffwechsel, der einer Vermehrung von Mikroben dient, ist jedoch nicht zwangsläufig derselbe wie derjenige, der in ihrer Anwendung erwünscht ist, beispielsweise zur Umwandlung organischen Materials. EM aktivieren sich selbständig und nach Bedarf jeweils dort, wohin sie ausgebracht werden. Dazu müssen sie nicht vermehrt werden. Man kann also EM und EMa in gleicher Weise einsetzen, in denselben Verdünnungen und mit denselben Rezepturen.

Unterschiede zwischen EM und EMa liegen in der Herstellung, ihrer Haltbarkeit und darin, dass die EMa die bei der Vermehrung vorhandenen Umgebungsmikroben aufnehmen und integrieren können, weshalb sie auch vor Ort eingesetzt und nicht großräumig vertrieben werden sollten. Sie sind nie identisch mit der Stammlösung, sondern es ist eine gleichsam aktualisierte Kultur. Der Spielraum ihrer Wirksamkeit ist erfahrungsgemäß sehr groß. Durch die Vermehrung erhält man wesentlich mehr EM für denselben Preis. Aus 1 Liter EM lassen sich 33 Liter EMa fermentieren.

Da die EM-Stammlösung anders vermehrt wurde als EM zu EMa, sind EM wesentlich länger haltbar als EMa.

Findige Menschen handeln mit EMa und verkaufen es unter Umständen einfach als »EM« deklariert. Bietet jemand EM zu einem deutlich günstigeren als dem handelsüblichen Preis an, empfiehlt es sich daher, nachzufragen, ob es sich statt um die Stammlösung

um vermehrte EM handelt. Sie haben dann ab Herstellung nur maximal drei Wochen lang die gewünschte EM-Wirkung.
EM können unter Erhalt ihrer Wirkung einmalig vermehrt werden, bei weiteren Malen verschiebt sich jedoch die Zusammensetzung der Mikrobenstämme. Es entwickelt sich zwar weiterhin eine milchsaure Mikrobenkultur, diese besteht aber nicht mehr aus der eigentlichen Mischung, sondern schließlich im Wesentlichen aus Milchsäurebakterien und Hefen.

Füttert man Mikroben in Wasser mit Melasse und hält man sie warm, fangen sie an, sich zu verdoppeln. Sie tun dies nicht gleichmäßig, sondern jeder Mikrobenstamm hat dabei ein unterschiedliches Tempo. Jeder von ihnen hat erst eine Anlaufphase, dann die optimale Verdopplungsrate, und wenn keine Nährstoffe mehr vorhanden sind oder die natürliche Besiedelungsdichte erreicht ist, hören die zugehörigen Mikroben auf, sich zu verdoppeln. Abhängig von der gegebenen Temperatur, verbleiben sie danach eine Zeit lang in Ruhe, bevor sie, sofern sie nicht in einen lebendigen Lebensraum gelangen, langsam absterben. EM folgen in Vermehrung und der Haltbarkeit von EMa diesem Ablauf. Sie werden acht Tage lang in Wärme der Vermehrung überlassen, anschließend behutsam abgekühlt und sind dann gut zwei Wochen lang voll einsatzfähig. Danach nimmt ihre Lebensfähigkeit rasch ab. Auch hier gelten die Grundsätze der Haltbarkeit: Temperaturschwankungen und Luftzufuhr bringen die Mikrobenmischung allmählich in ein Ungleichgewicht. Daher sollten EMa, so zügig es geht, angewendet werden.
Die Vermehrung der EM kann in beliebiger Menge erfolgen. Ob ein halber Liter in einem Babyflaschenwärmer oder 1000 Liter im Container auf einer Heizdecke – die Vorgehensweise ist prinzipiell dieselbe. Wichtig ist, dass die Vermehrung anaerob erfolgt, also im Vermehrungsgefäß kein Luftraum verbleibt. Dieser würde zu einer ungleichen Vermehrung der in EM enthaltenen Stämme führen. Gleichzeitig darf das jeweilige Gefäß jedoch nicht fest verschlossen werden, da sich während der Vermehrung Gase entwickeln, die

entweichen können müssen, damit innen kein Überdruck entsteht, der das Gefäß platzen lassen kann.

Der Ort zur EM-Vermehrung sollte so gewählt werden, dass er im Alltagsbewusstsein präsent ist und wo man täglich nach ihnen schauen kann. Einer Dame, die einen Kanister mit EMa in einem abgelegenen Raum ansetzte und sie dann vergaß, wiederfuhr es, dass sie nach ein paar Wochen dort gesprenkelte Wände und ein weithin aus geplatztem Kanister ausgelaufenes EM vorfand. Davor bewahrt man sich, wenn man die EMa täglich beobachtet. Der Raum sollte außerdem ruhig, gleichmäßig temperiert, weitgehend frei von elektromagnetischen Störfeldern und keiner direkten Sonneneinstrahlung ausgesetzt sein. Küche, Diele, Bad oder Wohnzimmer können ebenso geeignet sein wie Garage oder Scheune. In Japan, wo das Klima wärmer ist, hat man zur Gewässersanierung ganze Batterien von 1000-Liter-Containern direkt am Flussufer aufgebaut.

Das Ansetzen von EMa ist einfach und erfordert keine besonderen Fähigkeiten. Man kann sich zu mehreren Personen zusammentun, von denen immer eine für alle gemeinsam eine größere Menge ansetzt. In manchen Orten vermehrt immer reihum ein Haushalt für mehrere Familien eine für zwei Wochen ausreichende Menge, so dass jeder alle zwei bis drei Monate EMa ansetzt und trotzdem stets frische EMa zur Verfügung hat. Es gibt auch Gemeinden, die für die Bevölkerung EMa zur Verwendung in Toiletten austeilen, damit ihre Kläranlagen und Kompostierwerke günstiger betrieben werden können.

Man hat vorgeschlagen, sich mit der EM-Vermehrung nach dem Mondstand zu richten. Empfohlen werden Frucht- und Blütetage. Dies kann sinnvoll sein, der Erfolg der EM-Vermehrung hängt davon jedoch nicht grundsätzlich ab.

Das verwendet man für die Vermehrung

- Ein verschließbares Vermehrungsgefäß
- Wasser
- EM
- Zuckerrohrmelasse
- Messbecher
- Gegebenenfalls einen Trichter
- Wasserkocher
- Thermometer
- Topflappen oder Tuch
- Wärmequelle
- pH-Wert-Messstreifen

Da man die Umgebungsmikroben mit den EM in Kontakt bringt, sobald man mit ihnen arbeitet, sind eine saubere Umgebung und saubere Materialien eine selbstverständliche Voraussetzung. Beim Ansetzen der EM zu EMa darf man sich bewusst sein, dass man damit die Mikroorganismen quasi auffordert, sich zu vermehren, damit sie anschließend für uns und mit uns für die Heilung der Erde arbeiten.

Als *Vermehrungsgefäße* werden meistens Kunststoffbehältnisse verwendet, da diese dem gegebenenfalls entstehenden Gasdruck nachgeben. Glasgefäße können genutzt werden, wenn man das Entweichen des Gases beispielsweise durch einen Gärspund sicherstellt, wie er für die Gärung von Wein verwendet wird. Der für das Gefäß verwendete Kunststoff sollte lebensmittelecht sein, da EM prinzipiell imstande sind, Kohlenwasserstoffe, also auch Plastik, in seine Grundbestandteile zu zerlegen. Bei dünnwandigen Kanistern, wie solchen, in denen destilliertes Wasser verkauft wird, kann es passieren, dass bei mehrmaliger Verwendung des Gefäßes EM plötzlich durch die Wandungen perfundieren. Es steht dann auf einmal in einer rätselhaft anmutenden Pfütze.

Das Gefäß, in dem EM vermehrt wurden, sollte nach Ende der Vermehrungszeit geleert und sogleich gereinigt werden, damit

keine Reste an den Innenwänden kleben bleiben. Dies würde beim nächsten Vermehrungsansatz stören. Kleben Substanzreste auf der Innenseite eines Kanisters fest, lassen sie sich durch Einfüllen von etwas Sand mit Wasser und kräftiges Schütteln entfernen. Man füllt die EMa, sobald die Vermehrung abgeschlossen ist, in andere, gegebenenfalls kleinere Gefäße für den allmählichen Verbrauch um.
Häufig stimmt das Innenvolumen von Kanistern nicht mit der Volumenbenennung überein. Dies ist bei der Berechnung der Zutatenmenge zu berücksichtigen. Ein 10-Liter-Kanister kann möglicherweise fast 12 Liter fassen und braucht folglich mehr EM und Melasse, als für 10 Liter vorgesehen.

Die *Wasserqualität* hat eine große Bedeutung für die Qualität der entstehenden EMa. Das Wasser sollte rein und vor allem frei von Chlor oder anderen wachstumshemmenden Tendenzen sein. In Deutschland ist Leitungswasser grundsätzlich geeignet. Ist man sich seiner Qualität nicht sicher, kann man die benötigte Menge zunächst eine Weile mit EM-Keramikröhrchen stehen lassen. Auch Chlor verflüchtigt sich dann binnen weniger Stunden. Destilliertes Wasser ist für die EM-Vermehrung ungeeignet.

Da man *EM* in dem Verhältnis vermehrt, in dem man sie ansetzt, sollten sie immer frisch sein. EM als Stammlösung sind von verschiedenen Herstellern in den meisten Ländern der Welt erhältlich. Sonderprodukte mit EM sind in der Regel nicht vermehrungsfähig.

Zuckerrohrmelasse dient der Ernährung der EM während der Vermehrung. Sie ist eine braune, schwer-zähflüssige Masse und enthält die zur Strukturbildung der Mikroorganismen notwendigen Kohlehydrate, verbunden mit Mineral- und Spurennährstoffen. Andere Zuckerquellen haben sich als ungeeignet erwiesen. Man kann im EM-Handel gentechnikfreie, biologisch angebaute und fair produzierte Melasse erwerben. Erfahrungsgemäß ist Melasse, die zu Speisezwecken im Lebensmittelhandel vertrieben wird, erheblich teurer.

Der *Messbecher* dient dem Abmessen sowohl der Zuckerrohrmelasse als auch der EM. Er sollte temperaturbeständig sein, damit man die zähe Melasse mit ganz heißem Wasser ausspülen kann.

Um den Verlauf der Vermehrung gut kontrollieren zu können, braucht das dafür verwendete *Thermometer* eine Skala, von der 20 bis 45 Grad Celsius gut ablesbar sind. Es dient zur Temperaturmessung des Ansatzes und bleibt während der Vermehrung auf oder an dem Gefäß, damit Abweichungen von der optimalen Vermehrungstemperatur bemerkt werde können. Geeignet sind Haushalts- und Badewasserthermometer.

Als *Wärmequelle* kann alles dienen, was imstande ist, das jeweilige Gefäß über eine Woche lang in gleichbleibender Temperatur von etwa 30 bis 34 Grad Celsius zu halten. Bewährt hat sich die Verwendung einer Plastikkiste als Warmwasserbad, in dem man die EM im Vermehrungsgefäß warm hält. Dazu besorgt man sich im Aquarienhandel einen tauchbaren Heizstab mit Temperatureinstellung, den man in die Kiste oder Wanne ins Wasser legt. Er wird durch Ziegelsteine rechts und links oder eine darübergestülpte kleine Leergutkiste geschützt, auf die man das Vermehrungsgefäß stellt. Eine darübergelegte Decke hält gegebenenfalls die Wärmeabstrahlung in Grenzen.
Man kann auch fertige EM-Vermehrungskästen mit eingebauter Heizplatte kaufen, deren Größe für maximal einen 10-Liter-Kanister vorgesehen ist. Auch Einkochtöpfe oder Joghurtbereiter werden verwendet. Ein Landwirt funktionierte eine alte Tiefkühltruhe um, die mehreren 25-Liter-Kanistern Raum bot und in die er zur Wärmeerzeugung einige Glühbirnen hängte.
Grundsätzlich ist es günstiger, die Wärme von unterhalb an das Vermehrungsgefäß heranzuführen, da in diesem dann eine gewisse Zirkulation entsteht, so dass die Mikroorganismen sich darin nicht in Schichten sammeln. Ist der Boden des Raumes kalt, vermeidet eine untergelegte Isolierung etwaigen Wärmeverlust. Weicht die Raumtemperatur erheblich von der Vermehrungstemperatur ab,

empfiehlt sich sogar eine Rundumisolierung. Alte Wolldecken, Daunenjacken, Styroporplatten oder Isomatten halten den Vermehrungskasten, insbesondere im Winterhalbjahr, warm.
Man sollte auf keinen Fall Heizstab oder Tauchsieder *in* die Mikrobenlösung hineinhängen. Am Heizstab direkt entwickeln sich Temperaturen bis zu 70 Grad Celsius, die eine EM-Verträglichkeit weit überschreiten, während zum Außenbereich des Gefäßes hin ein Gefälle auf weniger als die gewünschten Grade entsteht. In vielen Fällen war eine erfolglose EM-Anwendung auf diesen Fehler zurückzuführen. Leider werden solche Apparaturen trotz mehrfacher Hinweise an die Hersteller immer noch vertrieben.

Am Ende der Vermehrungszeit werden die fertigen EMa auf ihre Qualität hin geprüft. Neben Geruch und Geschmack ist der *pH-Wert* von 3,5 oder darunter ein wichtiges Kriterium für das Gelingen. Zum Messen des pH-Wertes gibt es Papierstreifen, die sich beim Eintauchen in die fertige Lösung verfärben. Auf einer Skala kann man die Tönung daraufhin einem pH-Wert zuordnen. Wo diese Messstreifen nicht über EM-Händler erhältlich sind, kann man sie in Apotheken bestellen, sie sind dort allerdings nicht ganz billig. Wer EM auch für Gewässersanierungen einsetzt, wofür die pH-Wert-Messung immer eine Voraussetzung ist, mag gut beraten sein, sich ein präzises elektronisches pH-Meter anzuschaffen.

Es gibt eine Reihe von Rezepturen, nach denen den EM zur Vermehrung allerlei *Zutaten* mitgegeben werden sollen: Salz oder Essig, Mineralien oder pflanzliche Substrate. Dies ist grundsätzlich nicht nötig. Man sollte sich im Einzelfall immer fragen, ob der vorgeschlagene Zusatz überhaupt zu den EM passt. Essig beispielsweise ist eine andere Säuerung als die zu den EM gehörige Milchsäure und gehört nicht in EM. Salz ist naturgemäß alkalisch und ändert unter Umständen den pH-Wert. Mineralien werden von Mikroorganismen bevorzugt in organischem Zusammenhang verstoffwechselt, und die Melasse bietet davon genug.

So geht man bei der Vermehrung vor

Die Vorgehensweise ist für alle Mengen dieselbe: Es wird eine dreiprozentige Lösung von EM mit Melasse und Wasser gemischt und bei 30 bis 34 Grad Celsius für acht Tage warm gehalten. Ist man sich unsicher bezüglich des Gelingens, kann man auch eine vier- bis fünfprozentige Mischung ansetzen, also mehr EM und Melasse pro Wassermenge nehmen. Stets werden jedoch EM und Melasse zu gleichen Teilen eingesetzt, die einzige Ausnahme bilden EMa für Teichsanierung (siehe Kapitel 31).

Zunächst stellt man sich die benötigten Zutaten zurecht. Am Beispiel eines 10-Liter-Kanisters sei das Vorgehen erläutert: Auf 10 Liter Wasser bedeutet eine dreiprozentige Mischung 300 Milliliter EM und 300 Milliliter Melasse. Bitte beachten: Ein »10-Liter-Kanister« kann ein größeres Innenvolumen als die angegebene Menge haben. Dann benötigt man mehr EM und Melasse.

- 300 Milliliter Melasse in den Kanister geben und mit zwei Liter sehr heißem Wasser übergießen. Dies löst die Zähflüssigkeit auf und reduziert ein eventuelles Übermaß an Saccharase[10] bildenden Bakterien darin. Unter Schutz der Hände durch Topflappen schüttelt man den Kanister so lange vorsichtig, bis sich alle Melasse, auch vom Kanisterboden, aufgelöst hat. *Achtung:* Die Luft im Kanister erhitzt sich dabei und entweicht beim Wiederöffnen des Deckels plötzlich. (Man kann Melasse und Wasser natürlich auch außerhalb des Kanisters mischen.)
- Den Kanister mit kaltem oder lauwarmem Wasser bis auf etwa 8 Liter Füllvolumen auffüllen. Die Temperatur sollte jetzt um 34 Grad Celsius betragen, auf jeden Fall unter 40 Grad Celsius liegen.
- 300 Milliliter EM zufügen und behutsam untermischen.
- Kanister vollständig mit Wasser auffüllen und dabei die Temperatur gegebenenfalls leicht korrigieren.
- Verschluss locker zudrehen, so dass möglichst keine Luft eindringt. Spezielle Gasventile oder ein sogenannter Gärspund ermöglichen einen einseitigen Gasaustritt.

- Wärmequelle vorbereiten und Kanister hineinstellen. Handelt es sich um ein Wasserbad, sollte er mit dem unteren Drittel im Wasser stehen. Liegt der Einfüllstutzen des Kanisters tiefer als sein höchstes Innenvolumen, empfiehlt es sich, ihn schräg aufzustellen, damit kein leerer Luftraum in ihm verbleibt. Ein etwa 2 Zentimeter dickes Luftkissen kann unter dem Deckel toleriert werden und wird durch das während der Vermehrung gebildet Gas bald verdrängt.
- Bei 29 bis 34 Grad Celsius bleiben die Mikroorganismen nun acht Tage lang ruhig warm gestellt. Etwa am zweiten Tag beginnen sie Gase zu bilden, die täglich durch leichtes Öffnen des Verschlusses abgelassen werden. Manche Kanister verbeulen sich unter Druckentwicklung und können überlaufen.
- Die Temperatur wird regelmäßig überprüft. Sie sollte nicht unter 29 Grad Celsius fallen oder über 38 Grad Celsius steigen, weil insbesondere Letzteres der Mikrobengesundheit schadet. Auch kurzzeitiges Unter- oder Überschreiten der Temperaturtoleranz kann zu unwiderruflichen Verschiebungen innerhalb der Mischung führen. Die Dauer von etwa acht Tagen ist einzuhalten, da Photosynthese-Bakterien sich sehr viel langsamer vermehren als Milchsäurebakterien und Hefen, die den pH-Wert der Mischung schon in den ersten Vermehrungstagen auf den gewünschten Wert senken. Dieser ist daher kein Kriterium für eine fertige Vermehrung der EMa.
- Nach Ablauf der Vermehrungszeit wird der Kanister aus der Wärme genommen und der Inhalt inspiziert. Eine weißliche Schicht auf der Oberfläche wird von den Hefen gebildet und ist normal.
- Geruch, Geschmack und pH-Wert werden überprüft, Letzterer sollte unter 3,6 liegen. Werden die EMa nicht sofort verwendet, füllt man sie in andere Gefäße um und stellt sie kühl, um die Vermehrung der Mikroben zu stoppen. Sie sollten binnen drei Wochen ausgebracht werden.
- Man reinigt das Vermehrungsgefäß gründlich mit heißem Wasser und trocknet es für den nächsten Ansatz sorgfältig aus. Da

jeder EMa-Ansatz die momentanen Ortsmikroben mit enthält, was durchaus erwünscht ist, können jede EMa verschieden ausfallen.

Folgende Fehler können zu einem verfälschten EMa geführt haben:

- Die verwendeten EM waren zu alt und die Ausgangsmischung im Ungleichgewicht.
- Es wurden zu wenig EM und/oder Melasse zum Wasser gegeben.
- Die Melasse wurde nicht vollständig gelöst, blieb auf dem Grund des Gefäßes liegen, und die Mikroben im oberen Teil litten Mangel.
- Das Gefäß war nicht vollständig gefüllt, und die Vermehrung erfolgte unter Luftzufuhr, also aerob statt anaerob.
- Das Wasser war chlorhaltig oder von schlechter Qualität.
- Das Vermehrungsgefäß war verschmutzt.
- Die Wärmequelle war nicht konstant, es gab zwischenzeitlichen Stromausfall, oder der Stecker einer Heizquelle war nicht eingesteckt.
- Es gab eine Überhitzung der EM über 40 Grad Celsius.
- Die Vermehrung wurde vorzeitig abgebrochen.

Missratene EMa-Lösung kann, sofern sie nicht fürchterlich stinkt, als Milchsäure-Hefe-Mischung betrachtet und als solche immer noch einem anderen Verwendungszweck zugeführt werden.

III EM in der Anwendung

18 Das können EM

Effektive Mikroorganismen können fast alles: Gestank beseitigen, Ernten verbessern, Gartenteiche klären, Fenster zum Blitzen bringen, Fußpilz kurieren und Müll kompostieren. Das klingt für viele Menschen zunächst höchst unglaubwürdig. Wundermittel wurden in der Welt schon zur Genüge angepriesen, jetzt gehören auch noch EM dazu?

Was ist der Unterschied? Wie in Teil II beschrieben, sind Effektive Mikroorganismen kein neues Mittelchen, sondern Lebensvermittler. Sie sind winzige Wesen von höchster Flexibilität und eifriger Einsatzbereitschaft. Stoffwechsel ist ihre Mission, Wandlung ihr Weg, Kommunikation ihre Kompetenz. EM sind Teil unserer Natur und bringen neuen Schwung in den Kreislauf des Lebens. Sie wollen nicht in einer Flasche hocken, sondern wollen hinaus, um tätig zu werden. Nicht hinaus an die frische Luft wie vielleicht unsereins, sondern hinaus ins pralle Leben, dorthin, wo es organisches Material umzuwandeln gibt, wo ein gestörtes Milieu darauf wartet, neues Leben zu entfalten.

Im Kreislauf des Lebendigen können EM überall tätig werden: im Boden, bei Pflanzen, Tier und Mensch, in Luft und Wasser. Am nachhaltigsten ist ihre Anwendung im Boden, denn von dort werden Pflanzen geboren, die Mensch und Tier ernähren, und dorthin kehrt alles Leben nach seinem Tod zurück.

Ein kleines Stück Boden kann jeder Mensch pflegen. Nennt er keinen Garten sein Eigen, ist es der Balkonkasten oder der Blumentopf auf der Fensterbank. Jedes noch so kleine Fleckchen Leben trägt zum großen Lebendigen bei.

Wenn EM auch im Haushalt helfen, beim Putzen und Waschen, Backen und Entrosten, beim Bauen und im Heizöltank, hat das scheinbar wenig mit einem lebendigen Kreislauf zu tun. Groß ist daher die Versuchung, hier den Gedanken an Lebendigkeit zu vernachlässigen. In fast allen EM-Schriften werden Effektive Mikroorganismen dann plötzlich »das EM« genannt, so als handele es sich bei ihnen um eine Sache. In Wirklichkeit wimmelt es auch in Haus und Industrie von Leben, und gerade in der gesunden Verlebendigung unserer erstarrten, ja bis in Seele und Gedanken hinein verhärteten Kulturumgebung liegt Genesung. Wenn Teppichflecken dank EM verschwinden und Messer wieder blank und scharf werden, ist dies kein Hokuspokus, sondern die Antioxidationskraft unserer kleinen Mitarbeiter.

Die praktische Anwendung der Effektiven Mikroorganismen ist sehr einfach: Im Garten gießt man sie, im Haushalt versprüht man sie mit Hilfe einer Sprühflasche oder fügt sie dem Putzwasser bei. Wo organisches Material anfällt, wird es mit EM vermengt und fermentiert. EM-Keramik hilft überall dort, wo die flüssige EM-Lösung nicht passt.

Zum Einstieg probiert man einfach eine der Anwendungen aus und schaut sich das Ergebnis an. Irgendwo hat jeder ein Problem, das mit EM gelöst werden kann. Wenn die in Teil II beschriebenen Grundsätze beachtet werden, kann man dabei nur gewinnen. Kreativität ist beim Umgang mit EM nicht bloß erlaubt, sondern ausdrücklich erwünscht.

Eine Mutter, die nach monatelangem Ringen endlich die ersehnte Kur mit ihrer behinderten Tochter bewilligt bekommen hatte, bekam am Vorabend der Abreise, einem Freitag, fürchterliche Zahnschmerzen. Keine Schmerztabletten halfen ihr. Entweder Koffer packen oder die Fahrt zum entfernten Notdienst antreten? Entweder die Kur verkürzen oder sie gar absagen müssen, wenn nun eine längere Behandlung bevorstand? In ihrer Not kam sie auf die Idee, EM-Keramikröhrchen zwischen Zahn und Backe zu legen. Tatsächlich linderte dies die Schmerzen, und sie konnte nach damit überstandenem Wochenende am Kurort einen Zahnarzt aufsuchen. Wo immer ein Problem auftritt, lohnt sich tatsächlich die Frage: »Können EM hier helfen?« Meistens erlebt man dann ein Ja!

19 Die Dosierung der EM

Um ein degeneratives Milieu umstimmen zu können, müssen EM in ausreichender Menge eingesetzt werden. Ihre Dominanz über die vorhandenen Mikroben ist insbesondere dort nötig, wo Fäulnisprozesse umzuwandeln sind. Je mehr EM gleichzeitig arbeiten, desto schneller tritt eine wahrnehmbare Veränderung ein.
Bei allen vorgeschlagenen Dosierungen sollte man sich deshalb nicht sklavisch an die genannte Menge halten. Jede Situation ist anders und neu, jeder Ort so individuell wie wir. Wenn ein Problem mit EM hätte gelöst werden sollen, es aber nicht geschah, war wahrscheinlich die eingegebene Dosis der EM zu gering oder die Anwendungszeitdauer zu kurz. Wurden die Grundsätze der Anwendung bedacht und die gewünschten Ergebnisse blieben aus, probiert man es also unter Einsatz von mehr EM so lange erneut, bis es funktioniert. Wenn es scheinbar gar nicht klappt, wurde meistens bei der Anwendung etwas übersehen. Manchmal hilft dann der Blick eines Außenstehenden auf die Situation. Inzwischen gibt es genügend Menschen, die EM kennen und die man dann um Rat fragen kann.
Sollten Sie in EM-Veröffentlichungen Vorschläge zu Mengen finden, die abstrus sind, wie solche im Zehntelmilliliterbereich, dürfen Sie diese getrost unter Vergnügen verbuchen. Dosierungen, wie in einem EM-Buch[1] empfohlen, nämlich 33,3 Milliliter, 83,3 Milliliter oder 41,6 Milliliter EM 5 beziehungsweise Kräutergärsaft pro 5 Liter Wasser, Erstere gegen weiße Fliegen, Zweite zum Gießen in Wühlmausgänge, Letztere zum Vertreiben des Kartoffelkäfers, entspringen eher einer Zahlenmystik als der EM-Realität. Da kichert der Kartoffelkäfer, und die Fliege feixt sich was, ganz abgesehen davon, dass es ohne Apothekerzubehör kaum gelingen dürfte, diese Mengen präzise abzumessen.

Zu unterscheiden sind die Verdünnung der EM und ihre verwendete Gesamtmenge. Beide sind variabel. Ob man die EM-Stammlö-

sung oder die vermehrten EMa nimmt, ist gleich (siehe Kapitel 17). Daher verwende ich im Folgenden die übergeordnete Bezeichnung »EM«.
Eine Grundmischung, die sich für viele Anwendungsbereiche bewährt hat, lautet:

20 Milliliter EM auf 1 Liter Wasser.

Diese Standardverdünnung (20 Milliliter auf 1 Liter entsprechen 2 Prozent oder dem Verhältnis 1:50) bietet ein Anhaltsmaß, das nach oben oder unten variiert werden kann, je nachdem, was die Umstände erfordern. Im Haushalt wird man zum Versprühen im Raum beispielsweise weniger EM pro Wassermenge nehmen, wenn man verhindern will, dass helle Möbel oder Wände Flecken bekommen. Geht es dagegen um Schimmelsanierung an Wänden, erhöht man die Menge der EM, damit so wenig zusätzliche Feuchtigkeit wie möglich dorthin gelangt.
Genauso ist es mit der Gesamtmenge. Der aufgeschüttete Boden eines Neubaus benötigt mehr EM und organisches Material, als für einen alteingesessenen biologisch bewirtschafteten Nutzgarten einzusetzen ist. Die Menge richtet sich also immer nach den konkreten Gegebenheiten vor Ort. Wie gesagt: War es womöglich zu wenig, nimmt man beim nächsten Mal mehr.
Eine gewisse Achtsamkeit ist bei der Menge angewandter EM-Keramik geboten. Da diese nicht der dynamischen Regulation lebender Einzeller unterliegt, wie es bei den flüssigen EM der Fall ist, ist eine sehr bewusste Dosierung empfehlenswert, insbesondere in Hinblick auf ihre feinstoffliche Wirkung im persönlichen Umfeld.

EM sind lebendig, und ihre Aktivität hängt von vielen Faktoren ab. Auch wenn die Hersteller eine gleichbleibende Qualität liefern, sind grundsätzlich Veränderungen ihrer Leistung möglich. Lässt man EM sich zu EMa vermehren, kann ohnehin jede Charge voneinander abweichen. Die langjährige Erfahrung zeigt jedoch, dass dies keine grundsätzliche Rolle für die Dosierung spielt.
Ein Zuviel an EM, so empfinde ich persönlich, wurde eingesetzt,

wenn Früchte ihre natürliche Größe um das Vielfache überschreiten. Mir wurden Fotos von Pflanzen in Japan gezeigt, die durch große Gaben von EM gigantisch große Trauben und Melonen hervorbrachten. Ob dies langfristig gutgeht, vermochte mir niemand zu sagen. Eine Qualitätszunahme kann aber durch EM nach unserer Erfahrung auch ohne Massenzunahme erreicht werden. Die Eier von Zwerghühnern einer älteren Dame, die sie mit EM aufzog, sind zum Beispiel trotz gebliebener Kleinheit von außerordentlich hoher Qualität und Nährkraft.

Alle in diesem Buch angegebenen Dosierungen beruhen auf unseren eigenen oder uns mitgeteilten Erfahrungen – oder auf Angaben der Hersteller. Sie mögen als Richtmaß dienen.
Wenn Sie eigene Erfahrungen mit EM gemacht haben und mir davon erzählen möchten, können Sie dies gern tun. Die Adressen dafür finden Sie im Anhang.

20 EM im Garten

Effektive Mikroorganismen können im Garten vielfach eingesetzt werden: auf den Boden gegossen, an Pflanzen gesprüht und dem Kompost beigegeben. Saatgut kann mit ihnen präpariert und organische Abfälle können mit ihrer Hilfe in Dünger umgewandelt werden. Sie

- bereichern das Bodenleben,
- verbessern die Harmonie der Bodenlebewesen,
- setzen Stoffe um, wodurch aktive Stoffwechselprodukte entstehen, organische Materialien mehr Düngewirkung entfalten und die Bodentemperatur steigt,
- verbessern Bodenstruktur und -stabilität, so dass Nährstoffspeicherfähigkeit, Wasserhaltekapazität und Tragfähigkeit zunehmen,
- ernähren Pflanzen und fördern ihre Wurzelbildung,
- verbessern die Keimfähigkeit von Saaten und verkürzen die Keimdauer,
- steigern die Pflanzengesundheit zu größerer Robustheit gegenüber äußeren Einflüssen,
- fördern Blühtendenz und Fruchtansätze,
- steigern Qualität und Menge geernteter Pflanzen und Früchte,
- und sie vermögen Krankheiten zu heilen.

Pflanzen reagieren auf EM-Gaben mit üppigem Blühen, saftigdunklen Blättern, mit Vitalität und gesunden Früchten, die lange lagerfähig sind. Viele Studien zeigten weltweit, dass Nahrungspflanzen und -früchte, die mit EM wachsen, mehr Nährstoffe enthalten als solche ohne EM. Auch das Redoxpotenzial, ein Kriterium für Lebensmittelqualität, verbessert sich, wenn Nahrungspflanzen mit EM angebaut werden. Prof. Manfred Hoffmann, Emeritus der FH Weihenstephan, wies mit dieser Methode die Qualitätsverbesserung durch EM nach. Sowohl im Boden, der mit

EM behandelt wurde, als auch in Feldfrüchten, die darin wuchsen, war ein größerer Elektronenreichtum messbar als in der EM-freien Vergleichsparzelle. Dies bedeutet ein verbessertes Neutralisationsvermögen für Störsubstanzen und eine höhere biologische Wertigkeit im Körper dessen, der sie verspeist.
Bei einem Vergleichsanbau von japanischem Senfspinat zeigte der mit EM gewachsene Spinat mehr Nährstoffe und Vitamine und weniger Nitrat in den Blättern als der konventionell und ohne EM gedüngte.
Kümmernde Pflanzen leben mit EM plötzlich auf, kranke werden gesund, Kräuter entfalten mehr Aroma, es ist, als ob der Garten mit EM wahrhaft aufblüht.

Die erstaunliche Fähigkeit der EM, harten Boden zu lockern, erlebte ich, als ich einmal ein neues Beet anlegte: Frisch in ein Mietshaus umgezogen, durfte ich im Garten, der bis dahin ganzflächig aus Rasen bestand, ein Kräuter- und Blumenbeet anlegen. Ich besaß ein paar Stauden, die in die Erde wollten. Der zuständige Gärtner wies mir die Stelle zu, wo bis kurz zuvor lange Jahre ein Kinderschwimmbad gestanden hatte: etwa zehn Quadratmeter harten, mit sandigem Rasen bedeckten Boden. Zuversichtlich, dass EM mir helfen würden, machte ich mich daran, die Rasensode mit einer Platthacke abzuheben, und schichtete sie umgedreht, jede Lage üppig mit EM gegossen, zu einem Stapel in die Ecke. Dichter roter Lehm kam darunter zum Vorschein, und ich hatte Mühe, Löcher für die Pflanzen zu graben. Unter Zusatz einiger Eimer von EM-Kompost, die sehr zum Amüsement meiner Umgebung mit mir umgezogen waren, setzte ich die Kräuterstauden und Dahlienknollen, obendrein säte ich Blumen aus. Niemand gab ihnen große Überlebenschancen dort, und man belächelte mich. Über den Rasensodenstapel schüttelte der Gärtner mit den Worten den Kopf: »Das wird nie etwas.«
Allerdings fand er wohl doch Gefallen an der Abwechslung im Garten und legte nun seinerseits ein Beet an, doppelt so groß, in der saftigsten Ecke des Rasens. Mit einer Fräse arbeitete er den

Oberboden mühelos unter und säte und pflanzte ins gelockerte Erdreich. Das Ganze bestreute er mit Mineraldünger. Auch Schneckenkorn wurde ausgelegt. Als die Keimlinge gediehen, wuchsen sie rasch. Ich selbst goss mein Beet regelmäßig mit EM und gab alles, was ich an organischem Material finden konnte, zum Teil auf meinen Spaziergängen, als Mulchdecke auf den Boden. Großzügig gewährte mir der Gärtner dazu auch Teile des Rasenschnitts – wieder kopfschüttelnd und mich vor Schnecken warnend. Diese kamen aber kaum, stattdessen gedieh unter der schützenden Decke eine üppige Regenwurmpopulation. Bis zum Herbst hatte sich die oberste Bodenschicht bereits gut gelockert. Zum Winter bedeckte ich das Beet mit Dahlienlaub, über das ich den zu wunderbarer Erde verwandelten Rasensodenstapel streute. Das Beet des Gärtners lag den Winter über nackt und bloß.

Im Frühjahr wiederholte sich unser ungewollter kleiner Gartensport: Der Gärtner fräste, ich arbeitete die Wintermulchdecke oberflächlich ein, voller Mitleid mit den fräsegehäckselten Regenwürmern seines Beetes, die nun von eiweißspaltenden, fäulnisfördernden Mikroorganismen zu deren Vermehrung verspeist werden würden. Wir pflanzten und säten, sein Fragen hatte sich jedoch gelegt. Ich spürte, wie er begann, sich zu ärgern, dass meine unmögliche und »unordentliche« Gärtnerei allen seiner Warnungen zum Trotz gelang. Es folgte ein sonniger, trockener und sehr heißer Sommer. Der Gärtner goss allabendlich, ich mulchte und goss alle zwei Wochen mit EM. Inzwischen war der Beetboden bis in mehrere Zentimeter Tiefe feinkrümelig und locker geworden und darunter gut belebt.

Es kam, was kommen musste: Als der Gärtner für zwei Wochen in Urlaub fuhr, in denen nur einmal Regen fiel, vertrockneten alle seine Pflanzen. Er hatte den Wasseranschluss im Garten abgestellt, weil er um den Vorrat in der Zisterne bangte, so dass auch ich nicht gießen konnte. Meine Pflanzen wohnten jedoch inzwischen in so gut lebendverbautem Erdreich, dass ihnen die Sonne nicht schadete. Durch seine Feinkrümeligkeit hielt sich genug Feuchtigkeit im Boden, und die Wurzeln hatten sich in die Tiefe hinunterentwickelt.

Sein Beet jedoch brach in harten Schollen auf, breite Risse vertieften sich und trockneten ihn aus. Die Wurzeln, die sich an das oberflächliche Gießwasser gewöhnt hatten, darbten ohne dieses und versagten die Versorgung. Die Effektiven Mikroorganismen hingegen hatten binnen eines Jahres den knüppelharten nackten Lehmboden in wunderbare fruchtbare Erde umgewandelt, welche die extreme Wetterlage bestens ertrug.

Mit dem Einsatz der EM im Garten geht eine besondere Bodenbearbeitung einher. Da jeder Boden Schichten aufweist, in denen unterschiedliche Kleinstlebewesen wirken (siehe Kapitel 4), wird er nicht gewendet. »Verkaufen Sie Ihren Spaten und kaufen Sie sich einen Liegestuhl dafür«, ist der Lieblingsspruch Adolf Daeneckes in unseren Seminaren. Was so viel heißt wie: Lassen Sie die Mikroben unterirdisch arbeiten, anstatt sich den Rücken krumm zu graben, indem Sie sie bei ihrer Arbeit stören.

Boden zu wenden ist in der Natur nicht vorgesehen. Ihn in den Kulturen zu lockern, ja, aber nicht alljährlich seine Schichtung auf den Kopf zu stellen und die Bodenlebewesen durcheinanderzuwirbeln. Ein Wald ist dafür das beste Beispiel: Das Laub fällt im Herbst auf den Grund und wird dort von den Kleinstlebewesen allmählich in wunderbaren Waldboden verwandelt, ohne dass irgendjemand ihn umdreht und mischt.

Man füttert also den Boden von oben und arbeitet alles organische Material nur oberflächlich ein. Ist er anfangs noch hart, kann man ihn mittels Sauzahn oder Grabegabel lockern. In der Landwirtschaft gibt es dafür Geräte, die eine Tiefenlockerung ohne Wendung durchführen. Die pfluglose Bodenbearbeitung wird tatsächlich immer beliebter.

Die Wirkung der EM steigt im Lauf des Anwendungszeitraums an. Einem ersten Impuls durch die Mikroben folgt eine Umstimmung des Milieus und danach ein kontinuierlicher Aufbau von Lebenskräften auf einem energiereicheren Niveau. Erfahrungsgemäß dauert es bis zu drei Jahre, dass sich das ganze Potenzial der EM in einem Boden und seinen Pflanzen offenbart.

EM gießen

Die einfachste Anwendung im Garten ist das Gießen mit flüssigen EM. Blumenbeete, Sträucher und Hecken, Stauden und Bäume – alles, was wächst, kann prinzipiell mit verdünnten EM gegossen werden. Dies geschieht bei bedecktem Himmel oder abends. Pralle Sonne mögen die Mikroben nicht, Regen dagegen hilft ihnen, in die Erde zu fließen, und bietet sich daher zum EM-Gießen geradezu an. Stören Sie sich nicht daran, wenn Ihre Nachbarn dabei lachen.

Wie schwer zu vermitteln ist, warum bei Regen Felder gewässert werden, erlebte Astrid Toda, die in Benin/Westafrika Entwicklungshilfe leistet. Frau Toda hatte Ananasstecklinge gesammelt, die wegen Mickrigkeit anderswo fortgeworfen worden waren, und hatte sie gemeinsam mit den Dorfbewohnern auf ein Feld gepflanzt. Um sie mit EM zu gießen, wurde aus dem einzigen Brunnen der Gegend, den sie ebenfalls mit ihnen gegraben hatte, Wasser geschöpft und mit EM versehen in Schüsseln zu den Pflänzchen getragen. Solange es Trockenzeit war, halfen alle fleißig mit. Kaum begann jedoch die Regenzeit, schüttelten sie den Kopf und wollten allen Erklärungen zum Trotz partout kein Wasser mehr auf das Feld bringen. Also goss Astrid Toda die Ananas allein. Es wuchsen wunderbare Pflanzen und Früchte daraus.

Je größer der Wurzelumfang der Pflanzen ist, desto mehr EM benötigt man, um das ganze Erdreich zu durchtränken. Dabei nutzt es mehr, alle paar Wochen einmal durchdringend zu gießen als ständig nur wenig. Erstens wird die Dominanz zur Umstimmung des Milieus nur bei ausreichender Menge der EM hergestellt, zweitens braucht dieses nicht ununterbrochen neue Impulse. Alle zwei bis vier Wochen zu gießen genügt. Beim allerersten Mal dosiert man EM möglichst hoch, bei den folgenden Malen genügt eine geringere Menge. Pflanzen, die mehr Stoffumsatz haben und Früchte hervorbringen, benötigen in der Wachstumszeit mehr EM, gleichzeitig jedoch immer auch genug organisches Material als Nahrung zum Umsetzen.

Es gilt grundsätzlich: Entscheiden Sie selbst nach den Gegebenheiten vor Ort, wie viel und wann es hilfreich ist. Lassen Sie Ihr eigenes Gefühl zu und nehmen Sie Dosierungen spielerisch. Sie können den EM auch in dieser Hinsicht vertrauen. Wichtig ist, dass Sie zum Gießen die EM gleichmäßig in Wasser einrühren, damit sie sich im Boden gut verteilen.

In eine 10-Liter-Gießkanne gibt man 200 Milliliter EM und gießt diese auf ein etwa 10 Quadratmeter großes Stück Boden. Später kann die Dosierung auf die Hälfte reduziert werden. Es gibt für großflächiges Ausbringen Gefäße, die, an den Gartenschlauch angesetzt, EM dem fließenden Wasser dosiert zuführen. Man kann EM auch direkt in die Regentonne geben und daraus schöpfen, wenn man sich sicher ist, dass man sie weitgehend entleert. Wegen ihrer Exposition an die Luft ist es nicht sinnvoll, EM dauerhaft in der Regentonne zu belassen. Eine geringe Menge verhindert zwar Algenbildung an der Tonnenwand, zu viel führt aber zur Verderbnis. Zur Wasserverbesserung in der Regentonne sind EM-Keramikröhrchen geeigneter.

EM sprühen

Eine meiner Lieblingsbeschäftigungen ist es, mit der EM-gefüllten Rückenspritze durch den Garten zu gehen und alles einmal von oben bis unten mit EM einzunebeln. Es versetzt ihn in eine spürbare Leichtigkeit. Ich tue dies, nachdem es geregnet hat, während feinen Regens oder kurz bevor Regen fällt. Die Feuchtigkeit bringt die Mikroorganismen leichter in den Boden, und die Nässe erlaubt es mir, die EM im Spritzgefäß höher zu dosieren, so dass die weitere Verdünnung sozusagen im Freien geschieht.

Wenn ich möchte, dass EM vorzugsweise das Blattwerk besiedeln, sprühe ich am Abend, aber nicht bei Regen, weil sie sonst gleich wieder abgespült würden. Es darf niemals bei direkter Sonneneinstrahlung gesprüht werden, das mögen weder Mikroben noch Blattwerk. Auch in die Blüten fruchttragender Pflanzen darf man nicht sprühen.

In die 5-Liter-Rückenspritze gebe ich 300 bis 800 Milliliter EM und rühre sie behutsam im Wasser unter.

In Obstbau und Landwirtschaft wird maschinell gesprüht. Der Düsendruck darf 2 bar keinesfalls überschreiten, weil sonst die Außenhäute der Mikroorganismen verletzt werden und ein Teil von ihnen sterben kann.

Pflanzenschutz mit EM

Pflanzenschutz fängt im Boden an. Dort ist auch die Heilquelle für jegliches Ungleichgewicht. Zusätzlicher oberirdischer Pflanzenschutz kann aber in den ersten Jahren der EM-Aktivität in Garten und Landwirtschaft tatsächlich sinnvoll sein, solange der Boden, aus dem jede Pflanze ja ihre Gesundheit gewinnt, sich mikrobiell noch nicht stabilisiert hat. Man kann dann EM prophylaktisch alle vierzehn Tage auf die Pflanzen sprühen, bei Erkrankung häufiger, im Extremfall alle zwei Tage. Dies vermindert den Befall mit Fremdem und stärkt die Pflanzen. Erfahrungsgemäß nehmen Bodenfruchtbarkeit und Pflanzengesundheit im Laufe der EM-Arbeitsjahre zu. Damit entfällt idealerweise der herkömmliche Pflanzenschutz. Werden Pflanzen aus Samen gezogen, die von Pflanzen stammen, welche bereits mit EM aufwuchsen, werden sie ebenfalls von Generation zu Generation gesünder.

In blühende Fruchtpflanzen darf man nicht hineinsprühen, weil ein Verkleben der Blüten die Befruchtung blockiert. Ein Gärtner, der seine blühenden Tomaten zur Phytophthora-Prophylaxe[2] besprühte, hatte zwar wunderbar gesunde Pflanzen, aber kaum eine Ernte, weil die Fruchtstände taub blieben. Daher lässt man in der Blütezeit verdünnte EM lieber behutsam oder nachts, wenn die Blüten geschlossen sind, darüberregnen.

Es wird in EM-Schriften empfohlen, EM 5 als Pflanzenschutz anzuwenden. Davon halte ich nichts (siehe Kapitel 12). Wenn man möchte, dass EM stärker auf Pflanzen haften bleiben als durch einfaches Benetzen, kann man sogenannte Haftmittel, zum Beispiel solche auf Milcheiweißbasis, verwenden. Diese können je nach Menge allerdings die Atmung der Blätter durch Verklebung ihrer Oberfläche beeinträchtigen.

21 Bodennahrung

Wann immer EM im Garten ausgebracht werden, braucht der Boden auch Futter. Kompost, Mist und Pflanzenreste sind seine Lieblingsnahrung. Je gesünder diese organischen Dünger sind, desto gesünder wird ein Boden ernährt. Wurde organisches Material mit EM fermentiert, nennt man es »Bokashi«.

Was immer man dem Boden gibt, sollte frei von Fäulnisprozessen und Giften sein, denn mit diesen trägt man Mikroorganismen ein, die gesundes Wachstum blockieren. Immer wieder wundern sich Gartenliebhaber über Schädlingsbefall im Garten. »Dabei habe ich doch eine ganze Packung Mist vom Bauern draufgefahren«, bekommen wir oft zu hören. Genau darin liegt dann das Problem. Wurden die Tiere konventionell gehalten, ist der Mist mikrobiell betrachtet wahrhaftig Mist für den Garten. Er trägt degenerative Prozesse in den Boden ein, die Wurzeln und Pflanzen schwächen.

Mit jeder organischen Masse gelangen nicht nur Nährstoffe, sondern auch Kleinstlebewesen in den Gartenboden. Meist sind darunter zahlreiche Fäulnisbakterien. Auch der gewöhnliche Kompost fault bei den meisten Hausgartenbesitzern vor sich hin. Auf Beete verteilt, verbreitet auch er dann Fäulnisprozesse in den Boden. Die vermeintlich gute Tat, seine Beete damit zu düngen, schlägt ungewollt und ungesehen in seine Schwächung um.

Besser ist es, alle organischen Reste aus dem eigenen Lebensraum von der Entstehung ab mit EM zu präparieren. Küchenabfälle werden gleich in der Küche mit EM besprüht, Tiere mit EM-Futter versorgt und der Kompost mit EM angesetzt. Erhält man Mist von auswärts, präpariert man ihn mit EM, bevor er dem Boden gegeben wird. Dazu schichtet man ihn unter Gießen von EM zunächst für mindestens drei Wochen verdichtet auf, bevor man ihn, wiederum unter Gießen mit EM, dem Boden gibt. Oder Sie regen bei dem jeweiligen Geber an, seine Tiere ebenfalls mit EM zu versorgen, damit deren Stoffwechsel regenerativ besiedelt wird und der Mist statt Fäulnisprozessen regenerative Kräfte mit sich bringt. Davon profitieren dann alle.

In Brasilien besuchten wir eine große Limettenplantage, die mit EM bewirtschaftet werden sollte. Die Besitzer hatten uns gebeten, sie dahingehend zu beraten. Sie düngten unter anderem mit Schweinegülle aus einer benachbarten Massentierhaltung. In solch einer Situation versetzt man die Gülle lieber gleich in dem großen Behälter mit EM als beim Ausbringen. Noch besser ist es, dem Halter vorzuschlagen, die Tiere mit EM zu versorgen.
Untersuchungen des Instituts für Land-, Umwelt- und Energietechnik in Wien im Jahr 2004 hatten nämlich ergeben, dass Gülle bereits durch den Zusatz von EM deutlich geringere Emissionen an Ammoniak, Methan und Lachgas aufweist, der Stickstoff also als Nährstoff in der Gülle verbleibt, anstatt in die Luft zu gehen. Noch besser waren diese Werte aber, wenn die EM bereits dem Tierfutter beigegeben worden waren. Das ist nachvollziehbar, denn gesündere Tiere geben naturgemäß auch gesündere Ausscheidungen ab.

Mineraldüngung ist dem Leben im Boden nicht zuträglich. Eine reine Salzversorgung führt zu Verschiebungen im sensiblen Stoffwechselgefüge von Erdreich und Lebewesen. Pflanzen wachsen möglicherweise durch einen höheren Wassergehalt größer, werden jedoch anfälliger für Schäden aller Art. Natürlicherweise, so wird auch in wissenschaftlichen Studien immer deutlicher nachgewiesen, ernähren sie sich von komplexen organischen Substanzen, darunter auch von Zellteilen von Bodenlebewesen.

Bokashi

Dank EM gibt es in Haus und Garten keinen organischen Müll mehr, denn alle Pflanzenreste können in nützlichen Dünger umgewandelt werden. Abgeleitet aus dem japanischen Wort *bokasu* für »abstufen« (siehe auch Kapitel 12), wird EM-fermentiertes organisches Material generell »Bokashi« genannt. Es gibt also lauter

verschiedene Zusammensetzungen von Bokashi. Man kann ihn zu Hause selbst zubereiten, man kann inzwischen auch die verschiedensten Sorten Bokashi kaufen. Bokashi kann als Bodennahrung zusammengestellt werden, als Tierfutter, als Impfmaterial für Kompost oder Küchenabfälle oder für alles gleichzeitig. Immer haben die Effektiven Mikroorganismen ein pflanzliches Rohmaterial in einen energiereicheren Zustand zu Nahrung umverdaut.
Diese Umwandlung folgt dem gleichen Prinzip wie beim Zubereiten von Sauerkraut. Energiegehalt und Nährwert des Bokashi sind höher als die des Ausgangsmaterials, zudem werden die Inhaltsstoffe stabilisiert, so dass Bokashi haltbar ist und gelagert werden kann. Seine Lagerung erfolgt prinzipiell unter größtmöglichem Luftabschluss.
Ein Marmeladenglas mit Bokashi aus Rasenschnitt, das ich vor sechs Jahren zu Demonstrationszwecken abfüllte, dient bis heute noch dazu, in Seminaren eine Kostprobe des angenehmen Duftes zu reichen, den Rasenschnitt entwickelt, wenn er nicht der Fäulnis anheimgegeben, sondern mit EM fermentiert wird. Trotz häufigen Öffnens riecht er immer noch angenehm milchsauer-würzig. Als ich einen interessierten Nachbarn an Bokashi riechen ließ, mit dem ich gerade vorm Haus die Dahlien versorgte, bat er mich um eine kleine Menge, um es als Potpourri zur Geruchsverbesserung in sein selten bewohntes altes Fachwerkhaus zu stellen. Warum nicht? Alles, was stinken könnte, kann dank EM auch duften. Der Rasenschnitt hätte sich diese Ehre nicht träumen lassen.
Da EM am liebsten mit organischem Material zusammenwirken, ist Bokashi als Bodennahrung die wirksamste Weise, rasch Erfolge beim Gärtnern mit EM zu erzielen.
Für ihre Umsetzungsarbeit brauchen Mikroorganismen unter anderem Kohlenstoff und Stickstoff im Ausgangsmaterial. Kohlenstoffe dienen vorzugsweise der Struktur- und Zuckerbildung, Stickstoffe der Eiweißsynthese. Da Stickstoff als Gas flüchten kann, verbessert insbesondere seine organische Einbindung die Ernährung von Pflanzen. Das Verhältnis von Kohlenstoff zu Stickstoff sollte bei der Wahl der Bokashi-Zutaten berücksichtigt werden.

Eine Tabelle mit den sogenannten C-N-Werten organischen Ausgangsmaterials findet sich im Kapitel über den Kompost.

Natürlich spielt es eine Rolle, ob man Zutaten für Bokashi gezielt auswählt, beispielsweise Rasenschnitt mit Getreidekleie für Dünger, oder ob wie beim Küchenabfall-Bokashi oder bei Bokashi aus Speiseresten der Gastronomie Material wahllos gemischt anfällt. Das ist bei der späteren Verwendung zu berücksichtigen. Grundsätzlich gilt: Jede organische Substanz kann mit EM nutzbringend und energiegewinnend umgewandelt werden.
Bokashi erhält durch die Fermentation einen sauren Charakter. Der pH-Wert liegt bei etwa 4. Es wird daher nie konzentriert an Pflanzen gegeben, sondern in zeitlichem und/oder räumlichem Abstand. Im Garten arbeitet man Bokashi oberflächlich ein. Da Katzen und Füchse oft eine gestörte Bakterienflora haben und auch gern etwas Gesundes für ihre Ernährung naschen, kann es sonst geschehen, dass diese sich ansonsten daran bedienen.
Bokashi reift grundsätzlich unter Luftabschluss, also anaerob. Nur so können die EM das Material fermentieren, und es entsteht ein nährstoffreiches, antioxidatives, mild-säuerlich riechendes Produkt. Sobald Luft während der Reifung hinzutritt, beginnt die Oxidation, und es entwickeln sich unter anderem Schimmelpilze. Am unangenehmen Geruch lässt sich das Missraten dieses Bokashi erkennen. Es kann, mit reichlich EM gegossen, trotzdem noch dem Kompost anvertraut werden.

Bokashi herstellen

Alle Zutaten für Bokashi werden weitestmöglich zerkleinert, damit sie ohne Lufteinschlüsse zusammengedrückt werden können. Zur Fermentation benötigt man ein luftdicht verschließbares Gefäß oder einen stabilen Sack. Metallgefäße sind wegen des entstehenden sauren pH-Werts ungeeignet. Als Fermentationshilfe dienen EM, gegebenenfalls zusammen mit Melasse, verdünnt in Wasser. Handelt es sich um trockene Zutaten, werden sie zunächst miteinander vermengt, bevor Wasser zugegeben wird. Gesteinsmehl als Zutat bindet die von den Mikroorganismen während der Fermentation freigesetzten Nährstoffe kolloidal, so dass sie später im Boden besser verfügbar sind (siehe Kapitel 4).

Zugegebenes EM-Keramikpulver unterstützt die Fermentation durch einen zusätzlichen EM-Schwingungsimpuls. Bei nassen Ausgangsmaterialien wie bei Bokashi aus Speiseabfällen muss für eine Abflussmöglichkeit des entstehenden Sickersafts gesorgt werden. Dieser kann wiederum als Dünger mit Wasser verdünnt im Garten vergossen oder zur Milieuumstimmung pur in Abflüsse gegeben werden.

Tierische Abfälle, beispielsweise Fleisch, sollten separat verarbeitet werden. Ihr hoher Eiweißgehalt fördert das Wachstum eiweißspaltender Bakterien und kann ein Ungleichgewicht hervorrufen, wenn sie nicht ausdrücklich mit kohlenstoffreichem Material gemischt und mit größeren Mengen EM behandelt werden.

Aus der Fülle der Garten-Bokashi-Rezepturen sei dieses von Tatsuo Kuroda[3] genannt:

- 10–15 ml Melasse
- 100 ml heißes Wasser
- 0,5 l kaltes Wasser
- 10–15 ml EM
- 4 kg Weizenkleie
- 1,5 kg gequetschter Hafer
- 1,5 kg Sojamehl
- 70 g Keramikpulver

Die Vorgehensweise ist dieselbe wie beim Rasenschnitt-Bokashi, man mischt die Zutaten bei kleinen Mengen bequemerweise in einer Schüssel.

Rasenschnitt-Bokashi herstellen

Exemplarisch sei die Vorgehensweise anhand desjenigen Materials erklärt, das den meisten Gartenbesitzern der Menge wegen die meiste Mühe macht: der Rasenschnitt. Wo landet er nicht überall und verwandelt sich an der Luft erst in gelb faulende, dann in schwarz stinkende Masse. Mit EM wird er hingegen zu Dünger, der universell wieder einsetzbar ist.

Die folgende Rezeptur ist auf eine kleine Menge Rasenschnitt berechnet und gibt eine ungefähre Dosierung wieder. Je mehr Rasenschnitt verarbeitet wird, desto geringer ist im Verhältnis die Menge von EM und Melasse, die zugegeben wird. Auf 30 Kilogramm Rasenschnitt genügen dann auch je 300 Milliliter EM und Melasse. Der Spielraum ist da relativ groß. Benötigt werden:

- 5 kg kurz geschnittener Rasenschnitt
- 5 kg Getreidekleie (erhältlich bei Mühlenbäckern und in landwirtschaftlichen Genossenschaften)
- 150 ml EM
- 150 ml Zuckerrohrmelasse
- Heißes und kaltes Wasser
- 100 g Gesteinsmehl (erhältlich im Gartenbedarf)
- 20 g EM-Keramikpulver
- Gießkanne mit Brausekopf
- Messbecher
- Schaufel zum Mischen
- Ebener Untergrund oder Plastikplane als Mischfläche
- Verschließbare Eimer oder Gläser, zum Beispiel leere Farbeimer aus dem Malereibedarf

So geht man vor:

- Rasen mähen und Schnittgut entweder zwei Tage zum Trocknen liegen lassen oder separat, zum Beispiel auf einer Plane in der Garage, trocknen. Darauf achten, dass es wirklich trocknet und nicht anfängt zu faulen. Gegebenenfalls häufig wenden.

- Angetrockneten Rasenschnitt auf der Plane oder Fläche ausbreiten.
- Weizenkleie darüberstreuen.
- Gesteinsmehl und EM-Keramikpulver darüberstreuen.
- Alles gut miteinander vermischen.
- Die Mischung fasst sich jetzt trocken an. Klumpt man eine Handvoll zusammen, fällt sie beim Öffnen der Hand trocken auseinander.
- Zuckerrohrmelasse in heißem Wasser auflösen.
- Mit kaltem Wasser auffüllen, bis die Mischung handwarm ist, keinesfalls über 40 Grad Celsius.
- EM hinzumischen und eine Viertelstunde stehen lassen, um die Mikroben mit der Melasse vertraut zu machen.
- Trockenmasse nochmals aufmischen.
- Ein Drittel der Flüssigkeit über die Trockenmasse gießen.
- Alles gut mischen und wenden.
- Zweites Drittel darübergießen.
- Masse nochmals gut mischen.
- Feuchtigkeitsgehalt überprüfen. Eine zusammengedrückte Handvoll muss nach Öffnen noch gut auseinanderfallen können.
- Wenn die Masse als Klumpen zusammenbleibt, darf keine Flüssigkeit mehr zugegeben werden. Tropft Wasser heraus, ist sie zu nass. Zugabe von Weizenkleie und Rasenschnitt kann dies ausgleichen.
- Restliche Flüssigkeit zugeben.
- Nochmals gut mischen.
- Feuchtigkeitsgrad überprüfen.
- Mischung in dünne Schichten fest in den Eimer einstampfen, so dass kein Luftraum dazwischen verbleibt.
- Deckel so verschließen, dass keine Grasreste eingeklemmt werden, sonst kann dort Luft eintreten.
- Eimer in einen warmen Raum stellen, zum Beispiel in einen Heizungskeller.

Je nach Raumtemperatur dauert die Reifung drei bis sieben Wochen. Man öffnet vorsichtig den Deckel. Riecht das Bokashi fruchtig-milchsauer vergoren, ist es fertig. Die Struktur der Zutaten bleibt erhalten, ihr Charakter wurde durch EM verändert. Man kann das Bokashi nun nach Bedarf verbrauchen, es hält sich unter Umständen jahrelang, ist dafür aber natürlich nicht gemacht. Hat man dem Eimer etwas Bokashi entnommen, bedeckt man die Oberfläche dicht mit einer Plastikfolie, um den Rest vor Luftzufuhr zu schützen.

Rasenschnitt-Bokashi kann überall im Garten eingesetzt werden. Man kann es dünn über den Rasen streuen und spart dadurch anderen Rasendünger ein. Viele Menschen zahlen ja viel Geld für die Abfuhr der Bioabfalltonne, in die sie ihren Rasenschnitt entsorgen, und kaufen für teures Geld Dünger ein, um ihn damit wieder aufzupäppeln. Mit EM spart man beides und kehrt zum natürlichen Kreislauf zurück.
Man kann Rasenschnitt-Bokashi in Beete einarbeiten, den Zimmerpflanzen geben, unter Hecken ausbreiten, beim Bepflanzen von Balkonkästen beimischen – überall, wo Erde ist, kann EM-verwandelter Rasen Gutes tun. Ich habe ihn auch schon als Geburtstagsgeschenk an Freunde verschenkt, die Zimmer- oder Balkonpflanzen, aber keinen Rasen ihr Eigen nennen. Und sollten Sie jemals zu viel Bokashi haben, sind auch Straßenbäume für eine milde Gabe dankbar. Gerade an der Menge Rasenschnitt, die auf diese Weise zu einem Superdünger aufgewertet werden kann, lässt sich ablesen, dass mit EM letztendlich mehr fruchtbare Nahrung wachsen kann, als auf demselben Fleckchen Erde als Dünger benötigt wird.

Kompost

Sagen Sie bloß niemals etwas Kritisches über eines anderen Gärtners Kompost: Er ist genau richtig und wunderbar. »Mein Kompost« ist fast so gut wie »meine Ernährung«, »meine Kinder« oder

»meine Fußballmannschaft«. Er ist hoch emotional. Wie viele Menschen habe ich erlebt, die wegen Schädlingen oder Pflanzenkrankheiten Rat mit EM suchten und gern mit EM den Garten gießen wollten. Aber der Kompost, nein, der ist so gut, an dem wird nichts geändert, der steht außer Frage.
Tatsache ist, dass in den allermeisten Fällen mit einem trotz besten Bemühungen unter mikrobieller Fäulnisentwicklung verrotteten Kompost Fäulnisprozesse in den Boden eingebracht werden. Genau diese führen dort zu Störungen, die Pflanzen schwächen.

Was geschieht beim Kompostieren? Pflanzliches Material wird von Kleinstlebewesen verdaut. Unter Auflösung vorheriger Ordnungsstrukturen, also Stängeln, Blättern und auch Bananenschale oder Avokadokern, verwandeln sie Material in freie Moleküle, die neuem Wachstum dienen können. Ist das nicht ein bewundernswerter Prozess?
In der freien Natur läuft er großflächig auf der Erde ab. Auf jeder Wiese und unter jedem Baum wandeln Mikroorganismen abgestorbenes Pflanzenmaterial um. Wäre dem nicht so, würden die Pflanzen und damit die ganze Erde mit der Zeit unter einer gewaltigen Schicht organischer Masse ersticken.
Komposthaufen im Garten sind dagegen eine künstliche Kultursituation. Auch in ihnen findet Umwandlung statt, diese bedarf jedoch wie all unsere Kultur einer aufmerksamen Pflege. Ihn einfach als Pflanzenrestmüllkippe anzusehen, auf die alles geworfen wird, was an Abfall organischer Art in Haus und Garten anfällt, führt zu keinem guten Ergebnis. Natur kann sich selbst überlassen werden, Kultur braucht jedoch immer unsere Fürsorge.
Wo befindet sich meistens der Komposthaufen? Neben der Terrasse, von wo aus man ihn täglich genüsslich beobachten und riechen kann, voller dankbarer Bewunderung für der Bakterien Werk? Unter dem Küchenfenster, wo man ihn hätschelt wie Katze und Kaninchen? Nein. Er wird in die letzte Ecke des Gartens verbannt, näher zum Nachbarn hin als zu sich selbst und am besten noch hinter Sträuchern versteckt. Wieso? Weil er eben nicht duftet, son-

dern stinkt und fault. Entschuldigung! Ihr persönlicher Kompost natürlich nicht.

Wie bei allen mikrobiellen Umsetzungsprozessen gibt es auch bei der Kompostierung unterschiedliche Stoffwechselwege. Ist das Pflanzenmaterial der Luft ausgesetzt, deren Zusammensetzung nun mal modernerweise von Rückständen aus den Verbrennungsvorgängen fossiler Rohstoffe geprägt ist, dann reagiert es mit deren Mikroben. Es verbindet sich mit Sauerstoff, es oxidiert. Am Auto würde man sagen: Es rostet. Oxidation kann zwar zersetzen, wie man an einem durchgerosteten Auto eindrucksvoll erleben kann, es kommt jedoch nicht viel Nützliches dabei heraus. Kompost, der an der Luft liegt, wird zudem heiß. Fasst man einmal nach zwei Tagen in frischen Rasenschnitt, der auf einen Komposthaufen geworfen wurde, kann man sich die Finger dabei verbrennen. Er kann im Inneren über 70 Grad Celsius erreichen. Viele Mikroorganismen mögen das nicht, und manche humusbildenden Bakterien sterben bei Temperaturen über 40 Grad Celsius ab. Mit der Wärme wird Energie frei, die in die Umgebung verpufft. Stickstoff löst sich in Form von Gasverbindungen in die Luft und verbreitet unangenehme Gerüche. Aus einem großen Haufen Kompost bleibt schließlich ein kleines Häufchen verrottete Masse übrig. Natürlich enthält sie Nährstoffreste, doch das, was Boden und Pflanzen zum Wachstum dringend benötigen – Wärme, Energie, förderliche Mikroorganismen und Stickstoffverbindungen –, das alles ist verschwunden. So ist ein Komposthaufen, der aerob gehalten wurde, unter viel Luftzufuhr und womöglich unter mühsamem Umschaufeln.

Der andere Kompostierweg ist ein anaerober, einer, bei dem das Material weitgehend ohne Lufteinschlüsse reift. EM-Kompost ist ein solcher. Er entspricht dem Prinzip des Sauerkrauts. Man praktizierte ihn früher öfter, unter anderem als Stapelmist, wie er gelegentlich, zum Beispiel in Schweizer Alpentälern, noch heute zu finden ist. Solch ein Mist oder Kompost wird so dicht gepackt, dass die Luft aus den Zwischenräumen herausgepresst wird. Man trieb einst das Jungvieh darüber, damit es ihn ordentlich feststampft.

Darinnen fermentiert das Material. Ohne Hitzeentwicklung, ohne Gasproduktion, also auch ohne unangenehme Gerüche wandeln die Mikroben seine Bestandteile um, zerkleinern sie, fermentieren sie säuerlich, und es entsteht wunderbare Bodennahrung. Durch die Fermentation werden Unkrautsamen geknackt. Das Volumen des Komposts bleibt weitgehend bestehen.

Effektive Mikroorganismen können nur dann angemessen tätig werden, wenn ein anaerober Kompost angesetzt wird.
In einem Kyusei-Kyo-Forschungszentrum in Brasilien sahen wir neben dem anaeroben auch aeroben EM-Kompost. Dort wurde schon seit vielen Jahren konsequent mit EM gearbeitet. Möglicherweise kann Kompost mit EM dann aerob geführt werden, wenn das gesamte Umfeld im Sinne fermentativer Antioxidation bereits gründlich regeneriert wurde.
Das Impfen des Komposts mit EM und sein Feststampfen entheben uns nicht der Notwendigkeit, auf die richtige Zusammensetzung der ihm gegebenen Materialien zu achten. Für eine gelingende Umsetzung brauchen Mikroorganismen ein Verhältnis von Kohlenstoff zu Stickstoff von etwa 15 bis 25:1. Hartes Material, also Blätter oder Sägemehl, hat mehr Kohlenstoff als Stickstoff, bei tierischen Ausscheidungen wie Kaninchenlosung, Harn oder Hühnerkot ist es genau andersherum. Der gute alte Mist, nämlich Kuhfladen auf Stroh, ist für Mikroorganismen eine ideale Mischung. Gülle allein, in Mengen auf Wiesen und Felder versprengt, tut hingegen weder der Umwelt noch den Mikroben dort gut.
In der C-N-Verhältnis-Tabelle, die Adolf Daenecke im Jahre 2001 zusammenstellte, finden sich einige gängige Werte.

Das C-N-Verhältnis unterschiedlicher organischer Stoffe in der Trockensubstanz

> *(C = Kohlenstoff, N = Stickstoff)*
> Um organische Masse wieder in pflanzenverfügbare Nährstoffe umsetzen zu können, brauchen Mikroorganismen Kohlenstoff und Stickstoff.
> Die für die Kompostierung und Fermentierung vorgesehenen organischen Abfälle müssen daher ein angemessenes C-N-Verhältnis und eine gute Vermischung haben.

Organische Masse	*C*	*N*
Harn	0,8	1
Mistsickersaft	2–3	1
Fäkalien	6–10	1
Grünmasse	5–15	1
Schwarzerde	5–20	1
Mistkompost	10–20	1
Rasenschnitt	10–15	1
Kot landwirtschaftlicher Nutztiere	10–15	1
Stapelmist	10–15	1
Hülsenfruchtstroh	10–20	1
Luzerne/Zwischenfrüchte	15–25	1
Stroharmer Frischmist	20–25	1
Küchenabfälle	20–25	1
Strohreicher Mist	25–30	1

Schwarztorf	30–40	1
Baumlaub	30–50	1
Getreidekleie	30–50	1
Getreidespelz	50–80	1
Getreidestroh	50–150	1
Verrottetes Sägemehl	150–250	1
Sägemehl	250–500	1

Sind also große Mengen Grünmasse zu kompostieren, schichtet man Laub oder Sägemehl dazwischen. Fallen große Mengen Laub an, mischt man tierischen Mist darunter. Vielleicht freut sich in der Nachbarschaft jemand, dessen Meerschweinchenkot man abnimmt. Ich selbst lege in die Umgebung meines Komposthaufens für alle Fälle Reste vom Herbstlaub der Buchenhecke oder Sägespäne, die ich bei Bedarf nassem Jätkraut auf dem Kompost beigeben kann.
Jede Schicht Material, die auf den Kompost gestapelt wird, wird mit EM besprüht oder begossen. Sie wird dann festgedrückt, und zwar am einfachsten, indem man draufsteigt und sie festtritt. Die Verdünnung der verwendeten EM richtet sich nach der Menge an Feuchtigkeit, die sich bereits im Kompostmaterial befindet. Gesteinsmehl, fein über die Schichten gestreut, bindet während der Fermentation freigesetzte Ionen und vergrößert die innere Oberfläche. Wo ein Kompost dem Wind ausgesetzt ist, kann er zur Unterstützung des anaeroben Prozesses mit einem dicken Vlies abgedeckt werden. Durch die rasche Umsetzung mit EM verkürzt sich die Reifezeit des Komposts. Ihre Dauer ist natürlich von der Außentemperatur und von seiner Zusammensetzung abhängig.

EM-Kompost weist keine Regenwürmer auf. Immer wieder wollen Kompostgärtner uns von der guten Qualität ihres Komposts mit dem Argument überzeugen, dieser sei doch »voll von Regenwürmern«. Es handelt sich dabei um den rötlichen Kompostwurm *Eisenia fetida* (vom lateinischen *foetidus* für »stinkend«), auch »Mist-« oder »Stinkwurm« genannt. Natürlich tun sie eine gute Arbeit, sofern man einen Kompost gezielt als Wurmkompost pflegt. Allerdings tun sie dies in einem aeroben, also oxidierenden, und, wie ihr Name schon sagt, tendenziell faulenden Milieu. Im Boden möchte man Mistwürmer daher nicht gern haben – und ihre Fäulnisprozesse auch nicht.

Dort wirkt der Tauwurm *Lumbricus terrestris* (vom lateinischen *lumbricus,* »Regenwurm«, und *terra* für »Erde«), der mit bis zu 30 Zentimeter Länge die Erde sozusagen von unten abweidet. Aus seinen Gängen kriecht er nachts an die Oberfläche heraus, sammelt dort, was er an altem Pflanzenmaterial findet, und zieht es, eingespeichelt mit bakterienbesetzter Spucke, ins Erdreich hinunter. Bis zu drei Meter tief gräbt er dadurch organisches Material in den Boden ein und führt den Pflanzenwurzeln ständig frische, vorverdaute Nährstoffe zu. Unterirdisch hilft ihm dabei der kleinere, gräulich gefärbte Gemeine Feld- oder Wiesenwurm *Allolobophora caliginosa* (vom lateinischen *caliginosus* für »dunkel«).

EM-Flächenkompost, also eine mit EM gegossene Mulchdecke auf dem Boden oder oberflächlich eingearbeitetes Material, ist daher der beste Weg zur Versorgung des Bodens mit Nahrung. Die Regenwürmer bedienen sich dann an einer reichgedeckten Tafel, die sie gern besuchen, weil ihre Verdauungsorgane mit EM unterstützt werden und weil unter dem Mulch auch genug Feuchtigkeit für sie ist. Ihre zarte Haut mag keine harten Schollen und Krusten. Sie füttern den Boden, ohne dass der Mensch Dünger in die Tiefe geben muss, und den Rest setzen die Kleinstlebewesen im Erdreich zugunsten gesunden Pflanzenwachstums um.

EM-Kompost sorgt im Boden für rasche Krümelbildung, einen ausgeglichenen Wasserhaushalt und eine optimale Einbindung der Nährstoffe. Diese stehen den Pflanzen organisch gespeichert und nach Bedarf abrufbar zur Verfügung. Im Lauf der Jahre entwickelt EM-Boden eine unglaublich feine Krümelstruktur bei starker Tragfähigkeit. Im thailändischen EM-Forschungs- und Ausbildungszentrum Sara Buri beeindruckte Adolf Daenecke, dass man mit der Hand fast ellenbogentief in den Gartenboden hineinfahren kann, während er sich gleichzeitig mit schweren Traktoren bearbeiten lässt, ohne dass sie einsinken. Die durch EM mikrobiell locker verklebten Bodenkrümel machen es möglich.

22 Ein Beet vorbereiten

Hat man die Wahl, beginnt man eine Beetvorbereitung mit EM im Herbst. Dann haben die Mikroorganismen bis zum Frühjahr reichlich Zeit, die Umstellung auf regenerativen Stoffwechsel zu bewirken.

Man bringt flächendeckend Kompost auf, gießt ihn (siehe Kapitel 20 und 21) gründlich mit EM und lässt ihn drei Wochen ruhen. Danach gießt man nochmals mit einer geringeren Menge EM und harkt den Kompost oberflächlich ein.

Vor Anbruch der Kältezeit bedeckt man das Beet mit Mulch, gießt diesen wieder mit EM und sorgt für ausreichend Zeit, dass diese sich an Kälte gewöhnen können.

EM werden ja optimalerweise bei 14 Grad Celsius im Haus gelagert. Sie lassen sich bei Außentemperaturen bis 8 Grad Celsius gut ausbringen, mögen aber keine plötzliche Abkühlung, sonst erhalten sie eine Art Schock. Gegebenenfalls stellt man die auszubringende Menge EM schon vorher kühl genug, so dass die Mikroben sich langsam an die Veränderung gewöhnen können. Sobald sie sich im Boden eingelebt haben, macht ihnen der Winter nichts aus. Sie können zusammen mit organischem Material auch tiefen Frost überleben.

Fängt man im Frühjahr mit dem Einsatz von EM an, gießt man, sobald die Bodentemperatur über 8 Grad Celsius angestiegen ist. Bei flüssigen EM braucht man zum Säen oder Pflanzen keinen zeitlichen Abstand einzuhalten, obwohl es natürlich günstiger ist, wenn sich EM schon eine Weile vorher im Boden befinden. Die Wurzeln entwickeln sich dann in bereits regenerativem Milieu.

Im Lauf der Jahre führen EM zu einem leichten Temperaturanstieg im Boden, der nach dem Winter tendenziell frühere Saaten erlaubt. Mir wurden Fotos von Feldern in Japan gezeigt, von denen ein Teil mit EM bewirtschaftet wurde. Auf ihnen war der Schnee bereits geschmolzen, der auf den Nachbarfeldern noch lag.

Möchte man ein Beet vor der Pflanzung oder der Saat mit Bokashi ernähren, muss man bedenken, dass dieses mit einem pH-Wert von etwa 4 sehr sauer ist. Man hat drei Möglichkeiten:

- Man arbeitet das Bokashi mindestens zwei Wochen, je früher, desto besser, vor Saat oder Pflanzung ein.
- Man mischt das Bokashi mit Erde, damit der pH-Wert dem des Bodens entspricht.
- Man hält mit Saat und Pflanzung ausreichend räumlichen Abstand zum Bokashi.

Letzteres erreicht man beispielsweise, indem man im Beet flache Rinnen zieht, in die man Küchen-Bokashi einbringt, das man mit Erde bedeckt. Zwischen die Rinnen wird gesät oder gepflanzt, und zwar in einem Reihenabstand, der von den Pflanzenwurzeln in frühestens zwei Wochen überbrückt wird.
Mühsamer ist es, Bokashi sozusagen in einem Zwei-Wochen-Wachstumsabstand in die Tiefe unter eine Saat- oder Pflanzreihe zu bringen. Tatsuo Kuroda empfiehlt dies in Japan für den Anbau von Auberginen. Man muss dafür einen mindestens 40 Zentimeter tiefen Graben anlegen, dessen Boden mit Bokashi bedeckt wird. Darüber füllt man wieder Erde und pflanzt obenauf. Ich selbst nutze diese Methode nur beim Einsetzen größerer Pflanzen, Sträucher oder Bäume, wenn ohnehin ein tiefes Loch gegraben werden muss.

23 Ein Beet neu anlegen

Ein Problem, vor dem jeder steht, der ein Stück Rasen oder Wiese in ein Gartenbeet umwandeln möchte, lösen die EM auf außerordentlich elegante Weise, diesmal mit Hilfe des Sonnenlichts. Ohne mühsames Umgraben verschwindet aller Bewuchs. Man braucht dazu bloß EM, eine dicke schwarze Plastikplane, wie sie zum Abdecken von Silomieten im Landhandel oder als Teichfolie erhältlich ist, und je nach Jahreszeit drei bis vier Monate Geduld.
Und so geht man vor:

- Gewünschte Beetgröße abstecken. Es kann beliebige Formen aufweisen, rund, eckig, vielleicht zur Abwechslung einmal herzförmig als Dank an die Erde.
- Außenrand spatentief einstechen.
- Gras so kurz wie möglich schneiden. Kurzer Rasenschnitt kann darauf liegenbleiben, größere Mengen Grünmasse abtragen und zum Beispiel zu Bokashi verarbeiten, das später dem Beet zurückgegeben wird.
- Fläche mit viel EM gießen.
- Folie ausbreiten und in die Außenrandspalte mit Stöckchen fixieren. Das verhindert Lichteinfall und ein Einwachsen von Umgebungswurzeln.
- Folie mit Steinen beschweren.
- Der Lichtentzug lässt die Pflanzen unter der Folie sterben, und die gegossenen EM sorgen für deren Fermentation. Die abgestorbenen Teile faulen unter dem Kunststoff nicht, sondern stehen später als organisches Material dem Beet zur Verfügung.
- Darauf achten, dass die Folie auch dann noch dicht auf dem Boden aufliegt, wenn die Pflanzen darunter vergehen. Es sollte kein Luftraum entstehen. Gegebenenfalls nachspannen.
- Wenn nach drei bis vier Monaten alle Pflanzen unter der Plane abgestorben sind, Plane entfernen.

- Beet mit EM gießen.
- Erdreich, ohne es zu wenden, lockern und nach Belieben bepflanzen.

Natürlich ist das Abtöten von Pflanzen mittels Plastikplane keine freundliche Angelegenheit. Wer ein entsprechendes Verhältnis zu seinem Garten hat, wird dies fühlen und damit umgehen. Man kann ihm die Notwendigkeit ja freundlich erklären.

24 Saatgut vorbereiten

Samen keimen besser, wenn sie mit EM gebeizt werden. Das gilt für feine Blumensamen genauso wie für dicke Bohnen oder Kartoffeln.

Direkt vor der Aussaat wird das Saatgut je nach Größe mit EM übersprüht oder kurz darin gebadet. Die EM können dafür zum Beispiel mit 50 Milliliter EM auf 1 Liter Wasser verdünnt werden, das heißt 1:20.

Nach dem Beizen lässt man feine Saaten kurz antrocknen, damit sie wieder gut ausgestreut werden können.

Ein begeisterter EM-Gärtner ließ seine Erbsen statt einer halben Stunde stundenlang im EM-Bad liegen. Das war natürlich zu viel des Guten. Sie waren danach wunderbar vorverdaut und für ein Mittagsmahl geeignet, nicht aber mehr für eine Aussaat.

25 Pflanzen setzen

Alle neu zu pflanzenden Blumen, Stauden und Sträucher wachsen besser an und adaptieren ihr Wurzelwerk besser an die neue Umgebung, wenn EM im Erdreich sind. Idealerweise hat man den Boden bereits langfristig zuvor mit EM und organischem Material versorgt. Wenn nicht, gräbt man das Pflanzloch größer als nötig, gibt in den Untergrund und um den Ballen herum EM-Kompost oder Bokashi, darauf Erde, und gießt alles durchdringend mit verdünnten EM an. Der Wurzelballen wird umfänglich mit EM eingesprüht oder vorher in EM-Wasser getaucht. Zusätzlich kann EM-Keramikpulver eingestreut werden. Als Dosierungsanhalt dafür kann, sofern man nicht Fan scharfer Küche ist, das Bild helfen: Man streue es wie Pfeffer über das Mittagessen.

Jedes Frühjahr gibt es frustrierte Gartenfreundinnen: Man spaziert voller Vorfreude über den Frühlingsmarkt, kauft hier Salatpflänzchen, dort Petersilienzöglinge, eine bunte Vielfalt einschließlich Tagetes für die Schnecken, pflanzt sie ins Beet – und ein paar Tage später ist alles weg. Bei Nacht und Nebel wurde es restlos von »Schädlingen« vertilgt. Warum ist das geschehen?
Alle üblichen Gärtnereien verwenden für ihre Aussaaten vorschriftsmäßig gedämpfte, also mit heißem Wasserdampf bei 180 bis 200 Grad Celsius teilsterilisierte Anzuchterde. Diese oxidiert an der Luft und ist anschließend überwiegend von Fäulnismikroben durchzogen. Mit Mineraldüngern aufgepäppelt, wachsen die Pflanzen in diesem mikrobiell degenerativen Milieu auf. Es teilt sich auch ihrem Blattwerk mit. Trägt man sie freudestrahlend nach Hause und holt sie aus dem Topf, werden feine Würzelchen verletzt, und in dem sie umgebenden Bakterienmilieu fangen sie sofort an zu faulen. Kaum im Boden, verströmen sie diesen feinen Fäulnisduft und signalisieren allem, was schleimig anschleichen kann: Friss mich auf und mach Erde aus mir, ich lebe hier nicht gesund.

Die Schnecken können nichts dafür, wenn die Pflanze sie ruft. Wir selber sind es, die sie dazu verleiten.
Was tun?
Zieht man seine Pflänzchen nicht selbst in EM-Anzuchterde auf, empfiehlt es sich, gekaufte Pflanzen in EM-Quarantäne zu nehmen, bevor man sie ins mit EM vorbereitete Beet setzt. Man gießt sie in ihren Töpfchen, die man in eine größere Kiste mit Erde stellt, für mindestens zehn Tage gründlich mit EM (30 bis 40 Milliliter EM auf einen Liter Wasser), bevor man sie in den Garten pflanzt. Damit steigen ihre Überlebenschancen erheblich. Je länger sie bereits im Fäulnismilieu aufgewachsen sind, desto länger dauert unter Umständen der Umstimmungsprozess hin zu unbeschwertem Gedeihen. Alle weiteren Maßnahmen zur Schneckenbesänftigung bleiben davon unbenommen.

Schnecken verstehen

Schnecken sind nun mal überall, sie vermehren sich aber nach Bedarf, und dieser ist bestimmt durch die bakterielle Botschaft von Boden und Pflanze. Ihre Nase ist so fein, dass sie auch noch aus mehreren hundert Metern Entfernung schnuppern können, wo ihr nächster Auftrag liegt. Sie räumen alles auf, was fault und stinkt, auch Hundekot am Wegesrand und Leichen ihresgleichen. Je mehr davon vorhanden ist, desto eher vermehren sie sich. Sollten Sie also Mordgedanken gegen Schnecken hegen und ihnen Bierfallen in den Garten setzen, können Sie sicher sein, dass Sie die Schnecken aus Nachbars Garten auch noch zum Trinkgelage laden und dass die darin ertrunkenen Schnecken weitere Leichenvertilger ihresgleichen anlocken werden. Für die Bekämpfung von Schnecken gilt dasselbe wie für die Bekämpfung von Bakterien: Sie zu töten macht weder Spaß noch erbringt es den erwünschten Erfolg.

Es gibt verschiedenste und zum Teil wegen ihrer Seltenheit unter Naturschutz stehende Nacktschneckenarten. Unter den Gehäuseschnecken ist die Weinbergschnecke seit alters ein Haustier, das unseren Vorfahren als Nahrung bedeutsam war und heute noch als Delikatesse gilt. Beide, Nackt- und Gehäuseschnecken, dienten früher als Heilmittel, und die moderne Forschung weist in Schneckensekreten Eiweißverbindungen nach, die für die menschliche Gesundheit tatsächlich Medizin sein können.[4]

Wenn Sie Schwierigkeiten haben, Frieden mit Schnecken zu schließen, schauen Sie einmal einem Nacktschneckenpaar beim Liebesspiel zu. Mit welch unendlicher Zärtlichkeit sie einander stundenlang liebkosen, mit welcher Zuneigung sie sich ihrem ausgiebigen Vorspiel hingeben, bevor es zur ekstatischen Vereinigung kommt – davon mag mancher Mensch nur träumen … Sie zu morden ist einfach grausam.

Also: Schnecken sind nützliche Gartenbewohner, auch Nacktschnecken, und es lohnt sich, mit ihnen Freundschaft zu schließen. Wir können mehr von ihnen lernen als die Entdeckung der Langsamkeit. Ihre Überzahl zeigt uns ein mikrobielles Ungleichgewicht an, in dem Pflanzen nicht gut gedeihen. Ändern wir dies mit EM, reguliert sich der Bestand von selbst auf ein gesundes Maß. Ich habe erlebt, dass ich mit Kopfsalat eine Schnecke in die Küche holte, die gemütlich zwischen den Blättern saß, wohin sie sich der Feuchtigkeit wegen zurückgezogen hatte, ohne an ihnen zu fressen. Schnecken leben in meinem Garten von dem, was ich ihnen an Blattresten ganz bewusst zwischen die Pflanzen lege. Nur von meinen Dahlien muss ich sie weiterhin absammeln, vielleicht weil diese keine heimischen Pflanzen sind. Sobald sie in der Blüte stehen, werfe ich alles, was ich an Welkem von ihnen abschneide, für die Schnecken unter die Stauden, damit sie sich daran satt essen können. Es freute mich, als der Gärtner, der mir im Garten hilft, damit ich meine Zeit ganz dem Schreiben dieses Buches widmen kann, gleich anfangs bemerkte, die Schnecken in meinem Garten säßen so friedlich zwischen den Pflanzen.

Wenn Sie ernsthaft an einer Kommunikation mit Schnecken interessiert sind, nehmen diese das wahr und reagieren darauf. Das Buch *Schneckenflüstern statt Schneckenkorn* von Hans-Peter Posavac[5] beschreibt, wie man seine Schnecken erziehen kann.

Menschen, die jahrelang mit EM im Garten arbeiten, berichten, dass der durch Schnecken gefressene Schaden mit der Zeit abnimmt. Selbst in Schrebergärten wurde beobachtet, dass Schnecken genau diejenigen Parzellen meiden, die mit Hilfe der EM bewirtschaftet wurden.

26 Gemüse

Mit EM angebautes Gemüse wächst gesünder auf und gibt reichlicheren Ertrag, Krankheits- und Insektenbefall werden reduziert. Die Verbesserung des Bodens führt zu geringerem Unkrautbewuchs, der leichter gehandhabt werden kann, weil die lockere Bodenstruktur weniger Widerstand bietet. Es werden Arbeitszeit und Geld gespart, da weniger chemische Düngemittel, Herbizide, Pestizide und Fungizide gekauft werden müssen.
Die geernteten Früchte weisen eine längere Haltbarkeit auf, so dass bei ihrer Lagerung weniger Verluste zu verzeichnen sind, und ihr besseres Aroma sorgt für eine bessere Vermarktung. Pflanzenanbau mit EM ist ohne jede negative Nebenwirkung für die Umwelt. Im Gegenteil: Vorhandene Schadstoffe im Boden werden langfristig abgebaut.
Die Erfolge des EM-Einsatzes zeigen sich zum Teil sofort, zum Teil im Lauf der Anwendungszeit. Es dauert manchmal Jahre, bis sie deutlich werden. Trotzdem wirken EM sofort.

Im Tomatengewächshaus eines biologisch-dynamisch wirtschaftenden Hofes führte Adolf Daenecke fünf Jahre lang Versuche mit EM durch. Sie bestätigten ihre positive Wirkung. Es wurden von den mit EM behandelten Flächen durchweg mehr und größere Früchte als von den Vergleichsparzellen geerntet. Sie schmeckten besser und wiesen eine höhere Qualität auf, auch gemessen nach klassischen Standardverfahren im Labor. Die EM-Pflanzen wurden insbesondere von der Braunfäule, einer häufigen Tomatenkrankheit, erst später im Jahr und in geringerem Ausmaß befallen (Phytophthora,vgl. Anmerkung 2).

Ist der Boden gründlich mit EM umgestimmt, können Wintergemüse länger im Freien bleiben und vertragen Kälte besser. Auch im Winterlager haben sie eine bessere Kondition. Die optimierte Versorgung während der Wachstumsperiode lässt die Pflanzen solide Strukturen ausbilden, so dass Lagergemüse ihren Wassergehalt länger beibehalten. Durch ein höheres Antioxidationspotenzial neigen sie weniger zu Fäulnis.

Aus wirtschaftlicher Sicht bedeutet der Einsatz der EM in Garten und Feld in der Regel einen Gewinn. Bei einem Frühkartoffel-Ertragsversuch auf einem konventionell bewirtschafteten Feld im Jahr 2001 ergab sich nach Abzug der für den EM-Einsatz aufgewendeten Kosten ein Gewinn von 1572 DM (etwa 804 Euro) pro Hektar. Der ideelle Wert und langfristige Gewinn an Bodenfruchtbarkeit ist nicht berechenbar. Ihn werden uns die nachfolgenden Generationen danken.

Bei Verwendung von Bokashi für den Gemüseanbau muss dessen pH-Wert berücksichtigt werden (siehe Kapitel 21). Rasenschnitt-Bokashi kann man einfach unter das Erdreich mischen. Frisches Küchen-Bokashi darf aber nicht direkt an die Wurzeln gelangen, weil sein Säuregehalt sie sonst ärgert. Natürlich muss man unabhängig davon stets die Standortansprüche der Pflanze berücksichtigen.

27 Bäume

Kranke oder durch Umweltverschmutzung geschwächte Bäume können geheilt werden, indem ihr Wurzelbereich mit EM versorgt wird. Manche alte Allee und mancher Baumveteran konnten dank EM in den letzten Jahren auch in Deutschland vor dem Gefälltwerden gerettet werden.

Es gibt verschiedene Vorgehensweisen zur Baumsanierung, immer geht es jedoch darum, den Boden bis in die Tiefe mit EM zu versorgen. Dies ist durch eine dicke Bokashi-Packung möglich, die mit reichlich Wasser eingeschwemmt wird. Oder es werden behutsam tiefe Löcher gebohrt, in die EM und Bokashi eingegeben werden. Auch Stamm und Krone werden mit EM eingesprüht. Zusätzlich hilft EM-Keramikpulver, das Milieu zu stabilisieren. Die Menge der EM ist von der Größe und dem Zustand des Baums abhängig.

Bäume pflanzen

Jede Baumpflanzung kann mit EM unterstützt werden (siehe Kapitel 25). Zusätzlich ist zu beachten, dass alle Gehölze mit Mykorrhiza in Symbiose leben (vom griechischen *mýkes,* »Pilz«, und *rhiza* für »Wurzel«), einem Pilzgeflecht, das Boden und Wurzel miteinander verbindet und unter Umständen bis in die Zellen der Feinwurzeln hineinwächst, um die Pflanze zu ernähren.

Wird ein Baum in einen Boden gesetzt, in dem vorher keine Bäume wuchsen, zum Beispiel in Wiese oder Garten, fällt ihm das mikrobielle Einwurzeln schwer. Zusätzlich zu den EM gibt man daher dort Mykorrhiza ins Erdreich. Sie sind in guten Gartengeschäften oder Baumschulen erhältlich.

Obstbäume

Obst von EM-gepflegten Bäumen ist schmackhafter, kann einen höheren Zuckergehalt aufweisen, es bleibt bis zur Reife gesund und erhält seine Vitalität in der Lagerung länger. Viele Obstbauern erleben, dass sie ihre Plantagen mit weniger chemischen Spritzmitteln behandeln müssen, je länger sie mit EM arbeiten.

Die Fruchtgesundheit erwächst aus der Pflanzengesundheit, und diese wurzelt im Boden. Bevorzugt werden also EM in das Erdreich der Bäume eingebracht, idealerweise bereits vor und bei der Pflanzung, später durch Gießen der Bäume mit EM und Mulchen des Bodens.

Ein uralter, sehr geliebter Birnbaum einer Bekannten wurde von Jahr zu Jahr gebrechlicher, kränker und dürrer, und es stand die Frage im Raum, ob er gefällt werden müsse. Stattdessen wurden im Umfang seines Kronendurchmessers etwa 40 Zentimeter tiefe Einschnitte mit EM-Bokashi gefüllt, es wurde alle zwei Wochen mit EM gegossen und einmalig EM-Keramikpulver ausgestreut. Dies erwirkte eine regelrechte Verjüngungskur. Der Baum begann erneut üppig zu blühen und zu fruchten, sein Laub wurde sattgrün, und er erschien wieder lebensfroh.

Vom erwerbstragenden Obstbau berichtete ein Gärtner aus Österreich auf einer EM-Tagung in Bayern im Jahr 2009, er könne seit fünf Jahren, vier Jahre nachdem er begonnen hatte, seine Plantage mit EM zu versorgen, völlig chemiefrei arbeiten. Die Bäume setzten mehr Blüten und Früchte an, deren Größe gleichmäßiger sei, von besserer Lagerfähigkeit und intensiverem Geschmack. Besonders mit der Obstkrankheit Feuerbrand, bei der das Bakterium *Erwinia amylovora* eine Rolle spielt, hatten er und seine ebenfalls mit EM arbeitenden Kollegen gute Erfahrungen gemacht. Wurden die Bäume mit EM gespritzt, kapselten sich die befallenen Triebe ab, und neue Triebe wuchsen durch sie hindurch. So musste bei ihnen im Gegensatz zu chemisch behandelnden Betrieben keine Bäume wegen Krankheit gerodet werden. Um bei Befall rasch EM ausbringen zu können, hatten die findigen Gärtner Heugebläse zu EM-Gebläsen umfunktioniert.

Üblich sind neben der Bodenbehandlung drei- bis viermaliges Spritzen der EM im Abstand von circa zwei Wochen im Frühjahr und während der Hauptwachstumsphase.
Im Herbst lohnt es sich, das gefallene Laub mit reichlich EM zu gießen, um einen Eintrag von Luftpilzen in den Boden zu vermeiden.

28 Rasen

Ob Golfplatz oder Fußballstadion, ob Museumsvorplatz oder ganz privat: Ein Rasen lebt von seiner gleichmäßig dichten Kürze. Wo Moos oder dürre Stellen ihn durchsetzen, verliert er an Charme oder gar seine Funktion.

Wie für alle Pflanzen gilt auch hier: Gesundes Gras wächst aus gesundem Boden, und bei dessen Pflege können EM helfen. Der Rasen wird dichter, Moos verschwindet, und Beikräuter reduzieren sich mit der Zeit. Ist es nicht absurd, Rasenschnitt teuer zu entsorgen und teuren Rasendünger zurückzugeben? Beides lässt sich vermeiden. Stattdessen kann Rasenschnitt in Bokashi verwandelt und dem Boden zurückgegeben werden, indem man diesen auf den Rasen streut (siehe Kapitel 21).

Eine Rasenpflege mit EM empfiehlt sich wie folgt:

- Rasenmäher mit Mulchfunktion einsetzen, damit der Rasenschnitt liegen bleiben kann.
- Rasen mit 200 Milliliter EM auf 10 Liter Wasser auf 10 Quadratmeter gießen.
- Gesteinsmehl mit EM-Keramikpulver vermischen und so ausbringen, dass circa 80 Gramm Keramikpulver auf 10 Quadratmeter Rasen gelangen.
- Statt mit EM zu gießen, kann man Rasenschnitt-Bokashi oder anderes feines Bokashi als organische Bodennahrung streuen.

Während der Hauptwachstumsphase kann nicht aller Rasenschnitt auf der Fläche verbleiben. Er wird entweder, mit EM begossen, als dünne (!) Mulchdecke auf Freiflächen im Garten ausgestreut oder zu Bokashi verarbeitet, der wieder als Rasendünger dient.

29 Zimmerpflanzen

Saftig grüne Blätter, Gesundheit und üppiges Blühen schenken EM auch bei Topfpflanzen. Mit EM gießt man sie etwa alle vierzehn Tage einmal, bis ein Erfolg sichtbar wird, danach bei Bedarf. Wichtig ist natürlich trotzdem eine gute Erde, in der die Pflanze wurzelt. Zusätzlich kann etwas EM-Keramikpulver auf die Topferde gestreut werden, oder man steckt ein bis drei EM-Keramikröhrchen in die Erde. In die Gießkanne kann man dauerhaft EM-Keramikröhrchen geben, so dass das Gießwasser regelmäßig die EM-Informationen weitergibt. Acht Röhrchen pro Liter haben sich bewährt.

Alle Topfpflanzen, die aus Gärtnereien zu mir kommen, unterziehe ich erst einmal einem Vollbad in einer Mischung von 20 Milliliter EM auf 1 Liter Wasser, damit das Erdmilieu sofort umgestimmt wird. Rückstände chemischer Mittel spüle ich von den Blättern ab. Danach sprühe ich die Pflanzen gründlich mit EM ein.

30 Haushalt

Effektive Mikroorganismen werden nicht nur im Boden, sondern gerne auch im Haushalt eingesetzt, wo sie das Leben erheblich erleichtern. Dazu wird in der Regel die Stammlösung genutzt, obwohl sie regulär als Bodenhilfsstoff im Handel ist,[6] oder man nimmt die daraus vermehrten EMa. Dabei sollte man immer die Grundsätze der Anwendung (siehe Kapitel 15) beachten. Es gibt für Haushalte mittlerweile auch zahlreiche spezielle Produktentwicklungen mit EM, kommerziellen Missbrauch der EM darunter allerdings auch. Dabei bereitet der Umgang mit ihnen mehr Freude, wenn man EM nicht immer nur als eine nützliche Sache betrachtet.
Putzen, Waschen und In-Wandfarbe-Mischen sind praktische Anwendungen, die genauso sinnvoll sein mögen wie diejenige im Boden. Effektive Mikroorganismen bleiben jedoch lebendige Einzeller, deren Lebensumstände durch unser Handeln bestimmt werden. Sie beispielsweise einer Weißwäsche in der Waschmaschine beizugeben, wo sie sofort sterben, ist keine weise Entscheidung, denn EM vertragen Temperaturen über 40 Grad Celsius nicht. So wie es im Garten für den EM-Einsatz wichtig ist, zunächst zu beobachten, welche Bedingungen vorliegen, so bedürfen auch alle anderen Anwendungen einer gewissen Vernunft.

Küchenabfälle

Obstschalen, welke Sträuße, Gemüsereste – was immer an organischen Resten in der Küche anfällt, kann mit EM fermentiert werden. Anstatt zu faulen und zu stinken, wird es zu wohlriechender nützlicher Nahrung für den Garten. Selbst wenn man keinen besitzt, helfen die EM, indem sie unangenehme Gerüche verhindern und beseitigen, die sich sonst in Küche und Biotonne entfalten. Dazu besprüht man einfach alle anfallenden Reste regelmäßig mit wenig oder gar nicht verdünnten EM und sprüht insbesondere

während der warmen Jahreszeit zusätzlich EM in die Biotonne. Das veränderte Milieu vertreibt auch die Fliegen.
Anstatt seine Küchenreste fortzugeben, kann man sie mit EM für den Garten fermentieren. Dafür nutzt man am bequemsten einen sogenannten Küchen-Bokashi-Eimer. Auch wenn man ihn prinzipiell selbst basteln kann, ist es besser, einen Fertigeimer zu kaufen. Im Boden des Bokashi-Eimers befindet sich ein Sieb, durch das Sickerflüssigkeit abläuft und mittels eines außen angebrachten Hahns abgelassen werden kann. Der Deckel des Eimers ist luftdicht verschließbar. Dadurch wird das anaerobe Milieu ermöglicht, das für die Fermentation notwendig ist. Man schichtet das Material möglichst zerkleinert in den Eimer, drückt es zusammen, übersprüht es jeweils mit gering verdünnten EM oder streut feines fertiges Bokashi darüber. Damit möglichst keine Luft darankommt, bedeckt und beschwert man den Inhalt.
Ich habe anfangs eine mit Sand gefüllte Plastiktüte dafür genommen, doch die EM können auch Kunststoff zersetzen und knabberten Löcher hinein. Man muss also sicherheitshalber zwei Tüten übereinanderpacken und die äußere öfter austauschen. Inzwischen habe ich mir ein Holzbrett mit Knauf anfertigen lassen, das auf dem Material liegt. Damit lässt sich dieses auch gut zusammendrücken. Obenauf liegt zur Beschwerung die Sandtüte, so lange, bis der Eimer zu voll ist, um ihr Raum zu lassen. Mein Bokashi-Eimer steht in der Küche. Ich sammle in einem kleinen Gefäß, was je nach Jahreszeit in wenigen Tagen an Abfällen anfällt, besprühe sie dort bereits mit EM und schichte sie ab einer bestimmten Menge unter erneutem Einsprühen mit EM in den Bokashi-Eimer um. Grundsätzlich können EM alle organischen Küchenreste verarbeiten, sogar schimmelige Zitrusfrucht- und Bananenschalen. Hat man sie hineingegeben und mit EM besprüht, sieht man nach ein paar Tagen, wie statt des blauen Pelzes weiße Pilzfäden mit regenerativer Arbeit beschäftigt sind.
Der entstehende Sickersaft sollte je nach Menge mindestens zweimal wöchentlich abgelassen werden. Seine Entstehung ist abhängig vom Flüssigkeitsgehalt des Materials. Steht er zu lange unter

dem Sieb im Eimer, beginnt er wegen des Luftraums dort zu faulen. Steigt er ins Material über das Sieb auf, stört er dort die Fermentation. Man prüft, ob er angenehm riecht, dann kann man ihn verdünnt im Garten ausgießen. Anderenfalls nutzt man seine antioxidative Kraft etwa zur Reinigung von Siphons und schüttet ihn in Toilette oder Abfluss.
Ist der Eimer voll, hat sich der Inhalt nicht etwa in Erde verwandelt. Die Strukturen bleiben erhalten, sind durch EM jedoch mikrobiell fermentiert. Es gibt nun verschiedene Möglichkeiten, mit dem Inhalt umzugehen:

- Man legt ihn zwischen den Kompost.
- Man gräbt ihn in den Garten (siehe Kapitel 21).
- Man packt ihn in einen festen Kunststoffsack zum Nachreifen. Dies kann insbesondere im Winter sinnvoll sein, wenn Schnee draußen liegt. Ein solcher Sack muss wieder möglichst luftdicht verschlossen sein und braucht in einer unteren Ecke eine Struktur mit Siebfunktion zum Abfließen des Sickersafts.

Eine Hobbygärtnerin nutzt im Winter statt eines Sacks die leeren Pflanzkübel zum Aufbewahren des Küchen-Bokashi. Auf den Grund der Kübel kommt eine Schicht Erde, darüber das Bokashi, und alles wird wieder dicht mit Erde bedeckt und festgedrückt.
Befinden sich Lufträume zwischen dem Material im Küchen-Bokashi-Eimer, müssen sehr viel mehr EM und/oder fertiges Bokashi zugegeben werden, damit der Inhalt nicht fault. Einmal bat mich ein Ehepaar, ihren Eimer zu begutachten, weil ihr Bokashi regelmäßig misslänge. Nach Öffnen des Deckels blickte ich auf einen halbvollen Eimer, überwiegend voller großer, schimmeliger Brotbrocken. Abgesehen davon, dass Brot kein Pflanzenrest ist und nicht wirklich auf den Kompost gehört, bleibt zwischen so großen Stücken, zumal wenn sie unbedeckt bleiben, so viel Luftraum, dass die EM ihre Arbeit nicht verrichten können.

Putzen

Fenster, die mit EM geputzt werden, glänzen schlierenfrei und bleiben länger klar. Als in Brasilien die Putzhilfe der Gastgeberin, die uns zu EM-Vorträgen und Beratungen eingeladen hatte, die Holzfußböden erstmals mit EM wischte, glänzten auch ihre Augen, so begeistert war sie über das Ergebnis. Eine Verschlusskappe EM, unter Weglassen anderer Mittel in den Putzeimer gegeben, wirkte Wunder. Der ganze Raum strahlte.

Schmutz löst sich leichter und die Flächen bleiben länger sauber, wenn man EM dem Wasser zugibt. Im Bad lösen sich Kalkflecken und Ablagerungen einfacher ab. Eine Bekannte berichtet, ihr Bad bliebe seit einiger Zeit, nachdem sie begonnen hatte, alles ausschließlich mit EM zu putzen, insgesamt sauberer. Kalkflecken auf Duschkabine und Armaturen entstünden nicht so schnell. Das ist verständlich. Die Mikroben haben sich inzwischen überall angesiedelt und arbeiten unsichtbar ununterbrochen mit.

Beim Putzen sind wie überall die Grundeigenschaften von EM zu beachten (siehe Kapitel 15).

Allen hartnäckigen Schmutz weicht man mit EM ein. Fettschichten auf dem Küchenschrank oder der Dunstabzugshaube lassen sich, mit EM versehen, anschließend mit Leichtigkeit entfernen. Im Bad kann man alle Flächen mit 20 Milliliter EM auf 1 Liter Wasser verdünnt einsprühen, etwa 15 bis 20 Minuten einwirken lassen und einfach abwischen. Sie werden glänzend sauber.

Eine Nachbarin erzählte mir wie elektrisiert, dass die schwarzen Schimmelspuren auf den Fugen zwischen den Kacheln nach einmaligem Einsprühen und Abwischen mit EM einfach verschwanden. Es gibt allerdings auch Fugenfüllungen, die die Färbung der EM annehmen können. Vor großflächigem Ausbringen sollte man dies ausprobieren und die EM gegebenenfalls stärker verdünnen.

EM am Abend auf Teppiche gesprüht, machen den Dreck am kommenden Tag besser absaugbar. Polster und Vorhänge, die mit EM besprüht werden, fangen weniger Staub ein. Hotels profitieren erheblich, wenn sie diese dank EM nicht ständig reinigen lassen müssen.

Gerüche neutralisieren

Wo EM ein Milieu umstimmen, verändern sich Stoffwechselprozesse und ihre flüchtigen Gase. Gestank in Wohlgeruch zu verwandeln ist eine Spezialität der EM. Ob Parfümwolken oder Nikotingeruch, Gestank neuer Möbel oder haustierische Ausdünstungen: In der Raumluft versprüht, wirken EM geradezu Wunder. Man füllt eine Sprühflasche, wie sie zum Beispiel für Blumen verwendet wird, mit 10 bis 20 Milliliter EM pro Liter Wasser und versprüht sie so hoch wie möglich im Raum, so dass die feinen Flüssigkeitströpfchen herunternebeln. Dabei muss man etwas Abstand von weißen Wänden und Gegenständen halten, die keiner Färbung ausgesetzt sein sollen. Je stärker EM verdünnt werden, desto weniger Melassefärbung bringen sie mit sich. Die Verdünnung der EM richtet sich immer nach der Menge an Färbung und Feuchtigkeit, die das betreffende Objekt verkraftet.

Mit Einsprühen von EM können alte Schränke ihren muffigen Geruch verlieren, Schweißgerüche aus Schuhen verschwinden und eingenässte Kinderbettmatratzen ihre Duftwolke deodorieren.

Eine Dame berichtete mir etwas ganz Erstaunliches: In der Hoffnung, den Hausmilbenbestand im Schlafzimmer zu vermindern, sprühte sie täglich ihr Kopfkissen mit EM ein. Es schien ihr möglich, weil sie wusste, dass EM bei Haustieren den Befall an Flöhen und Läusen verhindert oder reguliert. Zu ihrer großen Überraschung verlor sie binnen kürzester Zeit eine seit längerem vorliegende Lebensmittelunverträglichkeit. Offensichtlich hatte die Änderung der Mikrobenbesiedelung auf indirektem Weg das Immunsystem korrigiert.

Besonders dankbar war den EM eine Mutter, die die trendige Jacke ihres pubertierenden Sohnes in den Wäschetrockner gab, nicht ahnend, dass ihr vom Kastriertwerden frustrierter Kater darin markiert hatte. Die Jacke duftete daraufhin bestialisch. Erneutes Waschen unter EM-Zugabe bei 30 Grad Celsius und mehrfaches Aussprühen des Wäschetrockners mit EM retteten den verduffteten Familienfrieden.

EM, unverdünnt in Abflüsse gegeben, besonders in selten benutzte,

verhindern dort Geruchsentwicklung und Ablagerungen. Sie setzen auch mit der Zeit Schlämme um und beseitigen vorhandene Beläge. Vor jedem Verreisen gebe ich EM in alle Abflüsse und Toiletten im Haus, um ihnen Zeit zum Zersetzen zu lassen.
Seit Kunststoffprodukte massenweise aus Asien importiert werden, wo sie oft ohne Beachtung des Umweltschutzes produziert wurden, quillt manchmal ein penetranter Plastikdunst aus der Verpackung. Nicht immer gelingt es, den Kauf solcher Produkte zu vermeiden. Man kann sie einsprühen oder in EM baden, um die Gifte mit der Zeit zu neutralisieren. Auch in neuen Autos vermindern EM den Gestank. Besonders empfiehlt sich ein EM-Bad bei Babytrinkflaschen und Kinderspielzeug. Deren mikrobielle Besiedelung ist gleichzeitig der Hygiene förderlich.
Je nach Jahreszeit trage ich ein 10-Milliliter-Sprühfläschen voll kaum verdünnter EM bei mir. Fahre ich im Auto an Feldern vorbei, die frisch »gedüngt« ihren Mist in die Landschaft stinken, hilft das Versprühen von EM im Auto. Nicht immer ist es nur Jauche, die dort verteilt wird. Oft sind es Klärschlämme und sogar Flüssigabfälle aus der Kosmetikindustrie, die unter penetrantem Gestank auf die Äcker gefahren werden.

Flecken entfernen

Hartnäckige Flecken lassen sich mit EM entfernen, denn Öle, Fette und Eiweißverbindungen werden von ihnen gelöst. Wie stets muss man bei empfindlichen Materialien die Eigenschaften der EM beachten (siehe Kapitel 15 und 16).
Man weicht den Fleck so lange in EM ein, bis er sich gelöst hat, oder sprüht ihn öfter ein. Aus angebrannten Kochtöpfen löst sich der verkohlte Grund, wenn man sie unter schichtweisem Abschaben der gelösten Lagen einweicht. Mit einem edlen weißen Strickpullover hatte ich eines Tages Pollenstaub einer Lilienblüte abgestreift, der durch Waschen nicht zu entfernen war. Ein mehrfach erneuertes EM-Bad reinigte ihn vollständig. Da sich beim Stehen an der Luft die EM verändern, erneuert man bei Flecken,

die eine längere Einwirkzeit brauchen, das EM-Bad besser mehrmals. Man kann die gebrauchten EM noch anderweitig verwenden. Harnflecken von Haustieren auf Textilien können von den EM beseitigt und ihr Geruch aus Polstern entfernt werden.
Eine Möbelrestauratorin hatte im Jahr 2003 den Auftrag erhalten, ein Eichenholzschachbrett zu renovieren, dessen Metallfiguren hässliche Flecken auf das edle Holz geprägt hatten. Das Brett hatte nach einem Rohrbruch in Abwesenheit der Besitzer im Wasser gestanden. Weder mechanisches Abschleifen noch der Einsatz von Holzseife, noch chemische Bleiche brachten irgendeinen nennenswerten Erfolg. Da fiel ihr ein, was ich über EM erzählt hatte. Sie ließ ein paar Tage lang flüssige EM, bedeckt mit einer Haushaltsfolie, auf dem Brett stehen, und tatsächlich lösten sie die Rostflecken vollkommen auf. Die Kundin war überglücklich.
EM vermögen durch ihre starke antioxidative Kapazität Rost von jeglichem Metall zu entfernen. Legt man versuchsweise einen rostigen Nagel in EM ein, kann man schön beobachten, wie dieser wieder sauber wird.
Metallgeräte können vorsorglich mit EM imprägniert werden, um das Ansetzen von Rost zu verhindern. Ist bereits Rost entstanden, können die EM diesen Prozess stoppen. Je weiter der Oxidationsvorgang fortgeschritten ist, desto mehr EM sind für die Umsetzung nötig. Natürlich wird zerrostetes Metall dadurch nicht ersetzt. Aus der Gastronomie wurde berichtet, dass das Spülen von Messern in Wasser, das mit EM-Keramikröhrchen informiert wurde, verhinderte, dass deren Klingen schäbig und stumpf wurden.

Schimmel behandeln

Schimmel gedeiht gern in Feuchtigkeit. Gibt es in warmen Räumen eine Kältebrücke, schlägt er sich aus der Raumluft dort nieder. Dem lässt sich mit EM vorbeugen. Eine ausreichende Besiedelung mit EM lässt ihm keine Wachstumschance. Risikostellen kann man also vorsorglich mit EM einsprühen.
Ist Schimmel auf Wänden aufgetreten, beseitigt man zunächst die

Ursache für die Feuchtigkeit. Vorhandene Schimmelniederschläge werden unter Beachtung des Gesundheitsschutzes entfernt. Alle betroffenen Flächen besprüht man täglich mit 1:10 verdünnten EM so leicht, dass möglichst wenig Feuchtigkeit zugeführt wird. Je nach Dauer eines vorhandenen Befalls kann diese Behandlung mehrere Wochen dauern. Zusätzlich werden EM in die Raumluft versprüht, um vorhandene Schimmelsporen zu neutralisieren und das gesamte Milieu umzustimmen. Befindet sich der Schimmel auf nassem Mauerwerk, beginnt man mit der Behandlung bereits vor der Trocknungsphase, damit die EM mit der Feuchtigkeit in die Mauer eindringen und dort von der Tiefe aus für ein regeneratives Lebensmilieu sorgen können. Ist die Wand bereits wieder trocken, fällt es den EM schwer, die tiefergehenden Pilzfäden zu erreichen.

In unserer Dorfkirche war eine nagelneue Orgel eingebaut worden, für die der Orgelbauverein jahrzehntelang gespart hatte. Kaum errichtet, wurde sie ein beliebtes Instrument für Konzerte. Bald darauf waren jedoch bereits alle ihre Blasebälge mit feinem Schimmelbewuchs überzogen. Wir beabsichtigten, einen Versuch durchzuführen: Ein Blasebalg wurde mit EM besprüht, ein zweiter mit Essig, der bekanntlich auch Schimmel eindämmt, ein dritter blieb unbehandelt. Zuletzt versprühte ich zur Umstimmung des gesamten Milieus EM im ganzen Orgelkasten. Das war gedankenlos, denn damit war der Versuch korrumpiert: Als wir nach einigen Tagen nachschauten, waren alle Bälge schimmelfrei, natürlich sehr zu unserer Freude. Da die Luft im Orgelkasten in ständigem Austausch mit derjenigen des Kirchenraums ist, reicht eine einmalige Behandlung nicht aus. EM werden weiterhin regelmäßig angewendet. Um das Milieu zu etablieren, wurden sie anfangs wöchentlich, seither einmal monatlich versprüht.
Bei der Sanierung älterer Orgeln muss auf die Verträglichkeit der EM mit den Metallen der Orgelpfeifen geachtet und der pH-Wert der verdünnten EM gegebenenfalls angepasst werden.

31 Wasser

Wirbelnd und wogend, als Wellen und Wolken, erfüllt uns Wasserwesen auf dem Wasserplaneten im Weltenraum das Element, das alle Wandlungsprozesse trägt: das Wasser. Ohne fließendes Wasser wäre kein Leben, ohne Leben keine Bewegung – die Erde wäre tot. Wasser verbindet alle und alles miteinander. Aufgenommen und abgegeben, aufgesogen und verdunstet, getrunken und ausgeschieden, im Himmel, auf der Erde und unter ihr, durchströmt es alles Leben in ständigem Strom rund um den gesamten Planeten. Wir alle teilen gemeinsam das Wasser der Erde, und was ein Einzelner ihm antut, tut er oder sie dem ganzen Leben an. Wo immer wir es reinigen von dem Schmutz, den unsere Zivilisation ihm zumutet, tun wir ein gutes Werk.
Effektive Mikroorganismen können Wasser auf zweierlei Weise reinigen:

- Die Mikroorganismen verstoffwechseln, was es an Schmutz und Giften trägt, klären also Abwässer und führen Wasser zurück zu seinem eigentlichen reinen Wesen.
- Wo EM-Keramik in Kontakt mit ihm kommt, werden die inneren Prozesse des Wassers energiereich impulsiert und informiert, und sie ordnen sich zu dem ihm natürlicherweise eigenen freien fließenden Sein.

Mehr Informationen über diejenigen Fähigkeiten des Wassers, die über seine gewöhnlichen chemischen und grobstrukturellen Eigenschaften hinausgehen, finden sich in der im Anhang empfohlenen Literatur.

Trinkwasser

Es ist erfahrbar, dass Wasser durch den Kontakt mit der EM-Keramik an Energie gewinnt. Es bleibt länger frisch, sein Geschmack verbessert sich, und es vermag Substanzen leichter zu binden und zu lösen, so dass beispielsweise Kalk sich nicht so sehr an der Umgebung niederschlägt. Chlor und andere Gase verflüchtigen sich. Manchmal wirkt dies auf unerwartete Weise wie im folgenden Fall. In einem Kursus hatte ich über den menschlichen Organismus gesprochen und zum Thema »Niere« Möglichkeiten der Trinkwasserverbesserung vorgestellt, darunter neben Wasserverwirbelung auch den Einsatz von EM-Keramikröhrchen. Eine Woche später erbat eine Teilnehmerin, eine ältere Dame, gleich zu Beginn das Wort, denn sie habe etwas für sie außerordentlich Beglückendes zu berichten. Die Anregung des Kurses umsetzend, hatte sie zu Hause sofort einen Krug mit einigen EM-Keramikröhrchen und Wasser gefüllt, dieses kurz stehen lassen und begonnen, jenes Wasser statt des bisher gekauften Flaschenwassers zu trinken. Sie wohnte in Köln, dessen Leitungswasser aufbereitetes Rheinuferfiltrat ist. Nach drei Tagen täglichen Trinkens löste sich ein Problem, das sie bereits über 40 Jahre lang geplagt hatte: Seit sie als gerade volljährig gewordene Schülerin in der damaligen DDR unschuldig inhaftiert worden war, litt sie unter einer derart hartnäckigen Verstopfung, dass keine der Dutzenden von Heilmethoden, die sie ausprobiert hatte, jemals irgendwelche Hilfe brachte. Sie verlor durch die dauernde Überbelastung und Verletzung des Darmausgangs regelmäßig Blut und war darüber verständlicherweise ihr Leben lang unglücklich. Die Hoffnung auf Heilung hatte sie inzwischen aufgegeben. Überraschenderweise hatte das Trinken des mit EM informierten Wassers – und zwar dauerhaft – den Knoten im Körper im wahrsten Sinne des Wortes gelöst. Sie war natürlich überglücklich.

Wie viele Röhrchen, englisch *pipes* genannt, pro Liter Wasser gegeben werden, hängt von dessen Ausgangsqualität ab. Drei bis zehn Stück genügen im Allgemeinen. Man kann sie in Trinkflaschen tun,

in den Wasserkocher, die Kaffeemaschine und den Wassertank im Wohnmobil, in die Regentonne, den Katzentrinknapf und die Blumengießkanne, schlichtweg überall dorthin, wo Wasser ist. In großen Behältnissen rechnet man etwa 500 Gramm graue Röhrchen (einen Beutel) auf 10 000 Liter (10 Kubikmeter) Wasser. Je nach Zusammensetzung des Wassers, das gesunderweise immer Mineralien mit sich trägt, nimmt der poröse Ton mit der Zeit davon an.
In Verkaufsprospekten steht, EM-Keramikröhrchen seien »fast unbegrenzt« haltbar. Dies betrifft aber nur den Gehalt an Informationen. In Paris waren die an sich hellen Röhrchen nach vier Wochen in Leitungswasser rötlich gefärbt, in London wurden sie nach einer Weile grün, sie hatten also jeweils Bestandteile des Wassers absorbiert. Man nimmt dann neue Röhrchen und streut die alten, vielleicht mit einem Hammer zerkleinert, zum Beispiel in den Garten. Hat sich, was im Wasserkocher nach einigen Monaten vorkommt, Kalk auf ihnen niedergeschlagen, lassen sich die Röhrchen durch zwanzigstündiges Einlegen in Obstessig regenerieren.
Haustiere bevorzugen bei gleichzeitigem Angebot einen Tränkenapf mit EM-Keramikröhrchen im Wasser. Eine Pferdehalterin hatte Kummer, weil ihr Pony trotz Hitze im Sommer so gut wie nicht trank. Kaum war das Wasser mit EM-Keramik informiert, begann es zu saufen.

Aufgeknüpfte Röhrchen lassen sich in größere Gefäße hängen, damit die Information gleichmäßig verteilt wird. Sie lassen sich um eine Strecke der Hauswasserleitung wickeln, so dass alles durchfließende Wasser eine EM-Information erfährt. Dabei ist umstritten, ob es notwendig ist, die Röhrchen durch einen Knoten oder Ähnliches voneinander zu trennen oder nicht. Es gibt zur feinstofflichen Wirkung der EM-Keramik jede Menge, auch objektivierbare Erfahrungen. Exakte wissenschaftliche Untersuchungen über unterschiedliche Einflüsse von Form und Anordnung der Keramik und ihre Wirkdynamik auf dieser Ebene sind aber schwierig und stehen noch aus.

Badewasser

Kaum hatten Bauern erfahren, dass EM ihren Tieren zu glänzendem, gesundem Fell verhalf, probierten sie deren Wirkung am eigenen Leibe aus. Sie badeten in Wasser, dem sie pro Wanne einen halben bis drei viertel Liter EM zufügten, und fühlten sich damit pudelwohl. Inzwischen sind EM-Bäder etabliert.

Zusätzlich kann EM-Keramik, zum Beispiel als Ring, mit ins Wasser gegeben werden, natürlich unter Weglassen jeglicher seifiger (alkalischer!) Badezusätze. Hausfrauen, die ihre Hände quasi in EM baden, während sie damit putzen, berichten, sie bräuchten dabei keine Handschuhe mehr zu tragen, und die Haut werde vom EM-Putzwasser weich und angenehm. Angesichts der Tatsache, dass unsere Haut ein Milieu ist, deren Bakterienflora von der Umgebung mitgestaltet wird, ist dies nicht verwunderlich.

Eines Tages rief die Mutter eines mit Neurodermitis behafteten Kleinkinds an, dessen Juckreiz so unerträglich gewesen war, dass es sich an verschiedenen Stellen des Körpers täglich blutig gekratzt hatte. Seit sie das Kind in EM badete, war der quälende Juckreiz verschwunden, und die Stellen heilten ab.

Schwimmbadwasser

Wasser in Pools und Schwimmbädern kann mittels EM-Keramik aufbereitet und verbessert werden. Dies spart sowohl chemische Hilfsmittel als auch Kosten und schont die Umwelt. Eine Initiative EM-Begeisterter um die örtliche Bürgermeisterin sorgte im Jahr 2004 dafür, dass das öffentliche Schwimmbad in Hollfeld/Franken mit einem Netz aufgeknüpfter EM-Keramikröhrchen im Wasseraufbereitungsraum betrieben wurde. Die Badbenutzer fanden das Wasser daraufhin viel angenehmer, und für den Betreiber fielen weniger Reinigungsarbeiten an. Wo sich vorher durch Hautcreme, Öle und Sonnenmilch aus dem Wasser am Becken ein schwer zu entfernender Fettfilm gebildet hatte, reicht jetzt ein kurzes Abspritzen mit dem Schlauch, um den angesetzten Schmutz einfach abzuspülen.

Sowohl Hausschwimmbäder als auch Pools im Freien profitieren von EM. Allein das Einbringen von EM-Keramikröhrchen in die Filter reicht oft schon aus, um die Badesaison über reines Wasser im Becken zu bewahren. Pro Quadratmeter Filterfläche gibt man etwa einen viertel Beutel ein, das entspricht ungefähr 120 Stück. In der Regel kann auf die zusätzliche Verwendung chlorhaltiger Mittel verzichtet werden, jedenfalls lässt sich die Chlorzugabe erheblich reduzieren. Das Wasser dankt es mit großer Reinheit. Schwimmbadbesitzer berichten, dass die schmierigen Wandbeläge fortbleiben, Algen sich nicht bilden und Trübungen nach intensiver Badbenutzung sich bald auflösen. Das Wasser fühlt sich weicher an, riecht gut, hat eine fühlbar bessere Konsistenz und bereitet mehr Freude, weil das chlorbedingte Brennen der Augen und die Reizung der Haut wegfallen. Es macht auch nichts mehr aus, wenn Kinder Badewasser schlucken, wohingegen chlorhaltiges Wasser generell der Gesundheit abträglich ist.

In Freibädern, deren Wasser im Winter nicht abgelassen wird, kann das Einbringen der flüssigen EM im Herbst die Wasserqualität über die Zeit bewahren und, in Fugen und Poren der Becken sitzend, das regenerative Milieu für die kommende Saison beibehalten.

Für Schwimmteiche und Naturschwimmbäder, die ja gleichzeitig Badenden, Pflanzen und Tieren Lebensraum bieten, gelten die gleichen Sanierungsstrategien und Anwendungsmöglichkeiten wie für Gartenteiche und stehende Gewässer.

Im Jahr 2006 wurde das größte Naturschwimmbad Bayerns, in Ampfing, dessen Wasser völlig veralgt war und unangenehm nach Fäulnis roch, mit Hilfe der EM saniert. EM-Keramik wurde an allen Fließwasserbereichen eingesetzt, 1000 Liter flüssige EM zugegeben und wöchentlich mit je 10 Liter EM nachgeimpft. Dies führte trotz regen Badebetriebs binnen weniger Monate zu völliger Klärung und ersparte der Gemeinde aufwendige Reinigungsarbeiten, Geld und den Ärger von Badegästen.

Teiche sanieren

Wenn ein stehendes Gewässer umkippt, also sein Wasser immer trüber und fauliger wird, spielen viele Kriterien eine Rolle. Jeder Teich ist ein eigener Wasserkörper, dessen Untergrund, Ufer, Pflanzen, Fische und Insekten gleichsam Organe sind, die seine Gesundheit bestimmen. In jedem dieser Bereiche kann eine Störung vorliegen und ein Mangel oder ein Übermaß herrschen, weshalb jeder Teich individuell zu betrachten ist.

Mikroorganismen verbinden alles Leben in einem Gewässer miteinander. Überwiegen degenerative Mikroben, kommt es beim Abbau organischen Materials zu Fäulnisprozessen, regenerative Mikroorganismen hingegen vermögen das Wasser zu klären.

Bevor EM in einem Teich eingesetzt werden, ist eine Diagnose seines Zustands unabdingbar. Die Umstände seines Ungleichgewichts sind zu klären, und ein Übermaß an organischem Material ist auszuräumen. Koi-Karpfenteiche leiden oft unter Zufuhr von zu viel Fischfutter, andere Teiche an Überwucherung mit Wasserpflanzen, welche maximal ein Drittel der Wasserfläche bewachsen sollten. Überwiegen sie, produzieren sie zu viel Grünmasse. Wieder anderen Teichen fehlt Wassertiefe, um Zirkulation zu erlauben, die in Gewässern unter 1,2 Meter Tiefe die nötige Kaltwasserzone im Grund vermissen lässt. Ohne Änderung solcher Umstände ist nur eine eingeschränkte Wirkung der EM-Behandlung zu erwarten. Auch Wärmehaushalt und Sonneneinstrahlung spielen eine Rolle.

In jedem Fall muss der pH-Wert des Wassers zu verschiedenen Tageszeiten gemessen werden. Je mehr Algen und Fäulnis vorliegen, desto höher ist er in der Regel gestiegen. Während gesundes Teichwasser um pH 7 besitzt, nähert sich der Wert trüber Teiche dem des über pH 8 liegenden Meerwassers. Darin können Haifische leben, nicht aber flüssige EM wirken. Wasser mit einem pH-Wert über sieben und erhöhtem Nährstoffgehalt bildet immer Algen aus. Das ist sein Versuch, das Übermaß des organischen Materials zu organisieren.

Zum Senken des pH-Wertes lassen sich Urgesteinsmehl und EM-

Keramikpulver gemischt als 250 Gramm zu 50 Gramm pro Kubikmeter Wasser einbringen. Algen und Pflanzenreste fischt man ab, so gut es geht. Auch Wasseraustausch kann den pH-Wert regulieren, jedoch nur, wenn man dafür Regenwasser verwendet, dessen pH-Wert leicht sauer ist. Aus Rücksicht auf technische Anlagen wird Leitungswasser üblicherweise auf einen pH-Wert über 7 eingestellt und nützt nicht viel zu dessen Senkung. Ausgetauschtes Wasser kann beim Einlaufenlassen in den Teich gleich mit EM-Keramik informiert werden.
Man hat folgende Teichsanierungsoptionen mit EM, die je nach den Gegebenheiten angewendet werden:

- Alle Zuflüsse und fließende Wasserpartien werden mit EM-Keramik bestückt.
- Nachdem der pH-Wert in neutrale Bereiche gesenkt wurde, werden flüssige EM ins Wasser gegeben. Empfohlen werden abhängig von den vorliegenden Bedingungen 3 bis 8 Liter pro 10 Kubikmeter Wasser. Die Wassertemperatur sollte beim Einbringen der EM über 8 Grad Celsius liegen, die Temperatur der EM behutsam daran angepasst werden. Je höher die Wassertemperatur ist, desto mehr oder häufiger müssen EM gegeben werden, notfalls bis zu wöchentlich. Am besten vermehrt man dafür EM mit 10 Prozent weniger Melasse als üblich. Melasse, die bei der Vermehrung von EM zu EMa nicht vollständig verzehrt wurde, erhöht nämlich den ohnehin zu hohen Nährstoffgehalt im Wasser.
- Zum Verdünnen der EM nimmt man Teichwasser ab und gibt die Mischung zurück. Oder man sorgt für eine rasche gründliche Vermischung der EM mit dem Wasser im Teich, um den Säuregrad der EM auszugleichen. Tiere und Pflanzen mögen es nicht, im Wasser plötzlich ein Bad mit EM pur zu erhalten. In kleinen Teichen hat sich auch das Gießen aus einer Gießkanne mit Brausekopf bewährt. Pflanzen in Flachwasserbereichen können zusätzlich mit verdünnten EM eingenebelt werden.

- Um die Faulprozesse im Schlamm des Gewässerbodens umzustimmen, bringt man entweder große Mengen EM-Keramik oder EM flüssig auf Trägermaterial oder EM flüssig und Keramikpulver in Form von Dangos ein. Ein mögliches Trägermaterial sind Blähtonsteine oder ähnlich poröses Material, das man einige Stunden lang in unverdünnte EM einlegt und vollgesogen in den Schlamm versenkt. Umwickelt man sie mit einer Schnur, kann man sie später wieder herausfischen. (Die Herstellung von Dangos ist in Kapitel 12 erklärt.)
- Effektive Mikroorganismen mobilisieren Faulschlämme je nach Gewässer verschieden. Beginnen sie aufzuschwimmen, fischt man sie möglichst rasch ab.

Verlauf und Dauer der Reinigungsprozesse in Gewässern sind ebenso unterschiedlich wie die Menge an EM, die dafür eingesetzt werden muss. Je nach Gewässergröße reicht eine Behandlung aus, oder es müssen EM regelmäßig zugeführt werden. Dies ist jeweils vor Ort zu entscheiden.

Springbrunnen

Gibt man EM-Keramikröhrchen in Zimmerspringbrunnen, veralgt das Wasser weniger und muss seltener gewechselt werden.
Im Kloster Steinfeld/Eifel lag der Springbrunnen im Kreuzgang seit vielen Jahren trocken, weil ihn ein Zulauf aus der Regenwasserzisterne speiste, woraufhin er völlig veralgte. Sein raues Steinbecken war mit Algen grün durchsetzt. Als ein alter Pater sein Bedauern über die Trockenlegung äußerte, begannen wir mit der Sanierung: Das Becken wurde geschrubbt und zunächst mit flüssigen EM eingeweicht, die die Algen verdauten. Zu diesem Zweck blieb Wasser mit EM über einen ganzen Tag im Becken stehen. Anschließend wurde es frisch gefüllt, diesmal unter zusätzlicher Gabe von EM-Keramikröhrchen, die im Becken liegen blieben. Seither fließt er wieder sauber, und alle freuen sich über die zurückgewonnene Lebendigkeit. Allerdings müssen ab und zu neue

Keramikröhrchen zugegeben werden, weil ihre Menge einem geheimnisvollen Schwund unterliegt, geschuldet wohl der freien Zugänglichkeit des Ortes.

Aquarien

Aquarienbesitzer berichten, dass EM im Becken das Algenwachstum vermindern und die Pflege erleichtern. Die Fische erfreuen sich besserer Gesundheit, werden älter, entwickeln sich schöner und vermehren sich freudiger. Sie vertragen auch die Wasserwechsel besser. Allerdings ist jedes Aquarium mit seinen Pflanzen und Tieren ein individueller Organismus. Die hier vorgeschlagenen Dosierungen sind daher nur Anhaltswerte, die im Einzelnen anzupassen sind. Je empfindlicher Vegetation und Fische reagieren, desto behutsamer ist mit flüssigen EM vorzugehen. In jedem Fall nimmt man die EM-Stammlösung oder mit weniger als 3 Prozent Melasse vermehrte EMa. EM verstoffwechseln organisches Material und stimmen das Milieu im Sinne einer regenerativen Koexistenz um. Da sie im alkalischen Milieu nicht arbeiten können, sind sie für Meerwasseraquarien ungeeignet. Empfohlen wird in einem Aquarium, das auch Pflanzen enthält, die Zugabe von 1 Milliliter EM pro Liter Wasser. Sie besiedeln mit der Zeit den gesamten Inhalt des Beckens. Bei jedem Wasserwechsel können die EM je in der halben Dosis neu zugefügt und das gesamte Zubehör kann mit EM gereinigt werden. Idealerweise wird auch das Fischfutter mit EM besprüht, da Trockenfutter weitgehend bakterienfrei ist, für dessen Verdauung im Fisch jedoch Mikroben nötig sind.
Gleichzeitig können EM-Keramikröhrchen das Wasser im Aquarium informieren. Bewährt haben sich lose auf den Grund des Beckens verteilte Röhrchen. Fädelt man sie auf eine Angelschnur auf, lassen sie sich zum Reinigen bequem wieder entnehmen.
Man kann EM-Keramikröhrchen dem Filter zugeben sowie einen Teil der bisherigen Filterröhrchen durch EM-Keramik ersetzen. Die Standzeit des Filters kann dadurch partiell erheblich verlängert werden.

Über die Zahl der im Aquarium verwendeten Röhrchen gibt es unterschiedliche Ansichten. Sie reicht von einem bis zu zehn Stück pro Liter. Wichtiger als die Zahl der im Becken verteilten Exemplare ist ihr Kontakt mit dem gepumpten Wasser. In bewegtem Wasser überträgt sich die Information von den Röhrchen rascher auf dessen Molekülstruktur als in stehendem.

Abwasser

Effektive Mikroorganismen vermögen Abwässer vollständig zu klären, so dass sie direkt wieder in den Kreislauf des Lebendigen zurückfließen können. Je früher EM den Abwässern beigegeben werden, desto wirksamer ist ihre Tätigkeit.
Eine Bibliothek in Japan installierte im Jahre 1991 eine mit EM betriebene Abwasser-Recycling-Anlage und ersparte sich damit jährliche Kosten in enormer Höhe. Den in einer Drei-Kammer-Grube gesammelten Abwässern wurden EM beigegeben. Wie Prof. Higa in seinem Buch *An Earth Saving Revolution*[7] berichtet, waren binnen 24 Stunden alle unangenehmen Gerüche verschwunden. Innerhalb eines Monats wies das Wasser, auch in Laboruntersuchungen, bessere Werte auf als das örtliche Leitungswasser. Es hätte über die Brauchwasserverwendung hinaus als Trinkwasser genutzt werden können. Weil Becken und Sanitäranlagen weniger Schmutz ansetzten, sparten die Reinigungsmitarbeiter die Hälfte ihrer Arbeitszeit, und es trat weniger Verschleiß an den Installationen auf.
Noch umfangreicher ist die Rückführung menschlicher Abwässer in den Lebenskreislauf bei einem Projekt in Kibera, dem mit 800 000 Einwohnern größten Slum der kenianischen Hauptstadt Nairobi. Dort führten die erbärmlichen Hygieneverhältnisse zum oberflächlichen Abfließen aller Abwässer zwischen Menschen und Hütten. Fehlender Zugang zu frischem Wasser und Mengen von Müll ließen eine Fülle von Krankheiten florieren. Die Kindersterblichkeit betrug die Hälfte aller Geborenen. Ein unterhalb des Slums gelegener, einst schöner Naherholungssee, Nairobi Dam, war im Jahre 2003 mit Wasserhyazinthen völlig zugewuchert und stank.

Auf Initiative einer EM-Gemeinschaft in Kenia wurden den Slumbewohnern EM zur Verfügung gestellt, die sie ihren Latrinen zuführten. Damit reduzierten sich Fliegenbesatz und Gestank. Müll wurde gesammelt, mit EM versetzt kompostiert und nach einmonatiger Reifezeit als Dünger verkauft. Von Flößen aus, die sie aus alten Plastikkanistern gebaut hatten, fischten Männer, darunter Insassen eines Gefängnisses, die Hyazinthen aus dem Wasser und kompostierten sie mit EM ebenfalls zu verkaufsfähigem Dünger. Durch diese Aktivitäten begann sich der See langsam zu erholen, und vielen Slumbewohnern wurde Arbeit und Verdienst gegeben.

Toiletten sanieren

Nicht nur in Afrika, auch in Deutschland stinken Toiletten oft erbärmlich, insbesondere in öffentlichen Einrichtungen. Manche Kinder wollen schon morgens nichts trinken, nur um die Schultoilette nicht betreten zu müssen. EM können dieses Problem lösen. Eines Tages las ich in unserer Zeitung den Hilferuf von Eltern, deren Kinder den Gestank der Schultoiletten nicht mehr ertrugen. Sie hatten schon das Bau- und das Gesundheitsamt mobilisiert, die beide einen Neubau empfahlen, wegen einer Haushaltssperre der Gemeinde wurde dieser jedoch nicht genehmigt. Ich rief die Direktorin der Schule an und bot an, das Problem mit EM zu lösen. In Schweineställen und auf Müllkippen bewährten diese sich bestens, berichtete ich mit bewusstem Humor, um ihr den Gedanken an das Verteilen von Bakterien zu erleichtern. Mit nachvollziehbarer Skepsis, aber notgedrungen neugierig, stimmte sie einem Versuch zu, und Adolf Daenecke und ich arbeiteten den Hausmeister in den Umgang mit EM ein.

Um vergleichen zu können, wurde zunächst nur die Jungentoilette behandelt, die weniger stark stinkende Mädchentoilette nicht. Alle bisherigen Putzmittel wurden weggelassen. Stattdessen wurden alle Flächen mit 200 Milliliter auf 10 Liter Wasser verdünnten EM gereinigt. Gekachelte Wände und Böden wurden mit 200 Milliliter auf 5 Liter Wasser verdünnten EM mittels einer gartenüblichen

Rückenspritze eingesprüht. In jeden Abfluss wurde 1 Liter unverdünnter EM gegeben. Dies alles geschah an einem Freitagmittag, so dass die EM während des Wochenendes wirken konnten. Sie setzen unter anderem die im Harn vorhandenen und in den Toiletten abgelagerten Stickstoffverbindungen statt in stinkendes Ammoniak in geruchlosen Harnstoff um. Schon am Montagmorgen war der unangenehme Geruch verschwunden. Derweil hatte besagter Hausmeister daheim auch seine an einer angeblich unheilbaren Hautkrankheit mit Fellverlust leidende Katze mit EM per Rückenspritze behandelt, woraufhin diese bald genas.
Zur fortlaufenden Reinigung sanierter Toiletten empfiehlt sich:

- das Weglassen aller anderen Putzmittel, da diese in der Regel Mikroben abtöten,
- das Reinigen von Becken, Toilettenschüsseln, Wänden und Böden mit 100 Milliliter EM auf 10 Liter Wasser,
- das Verteilen des gebrauchten Wischwassers in die vorhandenen Abflüsse.

Die flächendeckende Besiedelung mit Effektiven Mikroorganismen besetzt das Milieu und schützt es vor Aufkommen störend wirkender Bakterien.
In privaten Haushalten, deren Toiletten nicht täglich geputzt und mit EM gespült werden, können EM-Keramikröhrchen in den Spülkasten gehängt oder gelegt werden, wo sie das Wasser mit regenerativen Frequenzen informieren. Erfahrungsgemäß führt schon dies zur Verringerung von Ablagerungen im Toilettenbecken. Vor längerer Nichtbenutzung, zum Beispiel in Ferienhäusern oder bei Verreisen, lohnt es sich, EM in alle Abflüsse zu geben.

Kleinkläranlagen

In gefüllte Becken von Gruben- und Kammerkläranlagen können 2 bis 4 Liter EM pro Kubikmeter Abwasser gegeben und gründlich eingespült werden. Anschließend fügt man den Toilettenabflüssen fortlaufend EM bei, zum Beispiel 1 Liter pro Kubikmeter Abwasser. Setzt man EM erstmalig nach Entleerung einer Grube ein, gibt man 3 bis 5 Liter EM mit 25 Liter Wasser in die erste Kammer. Man kann die leere Kammer auch vollständig mit verdünnten EM aussprühen, um eine Geruchsbildung von vornherein einzudämmen. *Achtung:* Entleerte Gruben können noch giftige Gase enthalten, weshalb man sie nicht betreten darf.

EM setzen den Grubeninhalt besser um, so dass Klärschlamm seltener abgefahren werden muss. Abseits der Zivilisation und wo dies gesetzlich erlaubt ist, wird EM-Klärschlamm als Dünger verwendet.

Großkläranlagen bedürfen wegen ihres komplexen Systems einer besonderen Behandlung. Auch hier haben EM schon an vielen Orten der Welt hervorragende Umwandlungsprozesse vollzogen, einschließlich unerklärlicher Reduktion von Schwermetallbefrachtungen.

Haushaltsreinigungsgeräte

Gibt man jeder Füllung der Waschmaschine EM-Keramikröhrchen bei, zum Beispiel 30 Stück, lässt sich die Menge des verwendeten Waschpulvers erheblich reduzieren. Gleichzeitig werden die wasserführenden Teile des Geräts geschont.

Weil einzelne Röhrchen in der Trommel zerkleinert würden und verlorengingen, steckt man sie in einen kleinen festen Beutel, beispielsweise einen kräftigen Strumpf oder einen zugeschnürten Handwaschlappen.

Hartnäckig verschmutzte Wäsche, so berichten einige Anwender, wird sauber, wenn dem einlaufenden Wasser circa 20 bis 30 Milliliter EM beigegeben werden. Ein Herr tat dies auch bei der feinen weißen Blusenwäsche seiner Gattin – mit dem Ergebnis, dass beide Flecken bekamen, die Bluse von den EM, die Dame voller Zorn. Es gibt also auch Textilien, die die Farbe der flüssigen EM annehmen.

Die Geschirrspülmaschine kann ebenfalls mit EM-Keramikröhrchen, zum Beispiel in einem Netz im Besteckgitter, bestückt werden, so dass weniger Spülmittel nötig ist und weniger Kalkflecken auf dem Geschirr bleiben. Warum manche Anwender dem Spülgang lebende EM beigeben, die dieselbe Wirkung haben sollten, trotz hoher Temperaturen und basischen Spülmittels, verstehe ich persönlich nicht.

32 Haustiere

Die Bakterienbesiedelung unserer Haustiere ergibt sich aus dem, was ihnen mit der Geburt mitgegeben wurde, aus dem Futter, das ihre Darmflora bestimmt, und aus dem Milieu, in dem sie leben. Es gibt keine kranken Tiere, an deren Krankheitsprozess nicht auch ihre Bakterien beteiligt sind. Ändert sich die Mikrobenmenge, ihre Zusammensetzung sowie ihre Verständigung untereinander, können Krankheiten heilen. Effektive Mikroorganismen vermögen die Bakteriengemeinschaft von Tieren positiv zu beeinflussen. Indem sie durch ihre Dominanz die vorhandenen Mikroben zu regenerativer Tätigkeit umstimmen, verbessern sich Stoffwechsel und Immunsystem der Tiere. Selbst schwerkranke Katzen und Hunde, Hamster und Pferde erwachten durch EM zu neuem Leben.

Werden Tiere mit EM versorgt, kann sich ihr Fell verbessern. Es wird glänzend, weich und gleichmäßig. Ihre Ausscheidungen stinken nicht, sondern riechen angemessen. Es treten weniger Parasitenbefall und Krankheiten auf, und Verletzungen heilen besser. Auf Außenreize reagieren sie weniger schreckhaft, vielmehr wirken sie ausgeglichener. Das fällt besonders in Ställen mit Hochleistungstieren auf. Betritt man einen solchen, schrecken die Tiere gewöhnlich hoch. Wir haben häufig erlebt, dass sie hingegen gelassen bleiben und dem Besucher neugierig entgegenschauen, nachdem sie eine Weile mit Effektiven Mikroorganismen versorgt worden sind.

Es gibt zahllose Beispiele für Haustiere, denen es rundum bessergeht, seit ihre Bakterienbesiedelung mit Hilfe der EM bereichert, korrigiert und harmonisiert worden ist. Dabei ist die Stammlösung der EM ja als Bodenhilfsstoff zugelassen, und jegliche darüber hinausgehende Anwendung erfolgt in eigener Verantwortung. Deshalb gibt es auf den EM-Flaschen auch einen Hinweis seitens der Hersteller, EM seien nicht einzunehmen. Nach den Gesetzen der Natur sind die Gaben der EM an Mensch und Tier selbstverständlich hilfreich, und die neueste Forschung in der Medizin bestätigt die existenzielle Bedeutung der Mikroben für die Gesundheit. Es gibt mittlerweile auch EM-Präparate, die speziell für die Gabe an Tiere zugelassen sind.

Der Hund einer Bekannten bekam Durchfall. Weder übliche Hausmittel noch das vom Tierarzt verschriebene Antibiotikum halfen. Er verlor viel Flüssigkeit und wurde immer schwächer. Nach wenigen Gaben EM entließ er große Mengen heftig stinkenden Kots, danach war er genesen. EM wurden weiterhin über sein Futter gesprüht, und bald darauf glänzte auch sein Fell auffällig schön. Eine ehemalige Nachbarin erzählte, dass das Pferd ihrer Tochter ein Geschwür auf dem rechten Auge hatte, das unheilbar schien. Nachdem die tierärztliche Behandlung nicht half, hatten sie ihren Liebling in eine renommierte Pferdeklinik gegeben, bis ihr Vermögen für die dortige Behandlung nicht mehr ausreichte. Es sollte nach fünfwöchiger Therapie mit täglich sechs verschiedenen Salben schließlich operiert werden, weil das linke Auge mittlerweile ebenfalls ein Geschwür aufwies. Kränker als zuvor kam das Pferd wieder nach Hause zurück. Offensichtlich reagierte es auf drei der Salben allergisch. Unter Weglassen sämtlicher Salben wurden EM mehrfach täglich verdünnt um die Augen herum verteilt. Die Heilung ließ nicht lange auf sich warten.
Im Zoo von Honolulu, Hauptstadt des US-Bundesstaats Hawaii, erfreuen nebst Nashörnern, Giraffen, Zebras und Flamingos auch Flusspferde die Besucher. Deren ältestes, im stolzen Alter von 43 Jahren, wurde immer schwächer, und man befürchtete sein baldiges Ableben. Zu der Zeit begann man, den Zoo unter Einsatz von EM zu bewirtschaften. Futterproduktion, Gehegepflege und Tierhaltung wurden mit EM praktiziert. Alle Schwimmbecken wurden mit Mikroben angereichert. Kaum schwamm die Flusspferdeoma in Wasser, das EM enthielt, ging es mit ihrer Gesundheit wieder bergauf.
In Thailand machte man die Erfahrung, dass Geflügelhöfe, die mit EM arbeiteten, beim Auftreten der Vogelgrippe vor Erkrankungen bewahrt blieben.

Als ich die EM-Anwendung in Benin/Westafrika unterrichtete, war Tierzucht dort etwas Ungewöhnliches, denn man verzehrte gewöhnlich, was es gab. Astrid Toda, Initiatorin des »Bildungswerks Westafrika«, bemühte sich, den Menschen dort Nachhaltigkeit zu vermitteln, und so wurden Schweine zur Zucht gehalten. Mangels Stroh lagen neugeborene Schweinchen gleich der Sau im Kot auf dem Betonboden der Box, und etliche von ihnen starben. Wir wuschen die Neugeborenen sowie die Mutter, besonders ihr Gesäuge, mit 40 Milliliter EM auf 1 Liter Wasser gründlich ab und sprühten mit einem selbstgebastelten Pustesprüher den Verschlag mit EM aus. Damit stiegen ihre Lebenschancen erheblich. Ihre äußerliche und innerliche Erstbesiedelung mit EM schützte sie vor Befall mit Bakterien des unsauberen Umfelds.
Ein alter Dackel hatte einen Tumor an der Nase, der ständig blutig aufgeleckt wurde. Sein Herrchen ließ den Gefährten immer wieder EM pur aus der Hand aufschlecken, so dass dieses beim anschließenden Lecken der Nase zwangsläufig mit an den Tumor gelangte. Bald war die Haut über dem Tumor gut verheilt, und die übrige homöopathische Behandlung konnte greifen. Der Tumor heilte vollkommen aus.
Wegen Herzschwäche konnte der Terrier früherer Nachbarn keine Treppen mehr steigen. Eigentlich, um damit Flöhe und Läuse fernzuhalten, flocht Frauchen ihm EM-Keramikröhrchen ins Haupthaar. Erstaunt nahm sie zur Kenntnis, dass er daraufhin wieder problemlos die Stufen steigen konnte.
Ein junger Hengst hatte sich in der Herde einen heftigen Schmiss zugezogen und blutete aus tiefklaffender Wunde. Wild, wie er war, war an Nähen nicht zu denken. Seine Besitzerin mischte EM mit EM-X, EM-Keramikpulver und Öl zusammen und pappte diese Paste dem Pferd täglich quasi im Fluge auf die Nase. Die Wunde heilte – ohne Entzündung und ohne zu eitern – binnen Tagen nahezu narbenlos aus.
Eine andere Pferdeliebhaberin staunte, dass ihr unruhiges und zappeliges Pferd, seit sie sein Futter mit EM besprühte, nicht nur besser aussah, sondern auf einmal ruhig wurde.

Von Katzen, die mit EM gepflegt wurden, wurde berichtet, dass sie kaum noch Milben oder Zecken nach Hause tragen.
Tierzüchter berichten, dass Weibchen nach jahrelangem vergeblichem und in der Regel kostspieligem Bemühen dank EM endlich trächtig wurden. Dies erklärt sich dadurch, dass ein mikrobiell geschwächter Körper aus Selbstschutz keine Schwangerschaft zulässt.
Bienenvölker, die mit EM gepflegt werden, sind vitaler und kommen schadlos über den Winter. Es gelingt mit EM immer wieder, kranke Völker zu retten. Ein Imker berichtete, dass sogar ein an der Kalkbrut, einer medizinisch als unheilbar geltenden Pilzinfektion, erkranktes Volk genas. Er hatte alle Waben mit verdünnten EM besprüht. Die Bienen räumten daraufhin alle pilzbefallenen Larven aus den Waben in den Kasten, von wo der Imker sie entfernen konnte. Dank EM wurden dabei keine Pilzsporen weiterverbreitet.
Durch EM werden die Völker im Allgemeinen auch ruhiger. Offensichtlich helfen sie den Bienen insgesamt, von der Giftbefrachtung der Umwelt weniger belastet zu werden.
Solche Erfolgsgeschichten mit EM ließen sich endlos forterzählen. Sie zeigen die zentrale Bedeutung auf, die Bakterien für die Tiergesundheit besitzen. Wir können ihre Wirkungen mitgestalten.

Die Anwendungsmöglichkeiten der EM sind für alle Tiere die gleichen, bei unterschiedlichen praktischen Umsetzungen und differenzierter Dosierung. Ein Elefant erhält mehr EM als eine Mehlwurmzucht, und ein Pferdestall erfordert mehr EM zum Aussprühen als ein Schildkrötengehege. Auch Tiere derselben Art benötigen unter Umständen eine ungleiche Menge an EM.
Man kann …

- *Futter mit gering verdünnten EM übersprühen oder EM pur tropfenweise dazugeben.* Für eine Förderung der Verdauung werden Mikroben grundsätzlich mit dem Futter zusammen aufgenommen. Es ist nicht angeraten, EM regelmäßig pur ins Maul zu spritzen. Erstens schmeckt das nicht jedem Tier, zweitens tut der Säuregrad den Zähnen nicht gut. Er löst auf Dauer die Apatit-Kristalle aus dem Zahnschmelz. Man verdünnt sie also dafür. EM wirken über die Verdauungsorgane harmonisierend auf das Immunsystem. Eine plötzliche Gabe großer Mengen EM kann zu entsprechenden Reaktionen führen, weshalb man mit einer kleinen Menge beginnt und diese allmählich steigert, bis eine Dosis erreicht ist, bei der sich Veränderungen zeigen. Diese kann sehr verschieden sein. Wichtig ist eine kontinuierliche Gabe der EM. Es bringt nichts, wenn man sie nur unregelmäßig oder ab und zu gibt. Manchmal dauert es Wochen, bis sie ein gestörtes Milieu vollständig umgestimmt haben, daher ist gelegentlich Geduld angebracht.

- *Das Tränkewasser mit EM-Keramikröhrchen informieren.*
- *Badewasser mit EM und Keramikröhrchen versehen.* Eine Vogelhalterin beobachtete, dass die Vögel seither nicht mehr ins frische Badewasser koteten. Offenbar hatten sie dies zuvor getan, um das Wasser für die Gefiederpflege bakteriell anzureichern.
- *Bokashi füttern.* Alles, was für ein Tier als Futter geeignet ist, kann mit EM zu Bokashi fermentiert werden. Dies verbessert den Aufschluss der Nährstoffe, kann den Vitamingehalt der Rohstoffe steigern und fördert deren Verdaulichkeit. Was für ein Tier nicht zum Verzehr geeignet ist, wird allerdings auch durch Fermentation mit EM nicht unbedingt genießbar. Fermentiertes Futter fördert die Futterverwertung, so dass die Futtermenge unter Umständen gesenkt werden kann. Das führt dazu, dass Großtierhalter ohne das ökologisch bedenkliche Soja im Futter auskommen können und dadurch einen indirekten Beitrag zum Schutz tropischer Regenwälder leisten.
- *Mit EM waschen.* Pfoten-, Klauen- und Fußpflege können mit verdünnten EM erfolgen. Oder man mischt für Fäulnisstellen EM mit EM-Keramikpulver und einer Trägermasse zu einer Paste, die man aufträgt. Bauern, die die Euter ihrer Kühe mit verdünnten EM abwischen, berichten über das völlige Ausbleiben von Euterentzündungen. Fellpflege mit EM verändert das Milieu so, dass weniger Ungeziefer darin lebt. Eine

Pferdehalterin stellte begeistert fest, dass an den Beinen ihrer Pferde, seit sie diese mit EM einsprühte, weniger Fliegeneier hafteten. Da die Pferde diese durch gegenseitiges Knabbern aufzunehmen pflegten, nahm der Parasitenbefall der Pferde deutlich ab und ihr Wohlbefinden zu. Immer wieder erzählen Tierhalter, dass schuppiges, stumpfes und fettiges Fell, und bei Pferden auch verknotete Mähnen, seidig weich und glänzend werden, nachdem sie mit EM eingesprüht worden sind. Sommerekzeme jucken nicht mehr oder verschwinden ganz. Innerliche und äußere Anwendung ergänzen einander, denn die Fellgesundheit hängt auch von Verdauung und Stoffwechsel ab. Die Verdünnungen der äußerlich aufgetragenen EM sind sehr verschieden. Schreckhafte Tiere wie Katzen mögen das Geräusch der Sprühflasche zunächst nicht. Kann man sie gar nicht daran gewöhnen, benetzt man die Hände mit EM und streicht ihnen damit über das Fell.

- *Stall, Käfig und Körbchen mit EM aussprühen.* Sie ändern das Milieu, verbessern den Geruch und vermindern Fliegen- und Parasitenbefall. Staub wird besser gebunden, und Ammoniakausdünstungen werden verringert. Einstreu und Futter bleiben länger frisch. Auffällig ist das Fernbleiben von Fliegen in Ställen, die mit EM gepflegt werden. Die Reinigung EM-geführter Lebensräume ist für die Menschen angenehmer, fällt leichter und ist seltener erforderlich. Durch EM fermentierter Kot lässt sich leichter kompostieren. EM-präparierter Mist aus einmal jährlich geleerten Tieflaufställen ist meist bereits so weit fermentiert, dass er ohne weitere Kompostierungsschritte direkt auf die Wiesen ausgefahren werden kann, was Zeit und Geld spart. Käfigböden können zur Milieuverbesserung mit EM-Keramikpulver ausgestreut werden. Im Winter, wenn Minusgrade kein Aussprühen mit EM im Freien erlauben, kann auch ein Verteilen von EM-Keramikpulver das Milieu verbessern. Dies kann man sich auch in Vogelfutterhäuschen zunutze machen.
- *Zubehör mit EM putzen.* Tränkenäpfe und Kletterstangen, Kratzbäume und Trensen – mit EM gereinigtes Geschirr

verschmutzt nicht so leicht und bleibt länger heil. Man fügt dem Waschwasser EM zu und trocknet wie gewohnt. Die Verdünnung wird vom jeweiligen Material bestimmt. Daniela Otto-Prins, Pionierin der EM-Anwendung beim Pferd, legt ihr Pferdeputzzeug gelegentlich über Nacht in einen 20-Liter-Eimer, dem sie 50 bis 100 Milliliter EM pro Liter Wasser zugibt, beschwert alles und lässt es am nächsten Morgen lufttrocknen. Ähnliches gilt für Katzenspielzeug und Volierenzubehör.

- *Insektenstiche mit EM bestreichen.* Deren Schwellung geht rasch zurück, und die Tiere kratzen sich weniger.
- *Verletzungen versorgen.* Schürfwunden, die mit EM ausgewaschen werden, entzünden sich erfahrungsgemäß nicht. Schon in vielen Fällen, in denen Tiere wegen tief vereiterter Wunden eingeschläfert werden sollten, halfen EM-Spülungen zum Überleben. Sie werden gegebenenfalls mehrfach täglich durchgeführt. Durch die Mikroorganismen werden Bestandteile zerstörter Zellen angedaut und können von Immunzellen eliminiert werden. Gleichzeitig setzen die Mikroben Enzyme frei, welche die Entzündungsreize reduzieren. Die Wunden granulieren rasch und heilen in kürzester Zeit unter verringerter oder ausbleibender Narbenbildung ab.

Da die meisten Anwender sich zunächst bei den Dosierungen der EM unsicher sind, seien hier einige Erfahrungswerte weitergegeben. Im Einzelfall kann die hilfreiche Menge der EM höher oder niedriger liegen. Ich halte es für sinnvoll, die Einstiegsmenge für mindestens drei Tage beizubehalten, um den EM zunächst Zeit zu geben, so dass sie mit der internen Kommunikation und der Milieuumstimmung im Organismus beginnen können. Danach kann die Menge in kürzeren Abständen gesteigert werden. Liegt eine Störung des Immunsystems vor, beispielsweise in Form von Asthma, Unverträglichkeiten oder Allergien, ist mit einer minimalen Menge zu beginnen, die für einige Tage beibehalten wird, bevor man behutsam steigert. Dabei ist Einfühlungsvermögen gefragt. Zum Abmessen kleinerer Mengen kann eine Tropfpipettenflasche dienen. 20 Tropfen entsprechen circa 1 Milliliter. Einwegspritzen sind geeignet, um Millilitermengen zu messen. Alle Messgefäße sollten regelmäßig mit kochendem Wasser gründlich gespült werden.

Katzen

Anfangs täglich 2 Tropfen zum Futter geben, alle drei bis vier Tage um 1 bis 2 Tropfen steigern.

Hunde

Anfangs täglich 10 bis 40 Tropfen zum Futter geben, nach drei bis vier Tagen steigern.

Vögel

Vögel nehmen EM durch die Gefiederpflege auf, wenn man sie mit EM einsprüht, sowie täglich 1 bis 2 Milliliter EM ins Tränke- und Badewasser gibt. Zum Besprühen des Futters bewährten sich 2 bis 4 Milliliter EM auf 1 Liter Wasser. Steht EM-Wasser eine Weile in dünnen Tränkeschläuchen, können sich die Mikroben mit einer Schutzhülle aus Schleim umgeben. Bei Schlauchtränken verstopfen dadurch die Trinknippel. Das ist bei Fütterungsanlagen in der Geflügelhaltung zu vermeiden. Man gibt flüssige EM lieber auf anderem Wege und verwendet in solchen Tränken stattdessen EM-Keramik.

Bienen

Bienen kann man 10 Prozent EM und Keramikröhrchen ins Tränkewasser geben. Zum Besprühen von Flugloch, Bienenstand, Stock und Umgebung werden von Imkern Verdünnungen von 5 bis 500 Milliliter EM pro Liter Wasser angegeben. Auch die Mengenempfehlung der zur Winterfütterung beigegebenen EM bewegt

sich in der Spanne zwischen 4 und 30 Milliliter EM pro Liter Zuckerwasser. Hier besteht offenbar erheblicher Forschungsbedarf. Zum Winterfutter können EM-fermentierte Kräutergärsafte zugegeben werden. Das Einhängen von je einem 35 Millimeter großen Keramikröhrchen pro 25 Liter geschleuderten Honigs führte zu weicherer und cremigerer Kristallisation.
Es gibt mit EM präparierte Oxalsäuretabletten zum Verdampfen zwecks Behandlung der Bienen bei Befall mit der Varroamilbe.
Außerdem tragen Imker gern EM auf Bienenstiche auf. Diese jucken dann weniger und tun auch an empfindlichen Körperstellen nicht so weh.

Pferde

Ähnlich wie bei anderen Tieren differieren die Mengenempfehlungen für Pferde erheblich: Ponys erhalten 5 bis 50 Milliliter täglich, Großpferde 5 bis 60 Milliliter. Daniela Otto-Prins gibt tragenden Stuten ab sechs Wochen vor und bis zwei Wochen nach der Geburt die doppelte Menge. Fohlen erhalten zunächst 1 bis 2 Milliliter täglich, binnen zwei Wochen wird auf 10 Milliliter, innerhalb zweier Monate auf 20 Milliliter gesteigert. Zusätzlich kann Heu, insbesondere staubiges, in EM-Wasser getaucht werden. Je weitergehend die Tiere sich an ein EM-Milieu in ihrer Umgebung gewöhnt haben, desto geringer wirken sich tägliche Dosierungsschwankungen aus. Mit der Zeit stabilisieren sich Bakterienflora und Stoffwechsel, und die Tiere leben insgesamt in einem wohltuenden Milieu.

33 Der Mensch

»Was fürs Vieh gut ist, ist auch für mich gut«: So mancher Landwirt, der EM erst im Boden, dann im Stall anwendete, wurde unversehens zum Heiler, indem er EM im Selbstversuch testete.
Da gibt es den Bauern, der sich verletzte und die Wunde kurzerhand in EM-Wasser wusch – mit dem Ergebnis rascher Heilung.
Da gibt es den Imker, der eine Warze mit EM tränkte, indem er ein feuchtgehaltenes Pflaster darüberklebte – und nach einer guten Woche die Warze los war.
Ein Landarzt schluckte EM, während er seine Blasenentzündung mit einem Breitband-Antibiotikum behandelte, und stellte fest, dass dieses wie gewohnt wirkte, die ihm bisher vertrauten Nebenwirkungen aber ausblieben. Effektive Mikroorganismen wurden binnen kürzester Zeit zum Geheimtipp vieler Geplagter und gewannen unter geheilten Menschen große Freunde.
Als Dr. Veronika Carstens, renommierte Ärztin, Frau des einstigen Bundespräsidenten und Gründerin der Stiftung »Natur und Medizin«, in der gleichnamigen Zeitschrift für Naturheilkunde berichtete, dass tägliches Einnehmen von EM sie von einer langwierigen Bauchspeicheldrüsenentzündung kuriert hatte, wurden EM als Heilmittel bekannt. Es gibt auch EM-Varianten, die als Nahrungsergänzungs- oder Lebensmittel für den menschlichen Verzehr zugelassen sind. EM werden mit großem Erfolg von einer zunehmenden Zahl von Menschen genutzt. Dies geschieht immer auf eigene Verantwortung. Niemals sollte man jemand anderem ungefragt EM unterschummeln, selbst wenn man davon überzeugt ist, dass diese ihm helfen.
Natürlich ist es notwendig, dabei die Grundlagen der Mikrobiologie und der EM genauso zu berücksichtigen wie bei allen anderen Anwendungen auch. Antimikrobielle Turnschuhe zu tragen und gleichzeitig zu versuchen, Fußpilz mit EM zu sanieren, indem man sie zwischen die Zehen sprüht, hat genauso wenig Sinn, wie zur Eindämmung starken Mundgeruchs zeitgleich sowohl mit

verdünnten EM als auch mit antimikrobiellem Mundwasser zu gurgeln. Deo, Kleidung, Flüssigseifen und andere Produkte, die gezielt antibiotisch ausgestattet sind, lässt man sinnvollerweise weg, während man sein Heil mit Hilfe der Mikroorganismen sucht. Eine einzige Ausnahme ist offensichtlich die mögliche Gleichzeitigkeit von EM und Antibiotikatherapie, wie es obiges Beispiel beweist.

Dass Effektive Mikroorganismen auch für den Menschen heilsam sein können, erschließt sich aus ihrer Universalität und dem Kreislauf des Lebendigen, wie er in Teil I dieses Buches beschrieben wurde. Wir sind als Menschen eingebunden in das alles durchströmende Netz mikrobieller Aktivität. Offizielle Studien über die Wirkungen der EM auf den Menschen gibt es noch nicht, weil sie dafür keine Zulassung besitzen und klinische Studien daher in die Kategorie »Menschenversuche« fielen. Diese sind ethisch nicht vertretbar. Anders ist dies bei dem als Lebensmittel für den Menschen zugelassenen EM-Fermentationsgetränk EM-X (siehe Kapitel 12). Zum EM-X gibt es zahlreiche internationale wissenschaftliche Studien. In Japan wurde EM-X klinisch eingesetzt, mit großem Erfolg bei verschiedensten Erkrankungen bis hin zu vollkommener Heilung von Krebs und Aids. Allerdings wurden dabei auch intravenöse Infusionen mit EM-X gegeben, von denen in Europa dringend abzuraten ist. EM-X bzw. Manju wird aus Zutaten fermentiert, die in Japan zum täglichen Speiseplan gehören, auf die man jedoch anders reagiert, wenn das Immunsystem sie nicht in gleicher Weise erkennt. Das Trinken des EM-X ermöglicht dem Körper eine behutsamere Adaption. Man beginnt mit einer kleinen Menge, zum Beispiel wenigen Millilitern, die erst nach drei Tagen Beobachtung gesteigert wird, sofern dies angemessen erscheint. Die Wirkung tritt dosisabhängig ein. Mir persönlich wurden Menschen bekannt, die durch das EM-X von scheinbar unheilbaren Krankheiten genasen. Dabei ist immer zu berücksichtigen, dass Krankheit ein komplexes Geschehen ist und zur Heilung in der Regel auch Änderungen in der Lebensführung gehören.

Eines Tages rief die Tochter einer österreichischen Gastwirtin bei mir an, um Rat zu erbitten. Ihre Mutter war an einem Gallengangkrebs zunehmend erkrankt und schließlich von der behandelnden Klinik zum Sterben nach Hause geschickt worden, weil Therapien keine Heilung mehr versprachen. Sie begann, täglich EM-X zu trinken, schließlich die große Menge von 180 Milliliter pro Tag, und genas vollständig. Die Ärzte konnten es kaum glauben, als sie sich zur Kontrolle in der Klinik vorstellte. Nach einer Weile hörte sie auf, das EM-X zu trinken, und lebte ihr Leben wie davor. So war ein Jahr vergangen. Dann aber trat der Krebs erneut in Erscheinung. In der Annahme, ihn genauso eindämmen zu können wie zuvor, trank die Frau wieder EM-X, doch diesmal blieb die erwartete Wirkung aus. Daher suchte die Tochter nun Hilfe.
So gut das EM-X auf der Zellebene zu helfen vermochte, reichte es nicht aus, die dahinterliegenden Entstehungsursachen der Erkrankung in der Lebensgeschichte aufzulösen. Man darf die tieferen Gründe einer schweren Krankheit nicht einfach ignorieren.

Entsprechend der inneren und äußeren Besiedelung des Menschen mit Mikroorganismen können EM sowohl äußerlich aufgetragen als auch innerlich Wirkungen zeigen. Nicht immer lassen sich diese über die Stoffwechselaktivität erklären. Warum ein Bluterguss, gründlich mit flüssigen EM bestrichen, sich binnen Stunden spurlos zurückbildet, sich Altersflecken auf der Haut nach mehrmaligem Auftragen der EM verflüchtigen oder Tinnitus verschwindet, nachdem der äußere Gehörgang mit EM-X gefüllt wurde, muss erst noch wissenschaftlich erforscht werden. Was man weiß, ist, dass die Bakterienvielfalt auf der Haut das Mikrobiom mitbildet, das für die Gesundheit nötig ist, und dass dieses mit den Mikroben des gesamten Körpers in Kommunikation steht. Die dabei offensichtlich stattfindende Energievermittlung gehört wahrscheinlich zu Phänomenen, die durch Feinschwingungsphysik bzw. quantenphysikalisch zu erklären sind.

EM äußerlich

Alle Verletzungen, die ich mir zuziehe, tränke ich sofort mit EM flüssig pur. Sie beißen im ersten Moment etwas, aber binnen kürzester Zeit stillt sich die Blutung, und ohne Entzündung oder Eiterbildung heilen die Wunden schnell ab.

Der Kollege einer Freundin schnitt sich beim Filetieren einen Teil der Fingerkuppe ab und fiel am Arbeitsplatz aus. Sie gab ihm EM, in die er den Finger einige Zeit hielt, obwohl es wie wild brannte. Er tat es gern, da er wusste, wie schön seine Kartoffeln mit EM gewachsen waren. Nach einer Woche kam er jedoch scherzhaft-ärgerlich wieder zu ihr: »Ich bin Schlosser, drei Wochen hätte ich krankfeiern können«, sagte er. »Aber guck dir das an: Alles ist verheilt, und ich muss schon wieder arbeiten gehen.«

Im Januar des Jahres 2003 rief der Physiotherapeut eines rheinischen Bundesliga-Fußballvereins bei mir an und bat um Beratung. Er hatte vage von EM gehört und wollte wissen, wie er sie vielleicht zur Gesundheit der Spieler einsetzen könnte. Dazu beriet ich ihn gern. Nach mehreren längeren Gesprächen, in denen wir bis hin zur Absicherung, dass EM kein Dopingmittel sind, klärten, was nötig schien, überzeugte er den Mannschaftsarzt vom Nutzen der Mikroben. Mutig nahm dieser sogleich selbst EM und EM-X ein, erlebte die positive Wirkung am eigenen Leib und empfahl sie daraufhin auch den Spielern.

Eine Schürfwunde, die nach zwei Tagen eiterte und dem Sportler schmerzhaft-schlaflose Nächte bereitete, wurde nachmittags mit EM eingesprüht. Schon abends war der Spieler schmerzfrei, und die Wunde heilte unter Bildung feinen Granulationsgewebes rasch zu.

Bei einem anderen Spieler hatte ein Stollentritt gegen das Schienbein eine sehr schmerzhafte Schwellung ausgelöst. Sofort wurde ein Umschlag mit EM aufgelegt. Am nächsten Tag war die Stelle zwar blau, aber schmerzfrei und heilte zügig ab.

Ein weiterer Spieler hatte als Folge einer kleinen Verletzung eine größere Entzündung am Unterschenkel entwickelt, die sich ausweitete. EM-Umschläge führten zu einem schnellen Rückgang und zur Ausheilung.

Zu meinem Amüsement kam bald die Nachfrage, ob man etwas tun könne, damit die EM auf der Wunde nicht beißen. Die jungen Männer hielten das nicht aus. Ich verkniff mir eine Bemerkung bezüglich der empfindlichen millionenwerten Beine und riet, die EM zunächst 1:10 zu verdünnen. Wichtig sei es, sie nach jedem Duschen erneut aufzutragen.

Gelenkschmerzen plagten eine Handwerksmeisterin so sehr, dass ihr das Arbeiten schwerfiel. Medikamente halfen nicht. Sie streute EM-Keramikpulver dünn zwischen doppelt gelegte Frischhaltefolie, steppte diese zwischen zwei Stofflappen fest und wickelte sich diese regelmäßig über Nacht um die schmerzenden Areale. So wurde sie beschwerdefrei.

Eine Art Notruf erreichte mich eines Tages von einer älteren Dame aus Aachen. Sie pflegte seit vielen Jahren ihre vollständig gelähmte Schwester. Diese hatte an der Ferse ein Druckgeschwür entwickelt, das sich entzündet hatte. Die übliche Therapie fruchtete nicht. Obwohl die Wunde mehrfach ausgeschnitten worden war, begann die Patientin eine Blutvergiftung zu entwickeln, und der erneut hinzugerufene Chirurg empfahl der Dame, die Schwester in Frieden sterben zu lassen. Sie suchte stattdessen andere Hilfe. Mit EM gingen wir folgendermaßen vor: Die gesamte Umgebung der Patientin – Bett, Möbel und Böden – wurden mit verdünnten EM abgewaschen bzw. geputzt. Auch die Frau selbst erhielt eine Ganzkörperwaschung mit EM, allerdings nur 1:2 verdünnt, also ein Teil EM auf doppelt so viel Wasser. EM wurden in der Raumluft versprüht. Die Wunde wurde im stündlichen Wechsel mit EM pur und EM-X eingesprüht, EM-X innerlich eingenommen. Dies wurde täglich konsequent durchgeführt. Wenige Wochen später erhielt ich eine Karte, die mit den Worten begann: »Allen, die es hören wollen, singe ich Ihr und EMs Lob und Preis …« Junge, zarte Haut war von allen Seiten gewachsen und schloss die heilende Wunde. Die Blutvergiftung war bald nach Behandlungsbeginn abgeklungen.

Ein Kind hatte sich heißes Wasser über die Hände gegossen. Sofort

gab die Mutter EM pur auf die Verbrennungen. Die Schmerzen ließen sofort nach, und die Haut heilte narbenfrei ab. Auch Sonnenbrand lindert sich, sobald EM aufgetragen werden.
Eine junge Frau bekam einen generalisierten Herpes-Ausschlag, auch im Gesicht. Sie legte EM-Kompressen auf, und nach 24 Stunden waren alle Bläschen verschwunden.
An Psoriasis Erkrankte berichten mir, dass der quälende Juckreiz abflaut, nachdem EM auf die betroffenen Stellen gegeben wurden. Manche mischen EM und EM-Keramikpulver in Fettcreme ein oder verwenden die im Handel erhältlichen EM-Nachtcremes zur Pflege.
Etwas schmerzhaft war die Erfahrung eines begeisterten EM-Anwenders, der seine Bindehautentzündung mit EM pur spülen wollte. Natürlich ist dies keine gute Idee. Auf empfindlichen Schleimhäuten wendet man EM stark verdünnt an, zum Beispiel 1 Milliliter EM auf 100 Milliliter Wasser. Manchmal genügt es, stündlich die umgebende Haut bei geschlossenem Auge mit gering verdünnten EM zu benetzen, um das Milieu zu sanieren.
Erfinderisch dagegen war die Idee einer Frau, die an Hämorrhoiden litt: Statt feuchter Toilettentücher stellte sie sich EM ins Bad und sprühte diese vor der Benutzung auf Toilettenpapier auf. Brennen und Juckreiz am Darmausgang legten sich seither.
Gleich am ersten Tag meines Aufenthalts in Benin sah ich ein Baby mit einer seltsamen weißen Masse auf einem Oberarm. Bei genauerer Betrachtung entpuppte sich diese als Ausfluss eines pflaumengroßen eitrigen Abszesses. Glasige Augen und fiebrige Stirn des Kindes zeugten von einer fortgeschrittenen Entzündung. Weitab der medizinischen Versorgung, wie wir waren, war sein Schicksal vorhersehbar. Wir spülten den Abszess mit EM aus und schärften der Mutter ein, dreimal täglich zum Reinigen zu kommen, was sie auch tat. Nach zwei Tagen strahlten alle wieder aus glücklichen, gesunden Augen. Stutzig wurde ich, als noch mehr Babys mit Abszessen an derselben Stelle des Oberarms auftauchten. Auf Nachfragen stellte sich heraus, dass alle an einer Impfung teilgenommen hatten, die ein Hilfswerk dort gratis durchführen ließ.

Vaginalpilze breiten sich gern dann aus, wenn die Scheide keine ausreichende Schutzflora mehr besitzt. Tampons, die mit EM besprüht wurden, äußere Waschungen mit gering verdünnten EM und Sitzbäder mit EM halfen in vielen Fällen. Letztere sollten nie länger als 8 Minuten dauern, da die Haut sonst zu sehr aufweicht und geschwächt wird.
Bei Windeldermatitis, also Entzündungen des Babypopos, hat es sich bewährt, sowohl die Haut als auch die Windel mit EM einzusprühen. Beide müssen in jedem Fall erst wieder trocknen, bevor das Kind gewickelt wird.
Eine ältere Freundin, die EM jahrelang ihrem Pferd gegeben hatte, war selbst bettlägerig geworden und auf einen Blasenkatheter angewiesen. Die Katheterwechsel lösten bei ihr eine so schmerzhafte Harnwegsentzündung aus, dass eines Tages das Einführen nicht mehr möglich war und Harnverhalt drohte. Auch Antibiotika halfen nicht. Sie kam auf die Idee, den Katheter mit EM zu benetzen. Dies löste das Problem.

EM innerlich

Alles, mit dem unser Mund in Berührung kommt, führt uns dessen Mikroben zu: Essen, Küssen, Luftholen und Zähneputzen bringen uns in Kontakt mit der uns umgebenden Einzellerwelt. Dies lässt sich bewusst steuern.
Wird Obst mit EM angebaut, schlucken wird diese bei dessen Verzehr. Waschen wir den Salat vor dem Essen in EM-Wasser, nehmen wir EM mit ihm auf. Durch die zusätzliche Imprägnierung der Speise mit Bakterien gibt man seiner Verdauung einen bewussten Impuls durch ein Team von Umweltmikroben, das man kennt.
Dabei gelten ähnliche Anwendungsprinzipien, wie sie bei den Haustieren beschrieben wurden. Bakterien zu schlucken ist dank der Entwicklung von Probiotika (siehe Kapitel 8) in Europa nichts Ungewöhnliches mehr. In Japan war dieser Gedanke hingegen zunächst fremd. So gibt es aus Asien auch kaum Erfahrungsberichte dazu, aus Deutschland dagegen zahllose.

Einer älteren Dame war nach einem »Parodontitis-Bakterientest« vom behandelnden Zahnarzt geraten worden, sich einer Zahnreinigung unter Vollnarkose zu unterziehen. Stattdessen spülte sie mehrmals täglich den Mund mit einem halbes Glas Wasser aus, dem sie einen halben Teelöffel EM zugab (circa 2 Milliliter auf 100 Milliliter). Nach drei Wochen war die leichte Entzündung abgeklungen, ihr Zahnfleisch war fester geworden, und beim Zähneputzen blutete es nicht mehr.
Ein Herr berichtete, dass kein Zahnstein sich mehr ansetze, seit er nach dem Zähneputzen mit verdünnten EM nachspüle. Außerdem sei sein Mundgeruch verschwunden.
Manchmal wird propagiert, die Zähne zu putzen, indem man EM pur auf die Zahnbürste gibt. Das ist nicht ratsam. Unverdünnte EM-Lösung ist sauer und kann die Kalkanteile des Zahnschmelzes abbauen.
Wann immer es mir im Hals kratzt und eine Erkältung zu ahnen ist, gurgele ich, so oft es geht, mit EM oder sprühe sie mir hinten in den Rachen. Seither blieb ich in der Regel gesund.
Der Vater eines Mädchens berichtete, er habe eine wegen chronischer Vereiterung anstehende Mandeloperation bei seiner Tochter abwenden können, indem diese stündlich mit EM gurgelte. Eine Frau, die seit dreizehn Jahren jährlich eine schmerzhafte Mandelentzündung erlebt und diese jedes Mal antibiotisch behandelt hatte, gurgelte und sprühte, seit sie EM kannte, stattdessen mit diesen. Eines Tages löste sich der vereiterte Gewebeanteil aus einer der Mandeln ab, und gesundes Gewebe blieb übrig. Sie gurgelte jeden zweiten Tag weiterhin mit verdünnten EM und blieb in den darauffolgenden Jahren gesund.
EM, mit denen gegurgelt wurde, werden – auch wenn Laien vorschlagen, sie anschließend zu schlucken – selbstverständlich wieder ausgespuckt. Entschließt man sich, darüber hinaus EM einzunehmen, empfiehlt es sich, die für den Menschen vorgesehenen Präparate oder die Stammlösung zu nutzen und nicht die vermehrten EMa. Damit ist sichergestellt, dass die Zusammensetzung der EM der gewünschten Qualität entspricht.

Bakterien werden grundsätzlich mit der Nahrung aufgenommen, passieren mit dem Speisebrei den Magen und gelangen in den Darm (siehe Kapitel 6). Von einer Krankenschwester hörte ich, dass sie, wenn sie sich am Arbeitsplatz einmal wieder eine Magen-Darm-Störung mit Durchfall zugezogen hat, EM schluckt. Ihr Körper war an EM bereits vorher gewöhnt. Während ihre Kollegen in der Regel einige Tage lang unter Durchfall und Schwäche litten, war der Prozess bei ihr nach einem Tag überstanden.

Hat man zum allerersten Mal Kontakt mit einer Mikrobenmischung, ist behutsam mit deren Einnahme zu beginnen, mit beispielsweise einzelnen Tropfen an den ersten drei Tagen. Danach kann man die Menge steigern. Es ist natürlich hilfreich, wenn man die passende Menge vorher auf eine der gängigen Weisen individuell austesten kann. Wo schließlich eine Umstimmung erfolgt ist und das Immunsystem regelmäßig von Mikroben trainiert wurde, sind normalerweise keine heftigen Reaktionen mehr zu erwarten. Diese können aber auftreten, wenn bei bestehender Störung des Immunsystems, wie sie bei Asthma, Neurodermitis, Heuschnupfen oder Unverträglichkeiten vorliegen, plötzlich zu große Mengen von Mikroben geschluckt werden.

Dies erlebte auf dramatische Weise eine Dame, die wegen eines Ekzems auf den Handrücken, dem Rat eines Gerätevertreters folgend, dreimal am Tag ein Schnapsglas voll EM schluckte. Die kranke Haut platzte daraufhin in blutigen Rissen auf. Jemand, der bei einer Erkältung irrwitzigerweise mit EM in Wasser inhalierte, bekam ebenfalls Probleme. Auch das Inhalieren mit EM-X bzw. Manju ist unangebracht.

Linderung dagegen erlebte eine Frau, die seit Jahren von Colitis ulcerosa, einer blutig-entzündlichen Darmerkrankung, geplagt wurde. In der ersten Woche nahm sie täglich mittags 1 Tropfen EM ein. Dazu trank sie zur Vitaminversorgung ein Glas natürlich gewonnenen Bioaktivstoffkonzentrats eines norddeutschen Familienunternehmens. Ab der zweiten Woche nahm sie zweimal täglich einen Tropfen EM, ab der dritten Woche dreimal täglich einen Tropfen zum Essen ein. Schon danach nahmen die Blutungen des

Darms ab, und bald darauf konnte sie die Menge der zusätzlich eingenommenen Medikamente reduzieren, ohne dass dies nachteilig wirkte.

Eine andere Dame litt aufgrund einer Laktose- und Fruktoseintoleranz unter heftigen Durchfällen. Sie konnte nicht einmal mehr den Weg zur Arbeit zurücklegen, weil sie unterwegs einer Toilette bedurft hätte. Als sie von den Wirkungen der EM hörte, probierte sie sofort aus, sie zum Essen einzunehmen, denn was auch immer sie zuvor zur Heilung versucht hatte, war erfolglos geblieben. Sie fing mit einzelnen Tropfen an und steigerte die Menge langsam. Bei einem halben Teelöffel EM direkt nach jeder Mahlzeit war die Dosierung erreicht, die ihre Stühle normalisierte.

Auch ein Herr war seit 22 Jahren von Intoleranzen seines Immunsystems geplagt. Er trug inzwischen drei Allergiepässe bei sich und hatte Asthma entwickelt. Ergänzt durch eine Ernährungsumstellung, begann er EM zu schlucken. Zusätzlich nahm er an jedem zweiten Tag ein Vollbad in einem Dreiviertelliter EM auf eine Badewanne. Sein Asthma legte sich binnen zweier Monate, und die Allergiebereitschaft nahm ab.

Wie sehr eine Umstimmung der Bakterienflora auf den gesamten Körper wirkt, schilderte eine Dame, die seit zehn Jahren unter chronischer Polyarthritis litt. Ihre Gelenkentzündungen am ganzen Körper waren so schmerzhaft, dass sie sich Morphiumpräparate spritzen musste, um Belastungen auszuhalten. Einige Tage nachdem sie begonnen hatte, EM einzunehmen, besserte sich ihr Befinden, und nach wenigen Wochen waren Entzündungen und Ruheschmerz verschwunden. Zwei Jahre später berichtete sie davon und war weiterhin gesund.

Eine Ärztin erzählte mir, dass sie bei der Behandlung von Kindern, bei denen Aufmerksamkeits- und Hyperaktivitätsstörungen diagnostiziert wurden, auch EM einsetzt. Kinder, die zum Beispiel täglich 1 Tropfen EM zu sich nahmen, wurden allmählich ruhiger und konzentrierter, so dass unter Umständen das Medikament Ritalin abgesetzt werden konnte.

An dieser Stelle sei angemerkt, dass hier nicht empfohlen wird, bei behandlungsbedürftigen Erkrankungen ohne Rücksprache mit dem behandelnden Arzt oder Heilpraktiker mit EM Medikamente zu ersetzen. EM sind nicht mit Medizin zu verwechseln. Viele Therapeuten sind EM gegenüber aufgeschlossen, und etliche von ihnen haben überhaupt erst durch ihre Patienten von den Wirkungen der Effektiven Mikroorganismen gehört. Man darf das Thema ruhig ansprechen, denn gemeinsam lässt sich der beste Weg zur Genesung finden. Unter Umständen kann der zusätzliche Einsatz eines Heilmittels die Hilfe durch die EM unterstützen. Interessanterweise kommt es vor, dass ein gründlich repertorisiertes homöopathisches Mittel, das scheinbar nichts bewirkt, nach Einnahme von EM seine Wirkung plötzlich entfaltet. Es ist, als seien die EM durch ihren positiven Impuls auf den Lebensfluss imstande, Therapiehindernisse aus dem Weg zu räumen.

Gern werden EM auch empfohlen, um beim Nullfasten eine Versorgung des Darms mit Bakterien aufrechtzuerhalten. Sie werden dann mit reichlich Flüssigkeit eingenommen, denn der Magenpförtner entlässt den Mageninhalt erst ab einem Flüssigkeitsvolumen von über 250 Millilitern weiter in den Darm. Manche Ärzte empfehlen EM nach einer Darmspülung, wie sie beispielsweise vor einer Darmspiegelung durchgeführt werden muss. Man sollte mit der Einnahme bereits eine Weile vor dem Eingriff beginnen, um den Darm an die Mikroben gewöhnt zu haben, bevor die Prozedur beginnt.

Eine Ärztin, die in ihrer Praxis überwiegend Krebspatienten betreut, berichtete, dass nach einer Chemo- oder Strahlentherapie der Körper über keine ausreichende Zahl an Mikroorganismen mehr verfügt, die helfen könnten, die vom Tumor bewirkten Prozesse abzubauen. Sie stellte fest, dass mit Hilfe von EM und EM-X viele dieser Folgen behoben werden können.

Eine häufig gestellte Frage ist die nach der Wirkung der EM beim Dominieren von Pilzen in der Darmflora. Natürlich sind EM auch hier hilfreich, in der Regel gilt jedoch, dass eine der Fehlbesiedelung zugrunde liegende Ursache ebenfalls behandelt werden muss. Pilze kommen beispielsweise dem Körper bei hoher Schwermetallbelastung zu Hilfe. Sie binden diese im Pilzgewebe und entlasten dadurch den Organismus. Selbst wenn keine Schwermetallfracht im Blut nachweisbar ist, kann sie im Gewebe vorliegen. In Kombination mit EM hat eine Entgiftung mit Schwermetallausleitung, wie sie in naturheilkundlichen Praxen durchgeführt wird, bei vielen Geplagten zur Befreiung von inneren und äußerlichen Pilzerkrankungen geführt.

EM-Keramik

Es gibt bei begeisterten Menschen ab und zu einen EM-Überschwang, den ich das »Wolke-dreizehn-Phänomen« nenne. Unter Vernachlässigung der Vernunft erheben sie sich in Sphären, die jegliche Rücksicht auf gegebene Grenzen vermissen lassen. Dazu gehört auch die verrückte Idee, mit EM zu inhalieren. Da die lebenden Mikroorganismen, wenn man ihre Verabreichung übertreibt, aber in der Regel rasch mit entsprechenden Folgen auf sich aufmerksam machen, handelt es sich bei »Wolke dreizehn« häufiger um den Umgang mit der EM-Keramik. Nach dem Motto »Viel hilft viel« wird damit gern übertrieben. Dabei wird die Kraft der EM-Keramik völlig verkannt. Denn ähnlich, wie die Energie der Sonne sowohl sanft wärmen als auch einen blutigen Sonnenbrand hervorrufen kann, kann die Energie der EM-Keramik sich unterschiedlich auswirken. Entscheidend ist das richtige Maß zur richtigen Zeit.

Eine Seminarteilnehmerin beeindruckte durch ihren prachtvollen EM-Keramikschmuck. Mehrfach hatte sie Arm- und Halsketten aus aufgefädelten EM-Keramikröhrchen um sich gewickelt. Diese, so erzählte sie stolz, gaben ihr jede Menge Energie, so dass sie viel mehr Arbeit bewältigen könne als zuvor. Unter vier Augen erfuhr ich dann, dass sie unter Schlafstörungen litt. Natürlich waren diese auf das Aufputschen mit der EM-Energie zurückzuführen.

Auch das einseitige Tragen von EM-Keramikschmuck an Füßen oder Armen kann mittelfristig zu einem Ungleichgewicht führen,

während eine vorübergehend und wechselseitig getragene EM-Keramik heilsam sein kann. Man sollte stets selbst gut wahrnehmen, ob und welcher Bedarf besteht. Es kann ausreichen, einige EM-Keramikröhrchen in der Hosentasche zu tragen, damit der Körper in Resonanz mit der EM-Information geht.
Interessant ist die Erfahrung, dass EM-Keramik die Wirkungen elektromagnetischer Strahlungen verändert. Radiästheten berichten, dass EM-Keramikpulver, auf Pappe geklebt, der Sanierung von Schlafplätzen dienen kann. Werden Keramikröhrchen gezielt auf Geräte oder Störfelder gesetzt, vermögen sie diese zu neutralisieren. In manchen Fällen regulierte dies Bluthochdruck, in anderen verschwanden Kopfschmerzen, Schlaf- oder Konzentrationsstörungen bei den betroffenen Menschen. Für solche Arbeit ist allerdings eine zuverlässige Wahrnehmung der jeweiligen Energie und deren Veränderung erforderlich. Es ist zu hoffen, dass in der Zukunft noch wesentlich mehr Erkenntnisse dazu gewonnen werden, damit die Möglichkeiten und Grenzen der EM-Keramik klarer in Erscheinung treten.
Die Schwingungsresonanz der EM-Keramik wird gelegentlich für esoterischen[8] Firlefanz gehalten. Dies ist verständlich, weil es ein unsichtbarer Prozess ist, dessen Auswirkungen wundersam wirken. Für das bessere Verständnis solch feinstofflicher Energien finden sich Buchempfehlungen im Anhang.

Weil Keramik ohnehin ein gängiges Material im Zahnersatz darstellt, lag die Verwendung von EM-Keramik dafür nahe. Findige Labortechniker entwickelten Methoden, mit denen EM in Inlays, Kronen und Brücken eingearbeitet werden können. Insbesondere für Menschen, die herkömmliche Materialien im Mund nicht vertragen, erweist sich EM-Zahnersatz als Segen. Bei einem Patienten verschwand eine Hauterkrankung, nachdem die bisherige Prothese durch eine mit EM ersetzt worden war. Durch den Zusatz der EM-Informationen wird Zahnersatz offenbar weniger als Fremdkörper im Organismus empfunden. Erfahrungsgemäß reagieren darunter befindliche abgeschliffene Restzähne weniger empfindlich, und

das Zahnfleisch wächst rasch an künstliche Zähne heran, während es sich sonst eher von diesen zurückzieht. Es heißt, dass das allgemeine Tragegefühl für EM-Zahnersatz angenehmer sei und dass es zu einer Harmonisierung komme, wenn zuvor schon viele verschiedene Materialien an den Zähnen verarbeitet worden sind. Allerdings ist auch hier individuell zu entscheiden, ob ein EM-Zahnersatz passend ist. Die antioxidative Ausstrahlung der Materialien kann in Einzelfällen zum Anregen einer Entgiftungsreaktion im Körper führen. Diese ist grundsätzlich wünschenswert, dabei sollte aber auf Leber und Nieren Rücksicht genommen werden.
So hilfreich es sein kann, mit EM-Zähnen zu kauen: Nichts spricht dafür, Keramikpulver zu essen. Auch dann nicht, wenn in einem EM-Buch davon die Rede ist. Leider wurde es daraufhin vielfach praktiziert. Natürlich wirkt die keramikvermittelte Information auch im Bauch. Keramik ist aber für uns Menschen grundsätzlich weder Nahrung noch Medizin. Sie wäre dies höchstens für die Gattung der Hühnervögel, die ihre Verdauung durch den Verzehr anorganischen Materials verbessern. Das Schlucken von Keramik birgt vielmehr die Gefahr von Nebenwirkungen, und ich habe Menschen erlebt, die deshalb therapiert werden mussten. Ihre Funktionsstörungen wurden zunächst gar nicht in Zusammenhang mit der selbstverschuldeten Ursache gebracht.

Management eines resistenten Milieus

Aus dem bis hierher Beschriebenen ergibt sich, dass EM im Grunde genommen eine Sensation sind: Sie lösen das gewaltige Gespenst der resistenten Bakterienstämme in Wohlgefallen auf – billig, natürlich und gesund. So billig, dass es bisher in den seltensten Fällen praktiziert wird, weil wenig glaubwürdig wirkt, dass ein so großes Problem so einfach zu lösen ist. Dabei ist Einfachheit stets der Garant für eine glückliche Entwicklung, und alle großen Erfindungen sind so einfach, dass sie verblüffen.
Der couragierte Oberarzt einer Privatklinik konnte nicht mehr mit ansehen, wie seine Patienten unter den Folgen resistent geworde-

ner Bakterienstämme leiden. Seine neurologische Station nahm Menschen auf, die im Komazustand, zum Beispiel infolge eines Unfalls, nach mehrmonatiger Therapie in einer Universitätsklinik einer Langzeitrehabilitation bedurften. Einige von ihnen mussten intensivmedizinisch betreut werden und erhielten dauerhaft Antibiotika. Sie wurden mit sterilisierten Ernährungslösungen per Magensonde ernährt. Die meisten von ihnen waren massiv mit dem Methillizin-resistenten *Staphylococcus aureus* (MRSA) besiedelt. Ihre Störungen der Bakterienflora äußerten sich in fehlender Wundheilung, großen eitrigen Druckgeschwüren, bis zu über fünfzigmaligem Erbrechen und über sechzigmaligem Durchfall pro Tag. Die Zugänge der Magensonden und Katheter in den Körper waren ständig entzündet.
Um die Wirkungen einer bakteriellen Umstimmung auszuprobieren, wurde die Situation mit EM in einzelnen Krankenzimmern folgendermaßen gehandhabt:

- Sämtliche desinfizierenden Reinigungsmittel wurden weggelassen, auch desinfizierende Körperwaschungen und Mundpflege.
- Die Räume wurden täglich mit verdünnten EM geputzt.
- EM wurden zu 30 Milliliter auf 1 Liter Wasser verdünnt mindestens einmal wöchentlich in der Raumluft versprüht.
- Die Patienten erhielten Ganzkörperwaschungen mit gering verdünnten EM.
- Wunden wurden mit 2 Milliliter EM auf 1 Liter Wasser gründlich ausgewaschen und anschließend mit EM pur durchtränkt. Bei tiefen Wunden wurden EM und Alginat[9] verwendet.
- Der Sondenkost wurden wenige Tropfen EM zugefügt.

Durch diese Strategie waren alle mit EM behandelten Patienten binnen zweier Wochen frei von MRSA. Erbrechen und Durchfälle wurden innerhalb dreier Monate auf nahezu null reduziert. Offene Wunden und Druckgeschwüre heilten je nach Größe im Verlauf weniger Wochen vollständig ab, Hauterkrankungen legten sich.

Der faulige Geruch in den Krankenzimmern verschwand. Die daraus resultierende Arbeitsersparnis für Schwestern und Pfleger betrug pro Patient und Tag anderthalb Stunden, die sie stattdessen mit persönlicher Zuwendung und körperlicher Rehabilitation verbringen konnten.

Anhand von Laborkulturen war nachweisbar, dass MRSA die Patienten nicht mehr besiedelten. Wurden jedoch wieder desinfizierende Maßnahmen ergriffen, traten sie umgehend erneut in Erscheinung.

34 Weitere Anwendungen

EM vermögen alle Materialien aufzubessern, indem sie ihm ihr regeneratives Potenzial übertragen. Dies kann man sich beim Hausbau zunutze machen.

Lehmputz beispielsweise kann, wenn er mit EM und EM-Keramik versehen wird, gleichmäßiger abtrocknen, so dass sich weniger Setzrisse bilden. Auch Schimmelwachstum wird reduziert, der Geruch wird verbessert, und Baubiologen bemerkten günstigere Eigenschaften sowie eine höhere Abschirmung gegenüber Elektrosmog. Sie sagen, dass die positive energetische Ausstrahlung des Lehmputzes durch Zusatz von EM noch gesteigert wird.

Dies sollte man bedenken. Vorsicht ist nämlich in Schlafräumen angebracht, wo die Summe der Baumaterialien, die mit EM angereichert werden, zu einer energetischen Überfrachtung und zur Beeinträchtigung des Schlafs führen können. Ein Ehepaar, dessen Neubau rundum unter Verwendung von EM-Keramik errichtet wurde, in Estrich, Mörtel, Putz und Farben, konnte im Schlafzimmer schlussendlich keine Nachtruhe mehr finden.

Für EM-Zugaben im Lehmputz werden sehr unterschiedliche Dosierungen angegeben: 20 Milliliter bis 1 Liter EM und 10 bis 50 Gramm EM-Keramikpulver pro 30 Kilogramm Fertiglehmputz. Ich selbst würde Baumaterialien in Wohnräumen nie mehr als 0,5 Promille EM-Keramikpulver zufügen.

Dies gilt auch für die Zugabe von EM-Keramikpulver in Beton. In einer Studienarbeit wies Robin Harder 2006 an der Eidgenössischen Technischen Hochschule Zürich nach, dass die Korrosionsneigung von Stahl in Beton, der mit EM versetzt wurde, geringer ist als in gewöhnlichem und dass er stärker antioxidativ wirkt. Erfahrungsgemäß trocknet EM-Beton auch gleichmäßiger, rascher und ohne Rissbildung ab. Die zugegebene Menge ist am Bedarf auszurichten, kann bei Nutzbauten bis zu 5 Promille betragen, für Güllebehälter und Kamine gegebenenfalls sogar noch mehr.

Wandfarbe, der EM oder EM-Keramik zugefügt wird, hat eine verbesserte Ausstrahlung und ist lichtbeständiger. Die durch UV-Licht und Sauerstoff oberflächlich gebildeten Oxidationsprozesse werden durch EM verringert und bewahren die Strahlkraft der Farben länger. Ein Malermeister, der mit EM arbeitet, erzählte mir, dass er seinen Kunden als Muster immer Farbkarten aus Farben mit und ohne EM vorlegt. Über 95 Prozent entscheiden sich bei gleichem Farbton spontan für diejenige mit EM.

EM-Information in Benzin oder Heizöl erhöht die Verbrennungsausbeute und verringert den Schadstoffausstoß in den Abgasen. Auf Draht gefädelte EM-Keramikröhrchen in der Brennkammer eines Kaminofens reduzieren Rußbildung und sorgen für ruhigen Abbrand. Im Chiemgau besichtigte ich eine Holzhackschnitzelheizung, die weniger Rohstoff pro erzeugter Wärmeeinheit benötigt, seit die Schnitzel schon zur Lagerung mit EM besprüht werden.
In vielen technischen Abläufen werden EM inzwischen energiesparend und die Umwelt schonend integriert. Hotels und Gewerbe haben EM zur Optimierung ihrer Betriebe entdeckt.
Ein Musterbetrieb dafür ist die älteste Biobrauerei Europas in Neumarkt/Franken. Alle Reinigungsprozesse werden dort mit EM durchgeführt, und das Putzwasser wird anschließend zum Gießen der Grünanlagen genutzt. Auf chemische Reinigungsmittel kann seither auch in problematischen Betriebsbereichen vollständig verzichtet werden. EM wird in den Lagerhallen vernebelt, so dass Paletten und Etiketten schimmelfrei bleiben. Lkws werden mit EM gewaschen, wodurch die Wagen weniger Schmutz annehmen und die Waschanlagen geringerer Wartung bedürfen. Bauern, die der Brauerei Hopfen liefern, werden ermutigt, diesen mit EM anzubauen, und liefern dadurch eine bessere Qualität. Durch die Initiative der Brauereiinhaber hat sich der Impuls der EM weit in die Umgebung ausgebreitet.
Dies ist besonders erfreulich, weil Bier eines der ältesten Lebensmittel ist, die durch die Zusammenarbeit von Mensch und Mikroben entstanden. Das der Erde entwachsene Getreidekorn wächst nicht zu neuer Saat im Boden heran, sondern wandelt sich statt-

dessen unter Mitarbeit der Mikroorganismen in den Händen des Menschen zu Nahrung in Form von Bier und Brot. Beide galten einst als höchste Kulturleistung und als heilig.

Wenn wir heute in einem Biergarten bei Brezel oder Brötchen und Bier beieinander sind, bedeuten unserem Bewusstsein die Bakterien und Pilze darin bestimmt wenig. Beides sind jedoch Boten aus der Welt der Kleinstlebewesen, die uns das Leben bereitet haben, in dem wir stehen, und die uns unermüdlich in allem, was wir sind und tun, begleiten. Beide, Bier und Brot, stehen für Wandlungsprozesse, die zusammen mit Mikroben aus Natur Kultur gestalten, uns zur Nahrung, zum Genuss und zum Segen.

Mit Effektiven Mikroorganismen lässt sich die Welt verwandeln. Die kleine Welt einer Brauerei genauso wie die eines Blumentopfs auf der Fensterbank, eines Haushalts, eines Gartens, eines Wassers und aller weiteren kleinen Welten dieser Erde. Mit ihnen wandelt sich schließlich die ganze Erde hin zu Gesundheit, friedlicher Koexistenz, Harmonie und lauter Liebe.

IV Anhang

Weiterführende Literatur

Mikrobiologie
Bayrische Akademie der Wissenschaften: *Rundgespräche der Kommission für Ökologie.* Dr. Pfeil, München 2002

Beckmann, Gero, und Andreas Rüffer: *Mikroökologie des Darmes.* Schlütersche, Hannover 2000

Konemann, Elmar W.: *Am anderen Ende des Mikroskops.* Spektrum, Heidelberg 2003

Rolle, Michael, und Anton Mayr: *Medizinische Mikrobiologie, Infektions- und Seuchenlehre.* Enke, Stuttgart 2007

Rusch, Hans Peter: *Naturwissenschaft von Morgen.* H. G. Müller, Krailling b. München 1955

Rusch, Volker: *Bakterien. Freunde oder Feinde?* Urania, Berlin 1999

Rusch, Volker und Kerstin: *Mikrobiologische Therapie.* Haug, Heidelberg 2001

Schulze, Jürgen, u. a.: *Probiotika.* Hippokrates, Stuttgart 2008

Sonnenborn, U., und R. Greinwald: *Beziehungen zwischen Wirtsorganismus und Darmflora.* Schattauer, Stuttgart 1991

Wiesmann, Ernst: *Medizinische Mikrobiologie.* Thieme, Stuttgart 1982

Geschichte der Mikrobiologie
Großgebauer, Klaus: *Eine kurze Geschichte der Mikroben.* Verlag für Angewandte Wissenschaften, München 1997

Grüntzig, Johannes W., und Heinz Mehlhorn: *Expeditionen ins Reich der Seuchen.* Elsevier, München 2005

Löffler, Friedrich: *Vorlesungen über die Entwicklung der Lehre von den Bakterien.* Leipzig 1887

Mochmann, Hanspeter, und Werner Köhler: *Meilensteine der Bakteriologie.* Edition Wötzel, Frankfurt a. M. 1984

Erdgeschichte

Bosse, Dankmar: *Die gemeinsame Evolution von Erde und Mensch.* Freies Geistesleben, Stuttgart 2002

Fortey, Richard: *Leben. Eine Biographie. Die ersten vier Milliarden Jahre.* dtv, München 2003

Margulis, L., und D. Sagan: *Leben. Vom Ursprung zur Vielheit.* Spektrum, Heidelberg 1999

Boden

Pfeiffer, Ehrenfried: *Die Fruchtbarkeit der Erde.* R. Geering, Dornach 1977

Rusch, Hans Peter: *Bodenfruchtbarkeit.* OLV, Xanten 2004

Energien

Al-Khalili, Jim: *Quantum. Moderne Physik zum Staunen.* Elsevier, München 2005

Bischof, Marco: *Tachyonen, Orgonenergie, Skalarwellen.* AT, Aarau 2002

Wasser

Lauterwasser, Alexander: *Wasser Klang Bilder. Die schöpferische Musik des Weltalls.* AT, Aarau 2004

Schauberger, Viktor: *Das Wesen des Wassers.* AT, Baden und München 2006

Wilkens, Andreas, u. a.: *Wasser bewegt.* Haupt, Bern 2009

Zerluth, Josef, und Michael Gienger: *Gutes Wasser.* Neue Erde, Saarbrücken 2004

Weitere

Kaspar, Heinrich: *Ernährungsmedizin und Diätetik.* Elsevier, München 2004

Rosenberg, M.: *Konflikte lösen durch gewaltfreie Kommunikation.* Herder, Freiburg 2004

Schrödinger, Erwin: *Was ist Leben?* Piper, München 1987

Von Dr. Anne Katharina Zschocke erschienen:

EM – Die Effektiven Mikroorganismen. Bakterien als Ursprung und Wegweiser alles Lebendigen. AT, Aarau und München 2012

EM kompakt. Effektive Mikroorganismen und ihre praktische Anwendung. Knaur, München 2014

Darmbakterien als Schlüssel zur Gesundheit. Neueste Erkenntnisse aus der Mikrobiom-Forschung. Knaur, München 2014

Natürlich heilen mit Bakterien. Gesund mit Leib und Seele. AT, Aarau und München 2016

Bezugsquellen

Man hat im deutschsprachigen Raum zahllose Möglichkeiten, Effektive Mikroorganismen zu erwerben. Tausende von Händlern und Geschäften haben EM in ihren Vertrieb aufgenommen, und täglich kommen weitere hinzu. Gärtnereien sind dabei, Bioläden, Bauernhöfe, Baumschulen und Tierfutterbetriebe, Hotels, Zoohandlungen und Gesundheitsinstitute. Es kommt vor, dass eine Töpferei EM vertreibt, genauso wie ein Seminarhaus, eine Brauerei, ein Baubiologe oder eine Schneidermeisterin. So vielfältig EM in der Anwendung sind, so vielseitig sind ihre Vertriebswege. Inzwischen haben auch etliche Versandhäuser EM-Produkte in ihr Sortiment aufgenommen. Eine große Zahl von Einzelpersonen hat ein Kleingewerbe für den Vertrieb von EM gegründet, um das Wissen um EM und ihre Anwendung zu verbreiten.
Aus Fairness möchte ich hier keine einzelnen Händleradressen nennen. Durch Nachforschen in der eigenen Umgebung lässt sich in der Regel rasch ein EM-Händler in der Nähe finden. Darüber hinaus bietet das Internet jede Menge Angebote.

Kontakt

Termine meiner Vorträge und Seminare finden Sie im Internet unter www.EM-Praxis.de.
Sie können mir gern Ihre eigenen Erfahrungen mit EM erzählen. Dies ist per Postbrief oder per E-Mail an folgende Adressen möglich:
Dr. Anne Katharina Zschocke, postlagernd, 53946 Nettersheim
Erfahrung@EM-Praxis.de

Danke!

Allen, die dabei mitgeholfen haben, dass dieses Buch geschrieben werden konnte, danke ich von ganzem Herzen: für die fachlichen Informationen, für inspirierende Gespräche und für gemeinsames Nachdenken. Für das Abtippen des handschriftlichen Manuskripts, für die Betreuung der Technik, für den Mittagstisch, für die Hilfe in Haus und Garten und für die kritische Lektüre der Texte. Ich danke allen Wissenschaftlern, Ämtern und Privatpersonen für ihre bereitwilligen Auskünfte und all denjenigen Menschen, die mir ihre persönlichen Erlebnisse mit EM anvertraut haben.
Namentlich danke ich
Adolf Daenecke, Karola und Günter Hötzel, Susanne Michels, Dr. Hildegard Theobald, Elke Meyer, Diane Starke, Angela Krumpen, Karin Zschocke, Manfred Kebbel, Beate Hammerich, Ursula Richard, Peter Eppelt, Dr. Götz Deml, Dr. Michael Thalken, Marie-Therese Esser, Dr. Gerd Lüling, Dr. Haide Mies, Ingo Braunewell, Dr. Dieter Berger, Dr. Elisabeth Brenig, Marie-Charlotte v. Lehsten sowie Olivia Baerend.

Anmerkungen

Rund um uns

1 Nano: Vorsatz vor Maßeinheiten mit der Bedeutung »ein Milliardstel« der genannten Maßeinheit (der 10^9. Teil), über das lateinische *nanus* vom griechischen *nãnos* für »Zwerg«.

2 Zitiert nach Gradmann, Christoph: *Krankheit im Labor.* Wallstein, Göttingen 2005.

3 Urs Willmann in *Die Zeit* vom 20. November 2003.

4 $FeS + H_2S \rightarrow FeS_2 + H_2$.

5 $CO_2 + 2H_2O \rightarrow CH_2O + H_2O + O_2$.

6 Prokarya und Eukarya: vom griechischen *káryon* (»Nuss, Kern«), Wortbildungselement mit der Bedeutung »(Zell-) Kern«. Das lateinische *pro* heißt »vor, für«, das griechische Präfix *eũ* »gut, wohl, schön, reich«.

7 Eine molekulargenetische Anlagerungstechnik. Bei den Archaea entscheidet man anhand einer RNA-Sequenz.

8 Nematoden sind winzige Fadenwürmer, die überall vorkommen und die von ihrer Zahl her vier Fünftel aller mehrzelligen Tiere auf der Erde ausmachen. Sie reagieren auf veränderte Umweltbedingungen mit Änderungen ihres Gemeinschaftsverhaltens, weshalb man sie schon als Bioindikatoren für Schwermetallbelastung in Böden genutzt hat.

9 Dalton (Da [nach dem englischen Naturforscher John Dalton]), auch atomare Masseneinheit u (für *unified atomic mass unit*), entspricht einem Zwölftel eines definierten Kohlenstoffatoms.

10 Naphthalin ist ein hochgradig gesundheitsschädlicher bizyklischer aromatischer Kohlenwasserstoff, der aus Steinkohleteer isoliert wird. Es wird heutzutage zur Herstellung von Lösungsmitteln und Kraftstoffzusätzen verwendet.

11 Clostridien sind anaerobe Stäbchenbakterien, die Toxine, also Gifte bilden können. Zu den mit *Clostridium*-Arten verbundenen Erkrankungen gehören Gasbrand und Wundstarrkrampf. Auch das Botulinustoxin, das von Schönheitsinstituten zur Verringerung von Gesichtsfalten gespritzt wird, stammt aus Clostridien.

12 Alle Küchengewürze haben auf zweierlei Weise Einfluss auf die Bakterienflora: Sie bringen Mikroorganismen aus ihrer Herkunft mit, weshalb sie besser aus biologischem Anbau stammen sollten, und sie enthalten Wirkstoffe, die auf die körpereigene Bakterienflora wirken. Es lohnt sich daher, vielseitig zu würzen und sich dabei vom persönlichen Appetit leiten zu lassen.

13 Berechnet wurde der Einliterpreis im Jahre 2011 für EM ohne Mehrwertsteuer, da diese staatlicherseits entfällt. Beim Kauf größerer Gebinde erhielte man über sechs Millionen Liter EMa.

Die Effektiven Mikroorganismen

1 Higa, Teruo: *An Earth Saving Revolution.* Sunmark. Tokio 1996.

2 IFOAM: International Federation of Organic Agriculture Movements, gegründet 1972, internationale Dachorganisation des ökologischen Landbaus.

3 *Rhodopseudomonas:* von den griechischen Wörtern *rhódon* für »Rose« (im weiteren Sinne für »rote Farbe«), *pseúdein* (»belügen, täuschen«) und *mónos* (»allein, einzeln«); photo-

troph: von den griechischen Wörtern *phõs,* Genitiv *phōtós,* für »Licht« und *tréphein* für »nähren«.

4 »Oxidieren« nennt man ursprünglich die Reaktion einer Stoffart mit Sauerstoff. »Oxidation« meint allgemein die Abgabe von Elektronen, während die Aufnahme von Elektronen einer chemischen Verbindung »Reduktion« genannt wird. Volkstümlich hat sich statt des Begriffs »Reduktion« auch der Ausdruck »Antioxidation« eingebürgert.

5 Radiästhesie: vom lateinischen *radius* (»Strahl«) und griechischen *aísthēsis* (»Empfindungsfähigkeit«). »Strahlen«fühligkeit von Menschen, die Fähigkeit, Wesen und Eigenschaften wahrzunehmen, welche feiner sind als bisher technisch Messbares.

6 *Handbuch zur Anwendung von EM für die APNAN-Länder.* Hg. von Multikraft GesmbH, Haiding/Welfs o.J. APNAN: Asia Pacific Natural Agricultural Network.

7 Ebenda.

8 Lorch, Anne: *EM. Eine Chance für unsere Erde,* o.O. 2010.

9 Higa, Teruo, und Ryûichi Chinen: *EM-Salz.* Goldmann, München 2004.

10 Saccharase ist ein Enzym, das Zucker spaltet. Es wird auch von Bakterien in menschlichen Verdauungsorganen gebildet.

EM in der Anwendung

1 Lorch, a.a.O.

2 Phytophthora (von den griechischen Wörtern *phytón,* »Pflanze«, und *phtorá* für »Vernichtung«) sind kernhaltige Ein- oder Wenigzeller. Sie treten mit Wurzel-, Kraut- und Braunfäule

bei verschiedenen Pflanzen auf und sind besonders im Kartoffel- und Tomatenanbau bekannt.

3 Kuroda, Tatsuo (Hg.): *EM im Garten.* Goldmann, München 2007.

4 Kilias, Rudolf: *Die Weinbergschnecke.* Westarp Wissenschaften, Magdeburg 1995.

5 Posavac, Hans-Peter: *Schneckenflüstern statt Schneckenkorn,* Neue Erde, Saarbrücken 2006.

6 Sie fallen rechtlich unter das Düngemittelgesetz, und ihre Inverkehrbringung unterliegt der Düngemittelverordnung.

7 Higa: *An Earth Saving Revolution,* a. a. O.

8 Esoterik: Der griechische Begriff *ésṓterós* bedeutet »innerlich« (eine Steigerungsform von *esō, eíso* für »innen, drinnen«) und meint etwas, was »weiter innen« ist. Man kann damit ausdrücken, dass etwas mehr von innen her betrachtet wird.

9 Alginat ist ein Polysaccharid, das aus Algen gewonnen und in der Chirurgie als Auflage und zum Füllen tiefer Wunden verwendet wird.

Stichwortverzeichnis

E

F

N

O

P

Q

R